职业教育市政工程类"互联网+"新形态一体化教材

市政工程
施工组织与管理

主　编　文加强　李伟杰
副主编　蒋秋云　靳丽莉　沈　磊
参　编　廖　勇　王平世　丘科胜
　　　　梁　惠　陈永康　罗著举
　　　　罗棕献

机械工业出版社

本书全面、系统地介绍了市政工程施工组织与管理的理论、方法和实例，主要内容包含：认知基本建设项目和施工组织设计、认知流水施工、编制并优化网络计划、认知工程施工准备、控制施工项目实施过程共 5 个模块。

本书可作为高等职业教育市政工程技术、道路与桥梁工程技术、道路工程造价、道路养护与管理等专业的教材，也可作为相关专业工程项目经理、工程技术人员和管理人员学习施工管理知识、进行施工组织管理工作的参考书。

为方便教学，本书还配有电子课件及相关资源，使用本书作为教材的教师可登录机械工业出版社教育服务网 www.cmpedu.com 进行注册下载。机工社职教建筑群（教师交流 QQ 群）：221010660。咨询电话：010-88379934。

图书在版编目（CIP）数据

市政工程施工组织与管理 / 文加强，李伟杰主编. 北京：机械工业出版社，2025. 2. -- （职业教育市政工程类"互联网+"新形态一体化教材）. -- ISBN 978-7 -111-77901-8

Ⅰ. TU99

中国国家版本馆 CIP 数据核字第 2025EC7841 号

机械工业出版社（北京市百万庄大街 22 号　邮政编码 100037）
策划编辑：沈百琦　　　　　　责任编辑：沈百琦
责任校对：潘　蕊　李　杉　　封面设计：王　旭
责任印制：张　博
北京机工印刷厂有限公司印刷
2025 年 6 月第 1 版第 1 次印刷
184mm×260mm・16 印张・393 千字
标准书号：ISBN 978-7-111-77901-8
定价：49.80 元

电话服务　　　　　　　　　　网络服务
客服电话：010-88361066　　　机　工　官　网：www.cmpbook.com
　　　　　010-88379833　　　机　工　官　博：weibo.com/cmp1952
　　　　　010-68326294　　　金　书　网：www.golden-book.com
封底无防伪标均为盗版　　　机工教育服务网：www.cmpedu.com

前 言

本书是广西建设职业技术学院校级教科研项目"新形态教材《市政工程施工组织与管理》"（编号：2023ZDA22）研究成果，本书主要有以下特色。

1. 校企合作编写，新形态活页式教材

本书是由广西建设职业技术学院、都创工程设计有限公司校企深度合作编制的新形态教材。广西建设职业技术学院市政工程技术国家级创新创业团队凭借深厚的学术底蕴和专业的教育理念，确保本书在知识体系的完整性和教学方法的科学性方面达到高标准。都创工程设计有限公司以其丰富的实践经验和对行业最新动态的敏锐洞察力，为本书注入了鲜活的实际案例和前沿的技术应用。本书以活页的形式呈现，充分利用现代信息技术，融入视频、案例分析等多媒体资源，使学习过程更加生动有趣、直观易懂。学生可通过扫描二维码等方式获取丰富的学习资源，拓展学习的深度和广度。

2. 引入工程实例，促进岗课赛证融通

本书以教育部发布的高等职业学校市政工程技术专业教学标准为依据，结合《市政工程施工组织设计规范》（GB/T 50903—2013）、《建设工程项目管理规范》（GB/T 50326—2017）、《工程网络计划技术规程》（JGJ/T 121—2015）等市政工程领域标准规范要求，以施工员、建造师等职业能力培养为目标，以典型工作任务为载体，将市政工程实际案例和建造师考试内容融于教材模块化内容中，将市政工程施工组织与管理划分为5个模块，在岗课衔接的基础上有效促进教材模块化内容和证书要求的融通。

3. 落实立德树人，有机融入课程思政

本书充分发挥专业课程的育人功能，将价值导向与知识相融合，把职业素养、劳动教育、岗位能力、弘扬社会主义核心价值观和党的二十大精神有机融入到知识点中，在实现知识传授的同时，传播工匠精神、劳动精神、科学精神和家国情怀。

4. 配套立体资源，探索数字教材建设

本书配有多维学习资源，符合教学信息化发展要求。本书配套50个微课视频和22个电子课件，模块化知识点引入平台上的信息化资源，并通过数字技术形成教学资源包，有效地为学生提供线上学习服务，实现以学生为中心的移动个性化学习，有助于构建探究学习、自主学习等多种学习情境，满足课堂教学、自主学习、企业培训、社会服务等多元服务要求。在线开放课程网址：https://www.xueyinonline.com/detail/249127048（学银在线）。

本书由广西建设职业技术学院文加强、李伟杰任主编；由广西工商职业技术学院蒋秋云、广西建设职业技术学院靳丽莉、山东交通职业技术学院沈磊任副主编；参与编写的还有广西建设职业技术学院廖勇、丘科胜、梁惠、陈永康和罗椋献，佳木斯职业学院王平世，都创工程设计有限公司罗著举。全书由文加强统稿。

本书在编写过程中借鉴了大量文献资料,在此致以诚挚的谢意。鉴于编者水平和经验有限,书中难免有不足之处,敬请读者批评指正并提出宝贵的建议,邮箱:410029663@qq.com。

编　者

课程介绍

学银在线课程网址

本书数字资源清单

序号	名称	图形	序号	名称	图形
1	课程介绍		9	流水施工（工艺参数）	
2	基本建设项目和施工组织设计（定义、分类、划分）		10	流水施工（空间参数）	
3	基本建设项目和施工组织设计（产品特点、生产特点）		11	流水施工（时间参数）	
4	基本建设项目和施工组织设计（基本建设程序）		12	组织施工的基本方式	
5	基本建设项目和施工组织设计（定义、分类、作用）		13	掌握组织施工三种基本方式的特点	
6	基本建设项目和施工组织设计（编制原则、编制依据）		14	确定（2个施工过程）无节奏流水施工的最优施工次序	
7	基本建设项目和施工组织设计（编制内容、编制程序）		15	确定（3个施工过程）无节奏流水施工的最优施工次序	
8	基本建设项目和施工组织设计（编制和审批）		16	直接编阵法	

(续)

序号	名称	图形	序号	名称	图形
17	潘氏法则		26	网络计划优化（工期优化）	
18	网络计划的基本概念		27	网络计划优化（费用优化）（1）	
19	网络计划的基本要素		28	网络计划优化（费用优化）（2）	
20	网络图的绘制（1）		29	技术准备	
21	网络图的绘制（2）		30	现场准备	
22	网络计划时间参数的计算（节点）		31	季节性施工准备	
23	网络计划时间参数的计算（双代号）		32	工程进度控制管理	
24	网络计划时间参数的计算（单代号）		33	工程质量管理概述	
25	网络计划时间参数的计算（时标网络）		34	工程质量管理因素分析	

本书数字资源清单

（续）

序号	名称	图形	序号	名称	图形
35	工程质量管理内容和方法		43	工程职业健康安全与环境管理（安全生产教育培训制度）	
36	工程质量保证体系（1）		44	工程职业健康安全与环境管理（安全检查制度）	
37	工程质量保证体系（2）		45	工程职业健康安全与环境管理（施工安全控制与技术措施一般要求）	
38	工程事故的预防与处理		46	工程职业健康安全与环境管理（施工主要安全技术措施）	
39	工程成本管理		47	工程职业健康安全与环境管理（安全生产事故原因）	
40	工程职业健康安全与环境管理（概述）		48	工程职业健康安全与环境管理（现场环境管理）	
41	工程职业健康安全与环境管理（安全生产问题）		49	工程职业健康安全与环境管理（施工现场管理的概念与意义）	
42	工程职业健康安全与环境管理（管理制度）		50	工程职业健康安全与环境管理（文明施工的意义）	
	本书微课、任务描述、任务实施参考答案总览			本书"自我测试"总览	

目　录

前言
本书数字资源清单

模块一　认知基本建设项目和施工组织设计 ················· 1
【知识图谱】 ··· 1
【学习目标】 ··· 1
【引导案例】 ··· 2
任务一　认知基本建设项目 ··· 3
任务二　认知施工组织设计 ······································· 13
【评价反馈】 ··· 24
【知识拓展】 ··· 26

模块二　认知流水施工 ·· 31
【知识图谱】 ··· 31
【学习目标】 ··· 32
【引导案例】 ··· 32
任务一　认知流水施工的主要参数 ······························ 32
任务二　认知并绘制施工进度横道图 ··························· 39
任务三　认知并运用组织施工的基本方式 ····················· 43
任务四　认知并运用流水施工的组织方式 ····················· 49
任务五　确定非节奏流水施工的最优施工次序 ··············· 60
【评价反馈】 ··· 66
【知识拓展】 ··· 68

模块三　编制并优化网络计划 ······································ 70
【知识图谱】 ··· 70
【学习目标】 ··· 70
【引导案例】 ··· 71
任务一　认识网络计划技术 ······································· 71
任务二　绘制网络图 ·· 77
任务三　计算网络计划的时间参数 ······························ 84
任务四　绘制双代号时标网络图 ································· 90
任务五　优化网络计划 ··· 95
【评价反馈】 ··· 105
【知识拓展】 ··· 106

模块四　认知工程施工准备 ·· 108
【知识图谱】 ··· 108

【学习目标】 108
　　【引导案例】 109
　　任务一　认知技术准备 109
　　任务二　认知物资准备 117
　　任务三　认知组织准备 119
　　任务四　认知现场准备 122
　　【评价反馈】 126
　　【知识拓展】 128

模块五　控制施工项目实施过程 129
　　【知识图谱】 129
　　【学习目标】 130
　　【引导案例】 130
　　任务一　控制施工进度 131
　　任务二　管理施工质量 138
　　任务三　控制施工成本 177
　　任务四　管理施工安全与现场环境 185
　　【评价反馈】 230
　　【知识拓展】 232

参考文献 245

模块一

认知基本建设项目和施工组织设计

知识图谱

本项目需要完成"认知基本建设项目、认知施工组织设计"两个学习任务,知识图谱如图 1-1 所示。

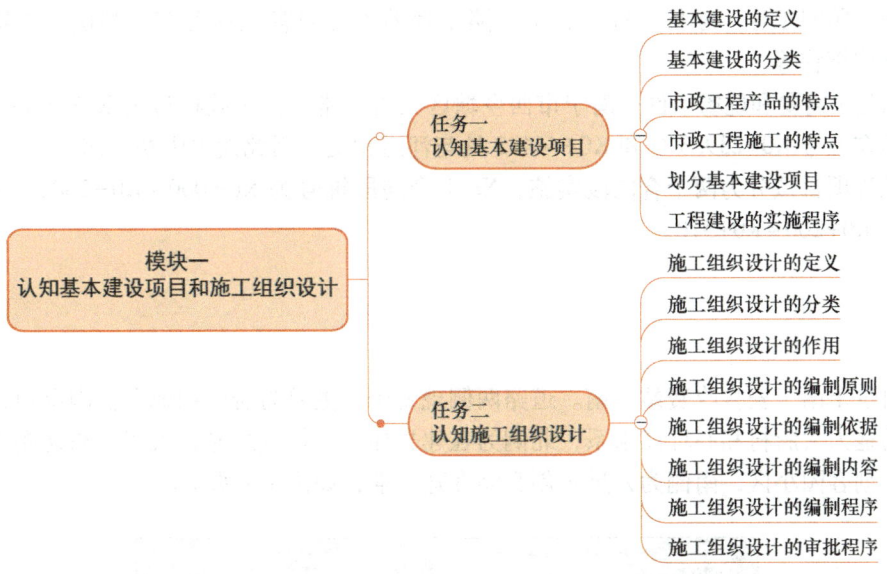

图 1-1　知识图谱(认知基本建设项目和施工组织设计)

学习目标

素质目标
1. 践行社会主义核心价值观,增强爱国情感和中华民族自豪感。
2. 培养履行道德准则和行为规范的意识。
3. 培养爱岗敬业的职业素养。

知识目标
1. 掌握基本建设项目的定义和分类。

2. 了解市政工程产品的特点及生产特点。
3. 了解施工组织设计的编制原则和编制依据。
4. 掌握施工组织设计的编制内容和编制程序。
5. 掌握施工组织设计的主持编制和审批程序。

能力目标

1. 能够根据专业相关规范划分基本建设项目。
2. 能够阐述工程建设实施程序。
3. 能够根据市政工程专业相关规范和工程概况编制施工组织设计目录。

引导案例

1. 工程概况

南宁市西乡塘区大唐三路工程为新建城市支路，设计路线为东西走向，道路红线宽度为 20m，设计速度为 20km/h，双向两车道，建设内容包括道路工程、桥梁工程、排水工程、交通工程、照明工程、绿化工程。其中道路工程的主要内容包括路基、基层、面层、人行道、附属构筑物等。

根据建设需要和现场条件，南宁市西乡塘区大唐三路工程实施桩号为 K0+000～K0+510，由于道路在桩号 K0+239.3 处和 K0+444.3 处与河道相交，因此设置中桥 2 座。

该工程项目拟分为两个合同段实施，No.1 合同段桩号为 K0+000～K0+260，No.2 合同段桩号为 K0+260～K0+510。

2. 建设条件

2.1 项目地理位置

项目位于南宁安吉收费站以南。道路两侧规划用地主要为居住用地和公园绿地，大唐三路现在用地为大唐村和心圩江水系，北侧为在建碧桂园·新城之光；大唐五路北侧为已建成的云星·创客园小区，南侧为云星·创客园在建二期，如图 1-2 所示。

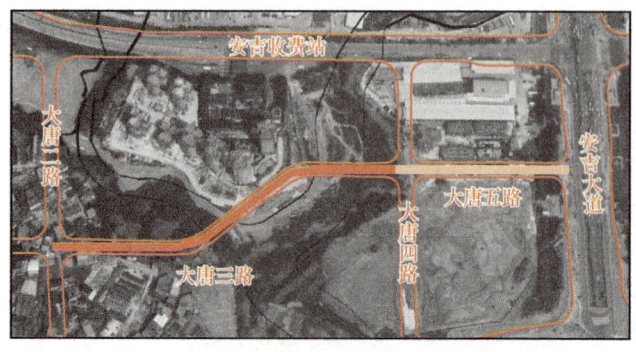

图 1-2　南宁市西乡塘区大唐三路工程地理位置

2.2 项目建设条件

(1) 沿线地形地貌　项目周边地形起伏不大，当前用地主要为建筑拆除后空地、心圩江河道和村落民房。沿线地上线路主要为低压线、电信线，未发现地下国防光缆线。路线上存在两处心圩江水系，本方案拟建桥梁跨越该水系。

（2）**沿线道路建设情况**　大唐三路沿线无现状市政道路，局部路段存在施工便道可联通大塘村及安吉高速收费站；大唐五路与现状安吉大道相交，线位处有云星•创客园地块自行实施的道路可供出入。

（3）**地上、地下管线**　大唐三路线位下方局部敷设有排污管，大唐五路终点处安吉大道下方敷设有排水管网，有架空 110kV 高压电网。

（4）**沿线古建筑及文物古迹**　道路红线范围内未发现需保护的古建、古树或历史文物古迹，在大唐三路 K0+225 处左幅有一株榕树，根据现场来看，树龄不大（未见园林局挂牌），该榕树位于桥位处，如规避此树需对大唐三路路线进行较大改动（道路平面设计图中已示意），本方案中建议对该树进行迁移。

（5）**筑路材料及运输条件**　南宁地区建设材料丰富，可满足道路、桥隧一般的质量要求，所用石料为石灰岩，可在附近料场购买，其他施工材料可在南宁市采购，均用汽车运输。

（6）**施工用水用电**　用水可通过市政管网直接供水，用电可通过市政供电网直接供电。

（7）**地层分布及其性质**　根据钻探结果及区域地质资料，场地岩土层在钻探深度范围内共揭露 4 个主要工程地质层，自上而下分别为：上覆为人工堆填土（Q_4^{ml}）的素填土①层，冲积成因（Q_4^{al}）的粉质黏土②层、圆砾③层，下伏基岩为新近系（N）泥岩④层。

（8）**场地水文地质条件**

1）地表水特征。拟建场地在勘察期间内地表水主要为唐东支河、心圩江。施工期间唐东支河水面标高约 74.50m，心圩江水面标高约 73.00m，洪水季节水位上涨 1~2m，50 年一遇洪水水位为 76.930m。

拟建道路南侧约 400m 规划修建安吉湖，湖水常水位为 76.50m，控淹水位为 77.50m。唐东支河、心圩江水量一般，流速一般，雨期水量较大，具有一定冲刷能力。拟建桥梁的桥墩（桥台）位于溪流中及岸边，受溪水或洪水冲刷，易对基础周侧土层产生破坏或掏空，使基础水平失稳，建议在设计时考虑洪水冲刷的不利影响。

2）地下水埋藏条件与性质。勘察期间，在钻探深度范围内发现的地下水主要为孔隙水，主要赋存于圆砾③层，受大气降水、地表水及地下径流补给，水量较大，具承压性。勘察期间初见水位为 0.10~8.90m（标高 72.09~78.42m）（主要为圆砾③层水位上涨滞留在粉质黏土②层水位），稳定水位埋深为 0~6.30m（标高 72.94~81.42m）。据调查，场地地下水位年变幅为 1.00~3.00m，其水位变化主要受季节的影响，随季节的变化而起伏。

任务一　认知基本建设项目

任务描述

认真学习"知识链接"的内容，根据本模块"引导案例"的工程背景资料，在"任务实施"中完成下列任务：

子任务 1：按《城镇道路工程施工与质量验收规范》（CJJ 1—2008）、《城市桥梁工程施工与质量验收规范》（CJJ 2—2008）、《给水排水管道工程施工及验收规范》（GB 50268—2008）等规范要求，划分南宁市西乡塘区大唐三路工程。

子任务2：以小组合作的形式，搜寻一个身边的市政工程项目的相关资料，了解该工程的建设内容，然后按规范要求划分该工程项目。

知识链接

1. 基本建设的定义

基本建设项目和施工组织设计
（定义、分类、划分）

基本建设是指固定资产的建筑、添置和安装，是国民经济各部门为了扩大再生产而进行增加固定资产的建设工作。具体来讲，就是把一定的建筑材料、设备等，通过购置、建造和安装等活动，转化为固定资产的过程。例如，公路、铁路、医院、学校和各类工业及民用建筑等工程的新建、改建、扩建、恢复工程，以及机器设备、车辆船舶的购置安装及与之有关的工作，都称为基本建设项目，简称基本建设。

基本建设项目是指在一个总体设计或初步设计的范围内，经济上实行独立核算，行政管理上具有独立组织形式的建设单元。我国基本建设工作，通常以一个企业（或联合企业）、事业单位或独立工程作为一个建设项目，例如，修建一所学校、一所医院、一条公路、一条市政道路、一条铁路、一个港口均可作为一个基本建设项目。基本建设项目是编制和实施基本建设计划的基层单位。基本建设项目是由一个或者若干个单项工程组成的。

> **温馨提示**
> 凡不属于一个总体设计、经济上分别核算、工艺流程上没有直接联系的几个独立工程，应分别列为几个基本建设项目。

1.1 基本建设的来源

基本建设源于俄文。20 世纪 20 年代初期，苏联开始使用这个术语，说明社会主义经济中基本的、需要耗用大量资金和劳动的固定资产的建设，以区别流动资产的投资和形成过程。中华人民共和国成立以后，在社会主义经济建设中，也采用这一术语，1952 年，我国国务院规定：凡固定资产扩大再生产的新建、改建、扩建、恢复工程及与之连带的工作称为基本建设。

1.2 与建设工程项目的区别

根据住房和城乡建设部发布的《建设工程项目管理规范》（GB/T 50326—2017），建设工程项目是指为完成依法立项的新建、扩建、改建工程而进行的、有起止日期的、达到规定要求的一组相互关联的受控活动，包括策划、勘察、设计、采购、施工、试运行、竣工验收和考核评价等阶段。

（1）范围的区别 基本建设的范围广泛，包括新建、扩建、改建、迁建和恢复项目。它不仅涉及具体的施工目标，还包括购置和安装机器设备等。

建设工程项目则更侧重于具体的施工目标，如基础施工、墙体施工、混凝土施工、水电施工等，它涵盖从策划到实施的全过程。

（2）实施过程的区别 基本建设的实施过程包括建筑、购置和安装工作，涉及多个环节和复杂的项目管理。它是一个长期的过程，通常涉及多个部门和单位的协作。

建设工程项目的实施过程更为具体，包括策划、勘察、设计、采购和实施等阶段。每个阶段都有明确的目标和任务，确保项目按时按质完成。

综上所述，基本建设和建设工程项目在定义、范围和实施过程上存在显著差异。基本建设更侧重于固定资产的扩大再生产，而建设工程项目则更注重具体的施工目标和全过程管理。

2. 基本建设的分类

2.1 按建设性质分类

基本建设按建设性质可分为新建项目、扩建项目、改建项目、迁建项目和恢复项目。

（1）新建项目 新建项目是指根据国民经济和社会发展的近远期规划，按照规定的程序立项，从无到有的建设项目。有的基本建设原有规模很小，经扩大建设规模后，其新增加的固定资产价值超过原有全部固定资产价值（原值）3倍以上时，也算新建项目。

（2）扩建项目 扩建项目是指为扩大产品的生产能力或者增加新产品生产能力或效益而增建的工程项目。

（3）改建项目 改建项目是指为提高生产效率，采用新技术、新工艺，改变产品方向，提高产品质量以及综合利用原材料等，对原有设备或工程进行技术改造的工程项目。

（4）迁建项目 迁建项目是指为改变生产布局、考虑自身的发展前景或出于环境保护等其他特殊要求，搬迁到其他地点进行建设的项目。迁建项目中符合新建、扩建、改建条件的，应分别作为新建、扩建或改建项目。迁建项目不包括留在原址的部分。

（5）恢复项目 恢复项目或重建项目指原固定资产因自然灾害或人为因素等原因已全部或部分报废，又在原项目基础上重新投资建设的项目。在重建的同时进行扩建的，应作为扩建项目。

2.2 按建设规模和投资大小分类

为适应对工程建设项目分级管理的需要，基本建设按建设规模和对国民经济的重要性可分为大型项目、中型项目、小型项目。

2.3 按建设的经济用途分类

基本建设按建设的经济用途分为生产性基本建设和非生产性基本建设。生产性基本建设是用于物质生产和直接为物质生产服务的项目的建设，包括工业建设、建筑业和地质资源勘探事业建设和农林水利建设。

非生产性基本建设是用于人民物质和文化生活项目的建设，包括住宅、学校、医院、托儿所、影剧院以及国家行政机关和金融保险业的建设等。

2.4 按建设阶段分类

基本建设按项目的建设阶段可分为前期工作项目、筹建项目、施工（在施）项目、竣工项目和建成投产项目。

3. 市政工程产品的特点

3.1 固定性

市政工程产品是按照使用要求在固定地点兴建的，市政工程产品（产品特点、生产特点）

基本建设项目和施工组织设计

的基础与地基直接联系，因而市政工程产品在建造中和建成后是不能移动的，建在哪里就在哪里发挥作用，如学校、医院、市政道路、桥梁、地铁、水库、港口等。

> **温馨提示**
> 固定性是市政工程产品与一般工业产品的最大区别。

3.2 庞大性

市政工程产品是人类生产与生活的场所，与其他工业产品相比市政工程产品体型庞大，它不仅占用较多土地，而且占据较大空间，如长城、鸟巢、武汉长江大桥、沪嘉高速等。

3.3 高值性

能够发挥投资效用的任一项市政工程产品，在其生产过程中一般都会消耗大量的人工、材料、机械设备等资源，它们造价动辄百万、千万，一些特大工程项目的工程造价可达百亿，甚至上千亿，如三峡工程静态投资1352.66亿，再如港珠澳大桥总投资1269亿。

3.4 综合性

市政工程涵盖了众多类型的基础设施建设，如市政道路、市政桥梁、排水系统、城市照明等。市政工程需综合考虑城市的整体布局、功能分区、交通流量、人口密度等多方面因素，以确保各设施之间相互协调、衔接顺畅。市政工程产品还需综合考量环境影响、社会效益、经济效益等，既要满足市民日常出行、生活需求，提升城市形象与品质，又要在建设与运营过程中遵循环保要求，控制成本，实现可持续发展。因此市政工程产品具有高度的综合性。

4. 市政工程施工的特点

4.1 流动性大

市政工程产品位置的固定性决定了其生产的流动性。一般的工业产品都是在固定的工厂、车间内进行生产，而市政工程产品的生产是在不同的地区、或同一地区的不同现场、或同一现场的不同单位工程、或同一单位工程的不同部位组织工人、机械围绕着同一市政工程产品进行流动生产。因而，市政工程产品的生产在地区之间、现场之间和单位工程不同部位之间流动。

4.2 周期长

市政工程产品的体形庞大和固定性的特点，决定了市政工程产品的生产周期长。因为市政工程产品体形庞大，使得最终市政工程产品的建成必然耗费大量的人力、物力和财力；同时，市政工程产品的生产全过程还要受到工艺流程和生产程序的制约，使各专业、工种间必须按照合理的施工顺序进行配合；又由于市政工程产品地点的固定性，使施工活动的空间具有局限性，从而导致工程施工生产周期长。

4.3 高空作业多

由于市政工程产品体形庞大决定了工程施工高空作业多的特点。推广应用节地技术是坚持节约资源和保护环境的基本国策，因此高建筑的施工任务将日益增多，市政工程施工高空作业的特点就会日益明显。

4.4 协作性高

市政工程施工的涉及面广、协作性高。在建筑企业的内部，它涉及工程力学、建筑结构、建筑构造、地基基础、水暖电、机械设备、建筑材料和施工技术等学科的专业知识,要在不同时期、不同地点和不同产品上组织多专业、多工种的综合作业。在建筑企业的外部,它涉及各专业的施工企业,以及城市规划、征用土地、勘察设计、消防、公用事业、环境保护、质量监督、科研试验、交通运输、银行财政、机具设备、物质材料、电水热气的供应、劳务等社会各部门和各领域的相互协作配合,从而使市政工程施工的组织协作关系综合复杂。

4.5 生产过程具有连续性

市政工程产品不能像其他大多数工业产品一样可以分解为若干部分同时生产,而必须在同一固定场地上按严格程序连续生产,上一道工序不完成,下一道工序就不能进行。一个建设工程项目从立项到投产使用要经历一个不可间断的、完整的周期性生产过程,它要求在生产过程中各阶段、各环节、各项工作必须有条不紊地组织起来,在时间上不间断、空间上不脱节,这就要求生产过程中的各项工作必须合理组织、统筹安排,遵守施工程序,按照合理的施工顺序科学地组织施工。

4.6 受外部环境影响较大

市政工程产品一般都要求露天作业,其生产受到风、霜、雨、雪、温度等气候条件的影响;市政工程产品的固定性决定了其生产过程会受到工程地质、水文条件变化的影响以及地理条件和地域资源的影响。这些外部因素对工程进度、工程质量、建造成本等都有很大影响。

5. 划分基本建设项目

划分基本建设项目是以科学管理基本建设项目、合理确定其造价为目的,根据构成基本项目的各工程要素之间的从属关系,对建设项目进行分解。基本建设项目可依次划分为单项工程、单位工程、分部工程、分项工程,如图1-3所示。

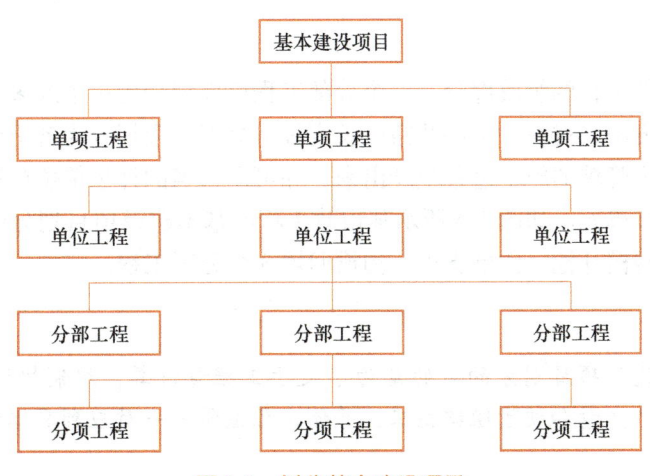

图1-3 划分基本建设项目

5.1 单项工程

单项工程是基本建设项目的组成部分。一个建设项目可以划分为一个或多个单项工程。所谓单项工程是指具有独立的设计文件,建成后能够独立发挥生产能力或使用功能的工程项目。如某市政工程的合同段、某学校的教学楼、某公路工程中的合同段、地铁某号线的某合同段、某独立大桥、某独立隧道等。如图1-4所示某市政工程可划分为No.1合同段和No.2

合同段两个单项工程。

5.2 单位工程

单位工程是单项工程的组成部分。一个单项工程可以划分为一个或多个单位工程。所谓单位工程是指具有独立的设计文件，能够独立组织施工，但建成后不能独立发挥生产能力或使用功能的工程项目。如公路工程中某合同段内的路线工程、桥梁工程等。如图1-4所示某市政工程No.1合同段可划分为排水工程、道路工程、桥梁工程3个单位工程。

5.3 分部工程

分部工程是单位工程的组成部分。一个单位工程可以划分为一个或多个分部工程。分部工程按结构部位、路段长度及施工特点或施工任务将单位工程划分为若干个项目单元。如桥梁工程可划分为基础工程、上部构造预制工程、上部构造安装工程、桥面铺装工程、防护工程、引道工程等分部工程。如图1-4所示某市政工程的基本建设项目划分中，排水工程可划分为土石方工程、管道主体工程、附属构筑物工程3个分部工程。

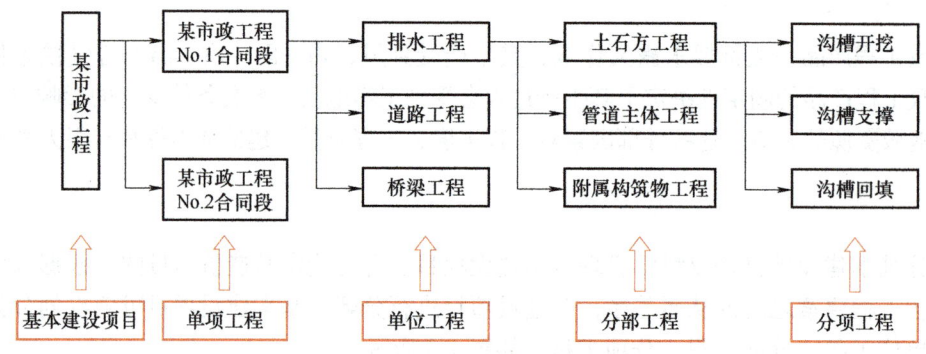

图1-4 某市政工程的项目划分

5.4 分项工程

分项工程是分部工程的组成部分。一个分部工程可以划分为一个或多个分项工程。分部工程是按不同施工方法、材料、工序及路段长度等将分部工程划分为若干个项目单元。分项工程是可以通过较为简单的施工过程生产出来，并可用适当的计量单位测算或计算其消耗量和单价的建筑或安装单元。如图1-4所示某市政工程的基本建设项目划分中，排水工程的土石方工程可划分为沟槽开挖、沟槽支撑、沟槽回填3个分项工程。

> **温馨提示**
>
> 对基本建设进行项目划分的目的是为了便于工程量计算，编制概预算，统计市政工程产品的产值、产量和便于组织施工，并使工程造价一一对应到具体的工程内容上。

> **思考：**
>
> 1. 某新建大桥项目，建成后两端与原有道路连线，则该桥梁竣工后能否独立发挥交通效益？该大桥属于单项工程还是单位工程？
>
> 2. 某路线中的某新建大桥，在整个路线未修通前，该桥梁竣工后能否独立发挥交通效益？该大桥属于单项工程还是单位工程？

6. 工程建设的实施程序

任何一个工程项目从构思策划到建成投入使用均需要经过投资决策和建设实施两大阶段。

通常情况下，投资者会基于工程项目可行性研究进行决策，并按投资管理制度申请办理工程项目审批、核准或备案手续。工程项目依法立项后，则需要按照工程建设实施程序完成工程项目，直至工程竣工验收合格交付使用为止。由此可见，工程项目寿命期包含投资决策和建设实施两个阶段，而建设工程全寿命期还包含工程建成后的运营维护阶段。这是两个不同的概念，区别主要在于是否包含运营维护阶段。

基本建设项目和施工组织设计
（基本建设程序）

工程建设实施程序是指工程项目经审批、核准或备案后，从勘察设计、施工到竣工验收、交付使用整个过程中，各项工作必须遵循的先后次序。工程建设实施程序是工程建设过程客观规律的反映，也是建设工程成功实施的重要保证。一般投资项目建设实施程序如图1-5所示。

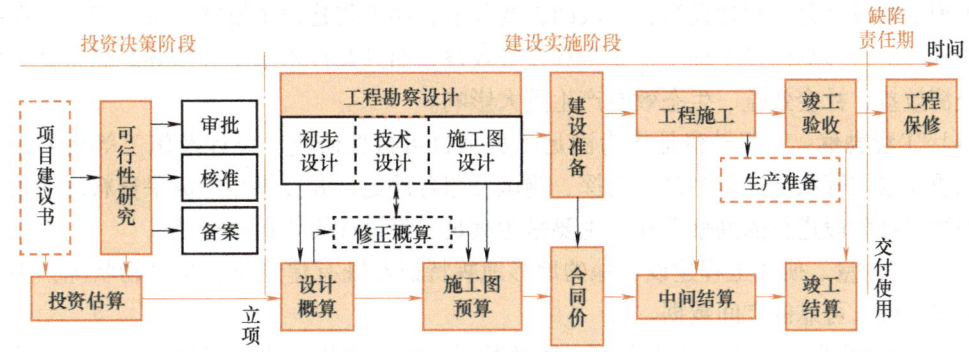

图1-5 一般投资项目建设实施程序

注：图中虚线框所代表的工作并非所有工程项目必经环节。

6.1 项目建议书

项目建议书是由项目筹建单位或项目法人根据国民经济的发展、国家和地方中长期规划、产业政策、生产力布局、国内外市场、所在地的内外部条件，就某一具体新建、扩建项目提出的项目的建议文件，是对拟建项目提出的框架性的总体设想。它要从宏观上论述项目设立的必要性和可能性，把项目投资的设想变为概略的投资建议。

项目建议书研究内容包括：进行市场调研，对项目建设的必要性和可行性进行研究，对建设目标、建设内容、建设要求、生产技术和设备及重要技术经济指标等分析，并对主要原材料的需求量、投资估算、投资方式、资金来源、经济效益等进行初步估算。

6.2 可行性研究报告

可行性研究是指在项目决策前，通过对项目有关的工程、技术、经济等各方面进行调查、研究、分析，对各种可能的建设方案和技术方案进行比较和论证，由此考察项目技术上的先进性和适用性、经济上的盈利性和合理性，以及建设的可能性和可行性的一种科学的分析方法。可行性研究是项目前期工作的最重要的内容，它从项目建设和生产经营的全过程考察分析项目的可行性，其目的是回答项目是否有必要建设，是否可能建设和如何进行建设的问题，其结论为投资者的最终决策提供直接的依据。

可行性研究是基本建设投资决策阶段的重要组成部分。

项目建议书经批准后，即可进行可行性研究工作。建设项目可行性研究报告的内容可概括为三大部分：首先是市场研究，包括拟建项目的市场调查和预测研究，这是项目可行性研究的前提和基础，其主要任务是解决项目的"必要性"问题；其次是技术研究，即技术方案和建设条件研究，它要解决项目在技术上的"可行性"问题；最后是效益研究，即经济效益的分析和评价，这是项目可行性研究的核心部分，主要解决项目在经济上的"合理性"问题。

> **温馨提示**
>
> 可行性研究获得批准，建设工程项目才算正式立项，项目立项是项目决策的标志。经批准的可行性研究报告是初步设计的依据，不得随意修改和变更。凡是可行性研究未通过的项目，不得进行下一步工作。

6.3 工程勘察设计

工程勘察设计是工程建设实施阶段的首要环节，在工程建设中发挥龙头作用。工程勘察设计的好坏不仅影响建设工程质量安全和投资效益，而且其技术水平和指导思想将会对建设工程经济效益、社会效益、生态效益产生重大影响。

（1）工程勘察 工程勘察是指为满足工程项目可行性研究、设计及施工等需要，对地形、地质及水文等状况进行测绘、勘探、测试及综合评定，并提供相应成果资料的活动。在工程勘察设计阶段进行的勘察活动，主要是为满足工程设计需要而进行的。

1）工程测量。研究工程建设场地的地形地貌特征及既有建筑物、构筑物状况，为工程设计提供准确、可靠的空间数据。

2）岩土地质勘察。研究岩土滑移、活动断裂、地震液化、地面侵蚀、岩溶塌陷及各种复杂地基土等各种对工程建设有直接影响的岩土地质问题，以及由于人类活动所造成的环境地质问题（如地下采空塌陷、边坡挖填失稳、地面沉降等），提出工程设计所需的地质技术参数，并对有关技术经济指标进行评价。

3）水文地质勘察。研究河流或其他水体的水文要素变化和分布规律，预估未来径流情势，以及地下水资源的补给、排泄规律等，为工程设计提供水文依据。

（2）工程设计 工程设计是指根据法律法规和工程建设标准，对工程建设所需技术、经济、资源、环境等条件进行综合分析论证，编制工程设计文件的活动。工程设计是确定和控制工程造价的重点阶段，也是协调工程技术与经济关系的关键环节。

工程设计一般分为初步设计和施工图设计两个阶段，对于重大工程和技术复杂工程，可根据需要增加技术设计阶段。

1）初步设计。初步设计是指根据国家有关规定和项目可行性研究报告批复文件要求，明确工程建设内容、建设规模、建设标准、用地规模、主要材料、设备规格和技术参数等，设计具体实施方案并编制设计概算的活动。

对于政府投资项目，初步设计提出的投资概算超过经批准的可行性研究报告提出的投资估算10%的，项目单位应当向投资主管部门或者其他有关部门报告，投资主管部门或者其他有关部门可以要求项目单位重新报送可行性研究报告。

2）技术设计。技术设计是指为解决初步设计未解决的重大技术问题而进行的活动，包括工艺流程、建筑结构、设备选型等问题的解决。技术设计文件中需要包含修正概算。

3）施工图设计。施工图设计是指根据已批准的初步设计或技术设计文件，结合工程现场实际情况，通过绘制施工图，完整地表现建筑物外形、内部空间分割、结构体系、构造状况及建筑群组成和周围环境的配合。施工图设计还包括各种运输、通信、管道系统、建筑设备设计等。在工艺方面，应具体确定各种设备的型号、规格及各种非标准设备的制造加工图。施工图设计还应编制施工图预算，作为工程施工依据。

《建设工程质量管理条例》规定，施工图设计文件需经审查批准后方可实施。施工图设计文件未经审查批准的，不得使用。

6.4 建设准备

在工程开工建设前，需要切实做好各项准备工作，这些准备工作包括：

1）征地、拆迁和场地平整。
2）完成施工用水、用电，通信网络，交通道路等接通工作。
3）准备必要的施工图。
4）组织工程监理、施工及材料设备采购招标工作。
5）办理施工许可证、工程质量监督等手续。

上述建设准备工作主要由建设单位完成。对于有些工程的施工场地平整，施工用水、用电，通信网络，交通道路等接通工作，可纳入工程施工合同交由施工单位承担。在工程总承包模式下，施工图纸的准备也将由工程总承包单位来完成。

6.5 工程施工

建设工程经批准开工建设获取施工许可证后，即可进入施工阶段。工程开工时间是指该工程设计文件中规定的任何一项永久性工程第一次正式破土开槽开始施工的时间；不需开槽的工程，正式开始打桩的时间就是开工时间；铁路、公路、水库等需要进行大量土石方工程的，以正式开始进行土方、石方工程的时间作为正式开工时间。工程地质勘察、平整场地、既有建筑物拆除、临时建筑、施工用临时道路和水、电等工程开始施工不能算作正式开工。分期建设的工程分别以各期工程开工的时间作为开工时间，如二期工程应根据工程设计文件规定的永久性工程开工时间作为开工时间。

工程施工活动应按照工程设计要求、施工合同及施工组织设计，在保证工程工期、质量、成本、安全、绿色等目标的前提下进行。

6.6 生产准备

对于直接用于物质生产或为物质生产服务的项目（即生产性项目）而言，生产准备是工程项目交付投产前由建设单位进行的一项重要工作。生产准备是衔接建设与生产的桥梁，是工程建设转入生产经营的必要条件。建设单位需要适时组成专门机构进行生产准备工作，确保工程建成后能及时投产。

根据工程项目种类不同，生产准备工作内容会存在差异，但一般应包括以下内容：

1）组建生产管理机构，制定生产管理制度。
2）招聘和培训生产人员，组织生产人员参加设备安装、调试和工程验收工作。
3）落实原材料、协作产品、燃料、水、电、气等来源和其他需协作配合的条件，并组织工装、器具、备品、备件等制造或订货等。

6.7 竣工验收

建设工程按设计文件规定内容和工程承包合同约定全部建完后，达到工程竣工验收条件时，便可组织工程竣工验收。工程竣工验收是工程建设实施阶段最后一个环节，是投资成果转入生产或使用的标志，也是全面考核工程建设成果、检验工程质量的重要步骤。工程勘察、设计、施工、监理等单位应参加工程竣工验收。不同专业类别的工程竣工验收有着不同的验收标准和程序。工程竣工验收合格后方可投入使用。

建设工程自竣工验收合格之日起即进入缺陷责任期。施工承包单位应在缺陷责任期内对已交付使用的工程质量缺陷承担责任。缺陷责任期最长不超过2年。在缺陷责任期内发现有质量缺陷的，应及时修复，修复和查验费用由责任方承担。缺陷责任期届满时，建设单位应向工程承包单位返还工程施工过程中扣留的工程质量保证金。缺陷责任期届满时，工程承包单位未履行缺陷责任的，建设单位有权扣留与未履行责任部分所需金额相应的工程质量保证金，并有权根据合同约定要求延长缺陷责任期，直至履行缺陷责任为止。

任务实施

任务描述　　　　　　　　　　任务实施参考答案

子任务1：查阅《城镇道路工程施工与质量验收规范》（CJJ 1—2008），根据引导案例背景资料，请对"南宁市西乡塘区大唐三路工程"进行项目划分，补全图1-6中的框1~8。

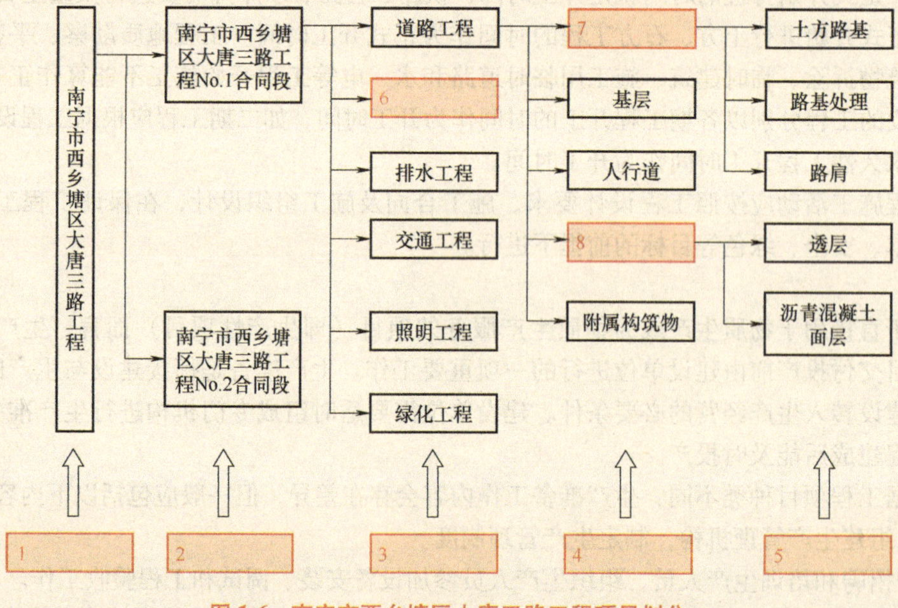

图1-6　南宁市西乡塘区大唐三路工程项目划分

模块一 认知基本建设项目和施工组织设计

子任务2：以小组的组织形式寻找一个工程案例，参照本项目和专业相关规范对工程案例进行项目划分。

任务二　认知施工组织设计

任务描述

作为南宁市西乡塘区大唐三路工程施工单位的项目经理，由你负责主持编制该工程的实施性施工组织设计，请根据本模块"引导案例"中工程背景资料，认真学习"知识链接"的内容，再查阅《市政工程施工组织设计规范》（GB/T 50903—2013），结合施工组织设计的编制内容和编制程序，完成南宁市西乡塘区大唐三路工程施工组织设计的目录编制（至二级标题）。

知识链接

1. 施工组织设计的定义

《市政工程施工组织设计规范》（GB/T 50903—2013）对市政工程施工组织设计的定义如下：以市政工程项目为编制对象并用以指导施工的技术、经济和管理的综合性文件。

基本建设项目和
施工组织设计
（定义、分类、作用）

施工组织设计是指根据拟建工程的特点，对人力、材料、机械、资金、施工方法等方面的因素作全面地、科学地、合理地安排，并形成指导拟建工程施工全过程中各项活动的技术、经济和组织的综合性文件。

施工组织设计是施工项目管理的重要手段，也是科学合理、均衡有序地组织施工生产的重要保障。每个工程项目均需要进行施工组织设计。设计单位要编制指导性施工组织设计，施工单位要编制实施性施工组织设计。对施工单位而言，施工投标时要编制标前施工组织设计，并依此进行投标报价；中标后要编制标后施工组织设计，进一步细化有关内容，以便更好地指导工程施工。施工组织设计对工程施工有重要的规划、组织、协调和指导作用。

2. 施工组织设计的分类

2.1　按编制时间的不同分类

施工组织设计按编制时间的不同可分为两类：一类是投标前编制的施工组织设计，简称标前施工组织设计，也称指导性施工组织设计；另一类是中标后编制的施工组织设计，简称标后施工组织设计，也称实施性施工组织设计。

（1）标前施工组织设计　标前施工组织设计也称指导性施工组织设计，是指在投标之前，投标人（施工单位）在深入了解和研究招标文件、设计文件和设计图纸以及调查和复核施工现场的基础上结合本单位的具体情况进行编制的施工组织文件。工程施工单位为了使投标具有竞争力，必须根据业主对投标书所要求的内容编制标前施工组织设计，标前施工组织设计的好坏既是能否中标的关键，又是总包单位进行分包的依据，同时还是承包单位与发包单位进行合同签约谈判、拟定合同文本中相关条款的基础资料。标前施工组织设计应根据招标文件的具体要求、投标人（施工单位）的技术经济条件和施工现场的实际情况进行编制。

（2）标后施工组织设计 标后施工组织设计也称实施性施工组织设计，是指投标人（施工单位）为了确保和落实标前施工组织设计按期或提前实现，在中标及签订合同后编制的施工组织设计文件。它是施工单位在施工准备阶段，详细研究设计文件、图纸、合同条款以及现场反复调查复核的基础上，对标前施工组织文件内容进行进一步的分析和研究，重新进行补充、完善和落实的过程。标后施工组织设计作为具体指导施工全过程的技术文件，其内容必须十分具体，对各分项工程、各工序和各施工班组都要进行施工进度的日程安排和具体操作的设计。

2.2 按编制对象范围的不同分类

施工组织设计按编制对象范围的不同可分为施工组织总设计、单位工程施工组织设计和施工方案。

（1）施工组织总设计 施工组织总设计是以若干单位工程组成的群体工程或特大型项目为主要对象编制的施工组织设计，对整个项目的施工过程起统筹规划、重点控制的作用。它是对整个项目的全面规划，涉及范围较广，内容比较概括。

（2）单位工程施工组织设计 单位工程施工组织设计即以单位（子单位）工程为主要对象编制的施工组织设计，对单位（子单位）工程的施工过程起指导和制约作用。它是施工单位年度施工计划和施工组织总设计的具体化，用以直接指导单位工程的施工活动，是施工单位编制作业计划和制订季、月、旬施工计划的依据。

（3）施工方案 施工方案即以分部（分项）工程或专项工程为主要对象编制的施工技术与组织方案，用以具体指导其施工过程。一般对于工程规模大、技术复杂、施工难度大或采用新工艺、新技术施工的建筑物或构筑物，在编制单位工程施工组织设计之后，常常需要对某些重要又缺乏经验的分部（分项）工程再深入编制专业工程的具体施工设计。例如，深基础工程、大型结构安装工程、高层钢筋混凝土主体结构工程、无黏结预应力混凝土工程、定向爆破、冬期雨期施工、地下防水工程等。

施工方案在某些时候也被称为分部（分项）工程或专项工程施工组织设计，但考虑到通常情况下施工方案是施工组织设计的进一步细化，是施工组织设计的补充，施工组织设计的某些内容在施工方案中不需赘述，因而《市政工程施工组织设计规范》（GB/T 50903—2013）将其定义为施工方案。

3. 施工组织设计的作用

施工组织设计是对施工活动实行科学管理的重要手段。其作用是：通过施工组织设计的编制，明确工程的施工方案、施工顺序、劳动组织措施、施工进度计划及资源需用量与供应计划，明确临时设施、材料和机具的具体位置，有效地使用施工场地，提高经济效益。施工组织设计还具有统筹安排和协调施工中各种关系的作用。

1）施工组织为拟建工程确定施工方案、施工进度、施工顺序、劳动组织和技术组织措施等，是指导开展紧凑、有序施工活动的技术依据。

2）施工组织所提出的各项资源需要量计划，直接为组织材料、机具、设备、劳动力需要量等资源供应工作提供依据。

3）通过编制施工组织设计，可以合理利用和安排为施工服务的各项临时设施，可以合理地部署施工现场,确保文明施工、安全施工。

4)通过编制施工组织设计,可提高工程施工过程的预见性,减少施工的盲目性,使管理者和生产者做到心中有数;可充分考虑施工中可能遇到的困难与障碍,主动调整施工中的薄弱环节,事先予以解决或排除,从而为施工提供技术保证。

5)通过编制施工组织设计,可以将工程项目的设计与施工、技术与经济、前方与后方、整体与局部以及各部门、各专业之间有机结合,统一协调。

6)经过审批的施工组织设计,可以作为工程结算、工程索赔的依据。

经验证明,如果一个工程施工组织设计能反映客观实际,符合国家政策和合同规定的要求,符合施工工艺规律,并能认真地贯彻执行,那么施工就可以有条不紊地进行,就能较好地发挥投资效益。

4. 施工组织设计的编制原则

1)符合施工合同或招标文件中有关工程进度、质量、安全、环境保护、造价等方面的要求。

2)积极开发、使用新技术和新工艺,推广应用新材料和新设备。在目前市场经济条件下,企业应当积极利用工程特点,组织开发、创新施工技术和施工工艺。

基本建设项目和
施工组织设计
(编制原则、编制依据)

3)坚持科学的施工程序和合理的施工顺序,采用流水施工和网络计划等方法,科学配置资源,合理布置现场,采取季节性施工措施,实现均衡施工,达到合理的经济技术指标。

4)采取技术和管理措施,推广建筑节能、绿色施工和智能建造。

5)与质量、环境和职业健康安全三个管理体系有效结合。为保证持续满足过程能力和质量保证的要求,国家鼓励企业进行质量、环境和职业健康安全管理体系的认证制度,且目前该三个管理体系的认证在我国建筑行业中已较普及,并且建立了企业内部管理体系文件,编制施工组织设计时,不应违背上述管理体系文件的要求。

5. 施工组织设计的编制依据

1)与工程建设有关的法律、法规、规章和规范性文件。

2)国家现行标准和技术经济指标。其中技术经济指标主要指各地方的建筑工程概预算定额和相关规定。虽然建筑行业目前使用了清单计价的方法,但各地方制定的概预算定额在造价控制、材料和劳动力消耗等方面仍起一定的指导作用。

3)工程所在地区行政主管部门的批准文件,以及建设单位对施工的要求。

4)工程施工合同和招标投标文件。施工组织设计应响应工程施工合同文件的要求。合同文件指组成合同的各项文件,包括:协议书(包括补充协议)、中标通知书、投标报价书、专用合同条款、通用合同条款、技术条款、图纸、已标价的工程量清单、经合同双方确认进入合同的其他文件。上述次序也是解释合同的优先顺序。

5)工程设计文件。

6)地域条件和工程特点,工程施工范围内及周边的现场条件,气象、工程地质及水文地质等自然条件。编制施工组织设计时应结合工程特点和施工条件,如高原地区、冻融地区、沿海地区的施工项目应有针对性地编制。

7）与工程有关的资源供应情况。

8）企业的生产能力、施工机具状况、经济技术水平等。施工单位编制施工组织设计时要充分考虑本企业的生产能力、施工机具状况、经济技术水平等。

6. 施工组织设计的编制内容

6.1 施工组织总设计的主要内容

施工组织总设计的主要内容包括：工程概况、总体施工部署、施工总进度计划、总体施工准备与主要资源配置计划、主要施工方法和施工总平面布置等。

基本建设项目和
施工组织设计
（编制内容、编制程序）

(1) 工程概况 工程概况应包括工程项目的主要情况和主要施工条件。

1）工程项目主要情况。其包括：工程项目名称、性质、地理位置和建设规模；建设、勘察、设计、监理等相关单位情况；工程项目设计概况；工程项目承包范围及主要分包工程范围；招标文件或施工合同对工程施工的重点要求等。

2）工程项目主要施工条件。其包括：建设地点气象状况；施工区域地形和工程水文地质状况；施工区域地上、地下管线及相邻的地上、地下建（构）筑物情况；与工程施工有关的道路、河流等状况；当地建筑材料、设备供应和交通运输等服务能力状况；当地供水、供电、供热和通信能力状况等。

(2) 总体施工部署 施工组织总设计应对工程项目总体施工作出下列宏观部署：

1）确定工程项目施工总目标，包括：施工进度、质量、成本、安全、绿色施工及环境管理目标。

2）根据工程项目施工总目标要求，确定工程项目分阶段（期）交付使用计划。

3）确定工程项目分阶段（期）施工的合理顺序和空间组织。

应对工程项目施工的重点和难点进行简要分析。对于工程项目施工中开发和使用的新技术、新工艺也应作出部署，并采取可行的技术、管理措施来满足工期、质量等要求。

应根据施工项目规模、复杂程度、专业特点、人员素质和地域范围确定项目管理组织结构形式，并采用框图形式表示。工程需要分包的，还应对分包单位的资质和能力提出明确要求。

(3) 施工总进度计划 施工总进度计划是根据总体施工部署要求，用来确定各单位工程施工顺序、施工时间及相互衔接关系的计划。施工总进度计划可按以下程序编制：

1）计算工程量。分别计算各单位工程主要实物工程量，以便选择施工方案和施工机械，组织主要工种工程的流水施工，计算劳动量、施工机械及建筑材料需要量。

2）确定各单位工程施工期限。各单位工程施工期限应根据合同工期确定，同时应考虑建筑类型、结构特征、施工方法、施工管理水平、施工机械化程度及施工现场条件等因素。

3）确定各单位工程的开竣工时间和相互搭接关系，并应考虑以下主要因素：

① 同一时期施工的项目不宜过多，以避免人力、物力过于分散。

② 尽量做到均衡施工，使劳动力、施工机械和主要材料的供应在整个工期范围内达到均衡。

③ 尽量提前建设可供工程施工使用的永久性工程，以节省临时工程费用。

④ 急需和关键的工程先施工，以保证工程项目如期交工。某些技术复杂、施工周期较长、施工困难较多的工程，也应安排提前施工，以利于整个工程项目按期交付使用。

⑤ 施工顺序必须与主要生产系统投入生产的先后次序相吻合。同时，还要安排好配套工程的施工时间，以保证建成的工程能迅速投入生产或交付使用。

⑥ 应注意季节对施工顺序的影响，避免施工受季节影响而导致工期拖延、工程质量与安全受影响。尽可能减少冬期、雨期施工的附加费用。

⑦ 安排一部分附属工程或零星项目作为后备项目，用以调整主要项目的施工进度。

⑧ 保证主要工种和主要施工机械能连续施工。

4）编制初步施工总进度计划。施工总进度计划应以工程量大、工期长的单位工程为主导，安排全工地性流水作业。施工总进度计划既可采用横道图表示，也可采用网络图表示，并附必要说明。施工总进度计划宜优先采用网络计划。

初步施工总进度计划编制完成后，要检查总工期是否符合招标文件或施工合同要求，资源使用是否均衡且资源供应能否得到保证。如果不符合要求，则需对初步施工总进度计划进行调整。

5）形成正式的施工总进度计划。初步施工总进度计划符合要求或经调整符合要求后，即形成正式的施工总进度计划。

（4）总体施工准备与主要资源配置计划

1）总体施工准备。其包括：技术准备、现场准备和资金准备等，这些准备应满足项目分阶段（期）施工需要。

① 技术准备。其包括：施工过程所需技术资料准备、施工方案编制计划、试验检验及设备调试工作计划等。

② 现场准备。其包括：现场生产、生活等临时设施，临时道路，材料堆放场，临时用水、用电和供热、供气等计划。

③ 资金准备。应根据施工总进度计划编制资金使用计划。

2）主要资源配置计划。其包括：劳动力配置计划和物资配置计划。

① 劳动力配置计划。其应包括：确定各施工阶段（期）总用工量；根据施工总进度计划确定各施工阶段（期）劳动力配置计划。

② 物资配置计划。其应包括：根据施工总进度计划确定主要工程材料和设备的配置计划；根据总体施工部署和施工总进度计划确定主要施工周转材料和施工机具配置计划。

（5）主要施工方法 为了进行技术和资源准备，同时也是为了施工现场的合理布置，对于工程量大、施工难度大、工期长，对整个工程项目的完成起关键作用的建（构）筑物及影响全局的分部分项工程，要在施工组织总设计中简要说明其施工方法。此外，对脚手架工程、起重吊装工程、临时用水用电工程、季节性施工等专项工程所采用的施工方法也应进行简要说明。对施工方法的确定，要兼顾工艺技术的先进性、可操作性及经济合理性。

（6）施工总平面布置 施工总平面布置是指在施工用地范围内，对各项生产、生活设施及其他辅助设施等进行总体规划和布置。施工总平面布置应按照工程项目分期（分批）施工计划进行，并绘制施工总平面布置图。施工总平面布置图应有比例关系，各种临时设施应标注外围尺寸，并有文字说明。

1) 施工总平面布置原则：
① 平面布置科学合理，施工场地占用面积少。
② 合理组织运输，减少二次搬运。
③ 施工区域划分和场地临时占用应符合总体施工部署和施工流程要求，减少相互干扰。
④ 充分利用既有建（构）筑物和既有设施为工程施工服务，降低临时设施建造费用。
⑤ 临时设施应方便生产、生活，办公区、生活区和生产区宜分离设置。
⑥ 符合节能、环保、安全和消防等要求。
⑦ 遵守工程所在地政府建设主管部门和建设单位关于施工现场安全文明施工的相关规定。

2) 施工总平面布置图内容：
① 施工用地范围内的地形状况。
② 全部拟建的建（构）筑物和其他基础设施位置。
③ 施工用地范围内的加工设施、运输设施、存贮设施、供电设施、供水供热设施、排水排污设施、临时施工道路和办公、生活用房等。
④ 施工现场必备的安全、消防、保卫和环境保护等设施。
⑤ 相邻地上、地下既有建（构）筑物及相关环境。

6.2　单位工程施工组织设计的主要内容

单位工程施工组织设计的主要内容包括：工程概况、施工部署、施工进度计划、施工准备与资源配置计划、主要施工方案、施工现场平面布置等。

(1) 工程概况　工程概况包括：工程主要情况、各专业设计简介和工程施工条件等。

1) 工程主要情况。其包括：工程名称、性质和地理位置；建设、勘察、设计、监理和总承包等相关单位情况；工程承包范围和分包工程范围；施工合同文件、招标文件或总承包单位对工程施工的重点要求等。

2) 各专业设计简介。依据建设单位提供的工程设计文件描述建筑、结构、设备等各专业设计内容及其对工程施工的基本要求。

3) 工程施工条件。与施工组织总设计所列内容类似。

(2) 施工部署　施工部署是指对工程施工过程中进行的统筹规划和全面安排，包括：工程施工目标、进度安排及空间组织、施工重点和难点分析、工程管理组织结构形式等。施工部署是施工组织设计的纲领性内容，施工进度计划、施工准备与资源配置计划、施工方法、施工现场平面布置和主要施工管理计划等均应围绕施工部署进行编制和确定。

1) 工程施工目标。应根据施工合同文件、招标文件及施工单位自身对工程管理目标的要求确定，包括：施工进度、质量、成本、安全、绿色施工及环境管理目标。各项目标应满足施工组织总设计中确定的总体目标。

2) 进度安排及空间组织。施工部署中的进度安排和空间组织应符合下列要求：
① 应明确说明工程主要施工内容及进度安排，施工顺序应符合工序逻辑关系。
② 施工流水段应结合工程具体情况分阶段进行合理划分，并说明划分依据及流水方向，确保均衡流水施工。

3) 施工重点和难点分析。其主要包括组织管理和施工技术两个方面。

4) 工程管理组织结构形式。根据工程项目规模、复杂程度、专业特点、人员素质和地域范围确定工程管理组织结构形式,并确定项目经理部的工作岗位设置及职责划分。

5)"四新"使用部署或要求。对于工程施工中开发和使用的新技术、新工艺应作出部署,对新材料和新设备的使用提出技术及管理要求。

6)分包单位要求。简要说明主要分包工程的施工单位的选择要求及管理方式。

(3) 施工进度计划 单位工程施工进度计划是指为实现预先设定的工期目标,对各项施工过程的施工顺序、起止时间和相互衔接关系进行的统筹策划和安排。单位工程施工进度计划应按照施工部署的安排进行编制。

单位工程施工进度计划可按以下程序和方法编制:

1)划分工作项目。工作项目是指包括一定工作内容的施工过程,是施工进度计划的基本组成单元。单位工程施工进度计划中的工作项目应明确到分项工程或更具体,以满足指导施工作业、控制施工进度的要求。

2)确定施工顺序。施工顺序通常受施工工艺和施工组织两方面因素制约。当施工方案确定后,工作项目之间的工艺关系也就随之确定。如果违背这种关系,将不可能施工,或者会导致发生工程质量事故或安全事故,或者会造成返工浪费。

工作项目之间的组织关系是由于劳动力、施工机械、材料和构配件等资源的组织和安排需要而形成的。这种组织关系是一种人为关系。组织方式不同,组织关系也就不同。不同的组织关系会产生不同的经济效果,应通过调整组织关系,并将工艺关系和组织关系有机地结合起来,形成工作项目之间的合理顺序关系。

不同的工程项目,其施工顺序不同。即使是同一类工程项目,其施工顺序也难以做到完全相同。因此,在确定施工顺序时,必须根据工程特点、技术组织要求及施工方案等进行研究,不能拘泥于某种固定顺序。

3)计算工程量。工程量的计算应根据施工图和工程量计算规则,针对所划分的每一个工作项目进行。当编制施工进度计划时已有施工图预算文件或工程量清单,且工作项目的划分与施工进度计划中的工作项目一致时,可以直接套用施工预算工程量,不必重新计算。若某些项目有出入且出入不大时,应结合工程实际情况进行某些必要的调整。

4)计算劳动量和机械台班数。当某工作项目是由若干个分项工程合并而成时,则应分别根据各分项工程的时间定额(或产量定额)及工程量,按式(1-1)计算出合并后的综合时间定额(或综合产量定额)。

$$H=\frac{Q_1H_1+Q_2H_2+\cdots+Q_iH_i+\cdots+Q_nH_n}{Q_1+Q_2+\cdots+Q_i+\cdots+Q_n} \qquad (1-1)$$

式中 H——综合时间定额(工日/m³、工日/m²、工日/t…);

Q_i——工作项目中第i个分项工程的工程量;

H_i——工作项目中第i个分项工程的时间定额。

根据工作项目的工程量和所采用的定额,即可按式(1-2)或式(1-3)计算出各工作项目所需要的劳动量和机械台班数。

$$P=Q\times H \qquad (1-2)$$

或

$$P=Q/S \qquad (1-3)$$

式中 P——工作项目所需要的劳动量(工日)或机械台班数(台班);

Q——工作项目的工程量(m³、m²、t…);

H——工作项目的时间定额（工日/m³、工日/m²、工日/t…）；

S——工作项目所采用的人工产量定额（m³/工日、m²/工日、t/工日…）或机械台班产量定额（m³/台班、m²/台班、t/台班…）。

零星项目所需要的劳动量可结合实际情况，根据施工单位的经验进行估算。

5）确定工作项目的持续时间。根据工作项目所需要的劳动量或机械台班数，以及该工作项目每天安排的工人数或配备的机械台数，即可按式（1-4）计算各工作项目的持续时间。

$$D = \frac{P}{R \times B} \tag{1-4}$$

式中　D——完成工作项目所需要的时间，即持续时间（天）；

R——每班安排的工人数或施工机械台数；

B——每天工作班数。

在安排每班工人数和机械台数时，应综合考虑以下问题：

① 要保证各工作项目中每班工人或施工机械拥有足够的工作面（不能少于最小工作面），以保证效率和施工安全。

② 要使各工作项目中工人数量或施工机械数量不低于正常施工所必需的最低限度（不能小于最小劳动组合），以达到最高劳动生产率。

由此可见，最小工作面限定了每班施工人数的上限，而最小劳动组合限定了每班施工人数的下限。对于施工机械台数的确定也是如此。

每天的工作班数应根据工作项目的施工技术要求和组织要求来确定。例如，浇筑大体积混凝土，要求不留施工缝连续浇筑时，就必须根据混凝土工程量决定采用双班或三班制。

以上是根据安排的工人数和配备的机械台数来确定工作项目的持续时间。但有时需要根据组织要求（如组织流水施工时）采用倒排方式来安排进度，即先确定各工作项目的持续时间，然后以此来确定所需要的工人数和机械台数。此时，需要将式（1-4）变换成式（1-5），以此来确定各工作项目所需要的工人数和机械台数。

$$R = \frac{P}{D \times B} \tag{1-5}$$

如果根据式（1-5）求得的工人数或机械台数已超过施工单位现有供应条件时，除寻求其他途径增加人力、施工机械外，施工单位应从施工技术和组织管理方面采取积极措施加以解决。

6）编制初始施工进度计划。施工进度计划的表达主要有横道图和网络图两种形式。横道图比较简单，且非常直观，长期以来被广泛应用。工程规模较大或较复杂的工程，宜采用网络图来表达施工进度计划。

7）施工进度计划的调整和优化。要检查初始施工进度计划是否满足要求，检查内容包括：

① 各工作项目的施工顺序和搭接关系是否合理。

② 总工期是否满足合同约定。

③ 主要工种的工人是否能满足连续、均衡施工的要求。

④ 主要施工机具、材料等的利用是否均衡和充分。

上述四个方面检查内容中，首要的是前两方面检查。若前两个方面不满足要求，必须进行调整。只有在前两个方面均满足要求的前提下，才能进行后两个方面的检查。前者是解决可行与否的问题，后者则是施工进度计划优化的问题。

（4）施工准备与资源配置计划

1）施工准备。其包括：技术准备、现场准备和资金准备等。

① 技术准备。其包括：施工所需技术资料的准备；施工方案编制计划；试验检验及设备调试工作计划；样板制作计划等。

② 现场准备。应根据现场施工条件和工程实际需要，准备现场生产、生活临时设施。

③ 资金准备。应根据施工进度计划编制资金使用计划。

2）资源配置计划。其包括：劳动力配置计划和物资配置计划。

① 劳动力配置计划。其包括：确定各施工阶段用工量；根据施工进度计划确定各施工阶段劳动力配置计划。

② 物资配置计划。其包括：主要工程材料和设备的配置计划应根据施工进度计划确定，包括各施工阶段所需主要工程材料、设备的种类和数量；工程施工主要周转材料、施工机具的配置计划应根据施工部署和施工进度计划确定，包括施工阶段所需主要周转材料、施工机具的种类和数量。

（5）主要施工方案 应对主要分部、分项工程制定施工方案，并对脚手架工程、起重吊装工程、临时用水用电工程、季节性施工等专项工程所采用的施工方案进行必要的验算和说明。施工方案的确定要遵循先进性、可行性和经济性兼顾的原则。

（6）施工现场平面布置 应结合施工组织总设计，按不同施工阶段分别绘制施工现场平面布置图。施工现场平面布置图应包括下列内容：

1）工程施工场地状况。

2）拟建建（构）筑物的位置、轮廓尺寸和层数。

3）施工现场的加工设施、存贮设施、办公和生活用房等的位置和面积。

4）布置在施工现场的垂直运输设施、供电设施、供水供热设施、排水排污设施和临时施工道路等。

5）施工现场必备的安全、消防、保卫和环境保护等设施。

6）相邻地上、地下既有建（构）筑物及相关环境。

6.3　施工方案的主要内容

施工方案主要内容包括：工程概况、施工安排、施工进度计划、施工准备与资源配置计划、施工方法及工艺要求等。

（1）工程概况 工程概况包括：工程主要情况、设计简介和工程施工条件等。

1）工程主要情况。其包括：分部（分项）或专项工程名称，工程参建单位相关情况，工程施工范围，施工合同、招标文件或总承包单位对工程施工的重点要求等。

2）设计简介。其主要介绍施工范围内的工程设计内容和相关要求。

3）工程施工条件。其重点说明与分部（分项）或专项工程相关的内容。

（2）施工安排 施工安排中应包括下列内容：

1）工程施工目标。其包括：施工进度、质量、成本、安全、绿色施工及环境管理等目标，各项目标应符合施工合同、招标文件和总承包单位对工程施工的要求。

2）工程施工顺序及施工流水段。

3）工程施工的重点和难点分析，并简述主要的管理和技术措施。

4）项目管理机构及其职责。根据分部（分项）或专项工程的规模、特点、复杂程度、目标控制和总承包单位的要求设置项目管理机构，配备各类专业人员，建立健全岗位责任制。

（3）施工进度计划　分部（分项）或专项工程的施工进度计划应按照施工安排，并结合总承包单位的施工进度计划编制。施工进度计划应能反映各施工区段或各工序之间的搭接关系，施工期限和开始、结束时间。同时，施工进度计划应能体现和落实施工总进度计划的目标控制要求，进而体现施工总进度计划的合理性。

（4）施工准备与资源配置计划

1）施工准备。其包括：技术准备、现场准备和资金准备等。

① 技术准备。其包括：施工所需技术资料的准备；图纸深化和技术交底的要求；试验检验和调试工作计划；样板制作计划，以及与相关单位的技术交接计划等。

② 现场准备。其包括：生产、生活临时设施的准备，以及与相关单位进行现场交接的计划等。

③ 资金准备。其包括编制资金使用计划等。

2）资源配置计划。其包括：劳动力配置计划和物资配置计划。

① 劳动力配置计划。确定工程用工量并编制专业工种劳动力计划表。

② 物资配置计划。其包括：工程材料和设备配置计划，周转材料和施工机具配置计划，以及计量、测量和检验仪器配置计划等。

（5）施工方法及工艺要求　施工方法及工艺要求应包括下列内容：

1）明确分部（分项）或专项工程施工方法，并进行必要的技术核算；明确主要分项工程（工序）的施工工艺要求。

2）重点说明易发生质量通病、易出现安全问题、施工难度大、技术要求高的分项工程（工序）。

3）对开发和使用的新技术、新工艺及采用的新材料、新设备，应通过必要的试验或论证并编制计划。

4）根据施工地点的气候条件，对季节性施工提出具体要求。

7. 施工组织设计的编制程序

施工组织总设计的编制通常采用如下程序：

1）收集和熟悉编制施工组织总设计所需的有关资料和图纸，进行项目特点和施工条件的调查研究。

2）计算主要工种工程的工程量。

3）确定施工的总体部署。

4）拟订施工方案。

5）编制施工总进度计划。

6）编制资源需求量计划。

7）编制施工准备工作计划。

8）施工总平面图设计。

9）计算主要技术经济指标。

> **注意：**
> 以上顺序中有些顺序是不可逆转的，例如：
> 1）拟订施工方案后才可编制施工总进度计划（因为进度的安排取决于施工的方案）。
> 2）编制施工总进度计划后才可编制资源需求量计划（因为资源需求量计划要反映各种资源在时间上的需求）。

也有些顺序应该根据具体项目商定，如确定施工的总体部署和拟订施工方案，两者有紧密的联系，往往可以交叉进行。单位工程施工组织设计的编制程序与施工组织总设计的编制程序类似。

8. 施工组织设计的审批程序

1）施工组织设计应由项目负责人主持编制，可根据需要分阶段编制和审批。有些分期分批建设的项目跨越时间很长，还有些项目地基基础、主体结构、装修装饰和机电设备安装并不是由一个总承包单位完成，此外还有一些特殊情况的项目，在征得建设单位同意的情况下，施工单位可分阶段编制施工组织设计。

基本建设项目和
施工组织设计
（编制和审批）

2）施工组织总设计应由总承包单位技术负责人审批；单位工程施工组织设计应由施工单位技术负责人或技术负责人授权的技术人员审批，施工方案应由项目技术负责人审批；重点、难点分部（分项）工程施工方案和针对危险性较大的分部（分项）工程专项施工方案应由施工单位技术部门组织相关专家评审，施工单位技术负责人批准。

《建设工程安全生产管理条例》中规定：对下列达到一定规模的危险性较大的分部（分项）工程编制专项施工方案，并附具安全验算结果，经施工单位技术负责人、总监理工程师签字后实施：

① 基坑支护与降水工程。
② 土方开挖工程。
③ 模板工程。
④ 起重吊装工程。
⑤ 脚手架工程。
⑥ 拆除爆破工程。
⑦ 国务院建设行政主管部门或者其他有关部门规定的其他危险性较大的工程。

以上所列工程中涉及深基坑、地下暗挖工程、高大模板工程的专项施工方案，施工单位还应当组织专家进行论证、审查。除上述《建设工程安全生产管理条例》中规定的分部（分项）工程外，施工单位还应根据项目特点和地方政府部门有关规定，对具有一定规模的重点、难点分部（分项）工程进行相关论证。

3）由专业承包单位施工的分部（分项）工程或专项工程的施工方案，应由专业承包单位技术负责人或技术负责人授权的技术人员审批；有总承包单位时，应由总承包单位项目技术负责人核准备案。

4）规模较大的分部（分项）工程和专项工程的施工方案应按单位工程施工组织设计进行编制和审批。

任务实施

任务描述

任务实施参考答案

根据施工组织设计的内容和编制程序，以小组的形式完成南宁市西乡塘区大唐三路工程施工组织设计的目录编制（至二级标题）。

> **温馨提示**
>
> 南宁市西乡塘区大唐三路工程为市政工程项目，请详细查阅《市政工程施工组织设计规范》（GB/T 50903—2013）。

评价反馈

1. 自我评价

根据本模块的学习目标，运用所学知识，完成"自我测试"，进行自我评测，并将评测结果填入表1-1中。

自我测试

表1-1　自我评测表

班级：		组号：		姓名：		学号：	
模块一　认知基本建设项目和施工组织设计							
题号	自测题1	自测题2	自测题3	自测题4	自测题5		
满分	10	10	10	10	10		
得分							
题号	自测题6	自测题7	自测题8	自测题9	自测题10		
满分	10	10	10	10	10		
得分							
合计							

2. 小组评价（表1-2）

表1-2 小组评价表

班级：		组号：		姓名：		学号：	
模块一　认知基本建设项目和施工组织设计							
评价内容	查阅规范等资料能力	任务完成质量	任务完成效率	团队合作	职业素养	创新意识	
	10分	30分	20分	10分	10分	20分	
任务一 认知基本建设项目							
任务二 认知施工组织设计							
合计							
组长签名：				日期：			

注：本模块共设置2个任务，每个任务占50%。

3. 教师评价（表1-3）

表1-3 教师评价表

班级：		组号：		姓名：		学号：
模块一　认知基本建设项目和施工组织设计						
	评价内容	分值	评价依据		得分	备注
过程评价 （60分）	规范意识	10	能做到遵从规范，尊重生命			
	职业素养	10	按时完成任务，态度端正，工作认真，保护环境			
	划分基本建设项目	15	能够按照规范要求，划分基本建设项目			
	基本建设程序	10	能够阐述基本建设程序			
	施工组织设计的审批	5	掌握施工组织设计的审批流程			
	施工组织设计的编制内容	5	能够阐述施工组织设计的编制内容			
	施工组织设计的编制程序	5	能够阐述施工组织设计的编制程序			
成果评价 （40分）	成果质量	15	成果符合题干要求，符合行业和规范要求			
	成果展示	10	能够准备表达、汇报工作成果			
	在小组中所起的作用	10	积极参与团队工作，主动完成所分配的任务			
	成果创新	5	成果有自己的见解，独特新颖			
合计						
教师签名：				日期：		

知识拓展

【知识拓展1】施工组织设计的动态管理

项目施工前应进行施工组织设计逐级交底。项目施工过程中,应对施工组织设计的执行情况进行检查、分析并适时调整。项目施工过程中,发生以下情况之一时,施工组织设计应及时进行修改或补充。

1. 工程设计有重大修改

当工程设计图纸发生重大修改时,如地基基础或主体结构的形式发生变化、装修材料或做法发生重大变化、机电设备系统发生大的调整等,需要对施工组织设计进行修改;对工程设计图纸的一般性修改,视变化情况对施工组织设计进行补充;对工程设计图纸的细微修改或更正,施工组织设计则不需调整。

2. 有关法律、法规、规范和标准实施、修订和废止

当有关法律、法规、规范和标准开始实施或发生变更,并涉及工程的实施、检查或验收时,施工组织设计需要进行修改或补充。

3. 主要施工方法有重大调整

由于主客观条件的变化,施工方法有重大变更,原来的施工组织设计已不能正确地指导施工,需要对施工组织设计进行修改或补充。

4. 主要施工资源配置有重大调整

当施工资源的配置有重大变更,并且影响到施工方法的变化或对施工进度、质量、安全、环境、造价等造成潜在的重大影响,需对施工组织设计进行修改或补充。

5. 施工环境有重大改变

当施工环境发生重大改变,如施工延期造成季节性施工方法变化,施工场地变化造成现场布置和施工方式改变等,致使原来的施工组织设计已不能正确地指导施工,需对施工组织设计进行修改或补充。

经修改或补充的施工组织设计应重新审批后实施。

【知识拓展2】施工单位与项目监理机构相关的工作

对于实施监理的工程,施工单位在施工合同履行中与项目监理机构相关的主要工作如下。

1. 施工准备及开工报审

1)参加图纸会审和设计交底会议。施工单位应组织项目管理团队成员熟悉工程设计文

件,并参加建设单位主持召开的图纸会审和设计交底会议。图纸会审和设计交底会议纪要应由项目监理机构负责整理,建设单位、设计单位、施工单位代表及总监理工程师共同签认。

2)报审施工组织设计。施工单位在工程开工前,应将经内部审查通过的施工组织设计报送项目监理机构审查。项目监理机构对施工组织设计的审查包括以下基本内容:

① 编审程序是否符合相关规定。
② 施工进度、施工方案及工程质量保证措施是否符合施工合同要求。
③ 资源(资金、劳动力、材料、设备)供应计划是否满足工程施工需要。
④ 安全技术措施是否符合工程建设强制性标准。
⑤ 施工总平面布置是否科学合理。

经项目监理机构审查符合要求的施工组织设计,由总监理工程师签认后将会报送建设单位。

3)施工现场质量安全管理组织机构、制度及人员受检。项目监理机构将会检查施工单位现场的施工质量、安全生产管理组织机构和规章制度建立情况,以及专职管理人员配备和特种作业人员的资格,还要核查施工机械和设施的安全许可验收手续。

4)报送工程开工报审表及相关资料。施工单位做好施工准备后,应向项目监理机构报送工程开工报审表及相关资料申请开工。申请开工的工程具备下列条件的,总监理工程师方可在工程开工报审表签署同意开工的意见并报建设单位批准。

① 设计交底和图纸会审已完成。
② 施工组织设计已由总监理工程师签认。
③ 施工单位现场质量、安全生产管理体系已建立,管理及施工人员已到位,施工机械具备使用条件,主要工程材料已落实。
④ 进场道路及水、电、通信等已满足开工要求。

建设单位在工程开工报审表中签署同意开工的意见后,项目监理机构才能发出工程开工令。

5)报审分包单位资格。工程有分包单位的,施工总包单位应将分包单位资格报审表及相关资料报送项目监理机构。项目监理机构将会审查施工分包单位以下内容:

① 营业执照、企业资质等级证书。
② 安全生产许可文件。
③ 类似工程业绩。
④ 专职管理人员和特种作业人员资格。

6)参加第一次工地会议。施工单位应参加由建设单位主持召开的第一次工地会议。在会上,施工单位应介绍派驻现场的组织机构、人员及其职责分工,以及施工准备情况。会议纪要由项目监理机构负责整理,与会各方代表会签。

2. 施工过程中的报审报验

1)施工进度计划报审。施工单位应将其编制的施工总进度计划和阶段性施工进度计划报送项目监理机构审查。项目监理机构将审查施工进度计划中的以下内容:施工进度计划是否符合施工合同中工期的约定;施工进度计划中主要工程项目有无遗漏,是否满足分批投入试运、分批动用的需要,阶段性施工进度计划是否满足总进度控制目标的要求;施工顺序的安排是否符合施工工艺要求；施工人员、工程材料、施工机械等资源供应计划是否满足施工进度计划的需要；施工进度计划是否符合建设单位提供的施工条件（资金、施工图纸、施工场地、物资等）。

2) 施工方案或专项施工方案报审。施工单位应将相应分部分项工程开工前编制的施工方案或专项施工方案报送项目监理机构审查。

对于施工单位报送的施工方案，项目监理机构的审查内容包括：编审程序是否符合相关规定；工程质量保证措施是否符合有关标准。

对于施工单位报送的专项施工方案，项目监理机构的审查内容包括：编审程序是否符合相关规定；安全技术措施是否符合工程建设强制性标准。对达到一定规模危险性较大的分部分项工程的专项施工方案，还要检查是否附具安全验算结果。对涉及深基坑、地下暗挖工程、高大模板工程的专项施工方案，还要检查施工单位组织专家进行论证、审查的情况。

3) "四新"质量报审。施工单位采用新材料、新工艺、新技术、新设备时，应将相应质量认证材料和相关验收标准报送项目监理机构审查。必要时，施工单位还需要组织专题论证，并将专题论证材料一并报送项目监理机构审查。

4) 施工控制测量成果及保护措施报审。施工单位应将施工控制测量成果及保护措施报送的项目监理机构检查、复核。项目监理机构将会检查、复核以下内容：施工单位测量人员的资格证书及测量设备检定证书；施工平面控制网、高程控制网和临时水准点的测量成果及控制桩的保护措施。

5) 实验室报审。施工单位应将为所施工工程提供服务的实验室相关资料报送项目监理机构检查。项目监理机构将检查以下内容：实验室的资质等级及试验范围；法定计量部门对试验设备出具的计量检定证明；实验室管理制度；试验人员资格证书。

6) 材料、构配件、设备质量报验。施工单位应将用于工程的材料、构配件、设备的质量证明文件报送项目监理机构审查。这些质量证明文件包括：出厂合格证、质量检验报告、性能检测报告及施工单位的质量抽检报告等。项目监理机构还将会按照有关规定、工程监理合同约定，对用于工程的材料进行平行检验。

7) 工程报验。施工单位应向项目监理机构报验隐蔽工程、检验批、分项工程和分部工程质量。项目监理机构验收其质量，并对质量合格的签署验收意见。

8) 提出工程计量及付款申请。施工单位应向项目监理机构提交工程款支付报审表及相应的支持性材料，申请复核实际完成工程量和应支付金额。项目监理机构审查复核后报送建设单位审批。

9) 提出工程变更或索赔。施工单位认为有必要进行工程变更的，可向项目监理机构提出工程变更申请。待建设单位同意工程变更后，施工单位应按建设单位和施工单位共同协商会签的工程变更单实施工程变更。

施工单位向建设单位索赔费用或要求工程延期，均应通过项目监理机构提出。

3. 工程暂停情形

工程施工有下列情形之一的，总监理工程师将会及时签发工程暂停令。
1) 建设单位要求暂停施工且工程需要暂停施工的。
2) 施工单位未经批准擅自施工或拒绝项目监理机构管理的。

3）施工单位未按审查通过的工程设计文件施工的。

4）施工单位未按批准的施工组织设计、（专项）施工方案施工或违反工程建设强制性标准的。

5）施工存在重大质量、安全事故隐患或发生质量、安全事故的。

4. 竣工报验及结算申请

1）竣工报验。单位工程完工并经自检合格后，施工单位应向项目监理机构提交单位工程竣工验收报审表及竣工资料。项目监理机构组织工程竣工预验收合格后，编写工程质量评估报告并报送建设单位。施工单位代表应参加由建设单位组织的竣工验收，并在工程竣工验收报告中签署意见。

2）竣工结算申请。工程竣工验收合格后，施工单位应向项目监理机构提交竣工结算款支付申请。项目监理机构审核后报送建设单位审批。竣工结算款支付申请经建设单位审批同意后，项目监理机构将向施工单位签发竣工结算款支付证书。

【知识拓展3】施工项目经理职责和权限

施工项目经理是指具备相应任职条件，由企业法定代表人授权对施工项目进行全面管理的责任人。

1. 施工项目经理任职条件

根据中国建筑业协会制定的团体标准《建设工程施工项目经理岗位职业标准》（T/CCIAT 0010—2019），施工项目经理应具备以下条件：

1）具有工程建设类相应职业资格，并应取得安全生产考核合格证书。

2）具有良好的身体素质，恪守职业道德，诚实守信，不得有不良行为记录。

3）具有建设工程施工现场管理经验和项目管理业绩，并应具备下列专业知识和能力。

① 施工项目管理范围内的工程技术、管理、经济、法律法规及信息化知识。

② 施工项目实施策划和分析解决问题的能力。

③ 施工项目目标管理及过程控制的能力。

④ 组织、指挥、协调与沟通能力。

2. 施工项目经理职责

施工项目经理应履行但不限于下列职责：

1）依据企业规定组建项目经理部，组织制定项目管理岗位职责，明确项目团队成员职责分工。

2）执行企业各项规章制度，组织制定和执行施工现场项目管理制度。

3）组织项目团队成员进行施工合同交底和项目管理目标责任分解。

4）在授权范围内组织编制和落实施工组织设计、项目管理实施规划、施工进度计划、绿色施工及环境保护措施、质量安全技术措施、施工方案和专项施工方案。

5）在授权范围内进行项目管理指标分解，优化项目资源配置，协调施工现场人力资源安排，并对工程材料、构配件、施工机具设备等资源的质量和安全使用进行全程监控。

6）组织项目团队成员进行经济活动分析，进行施工成本目标分解和成本计划编制，制定和实施施工成本控制措施。

7）建立健全协调工作机制，主持工地例会，协调解决工程施工问题。

8）依据施工合同配合企业或受企业委托选择分包单位，组织审核分包工程款支付申请。

9）组织与建设单位、分包单位、供应单位之间的结算工作，在授权范围内签署结算文件。

10）建立和完善工程档案文件管理制度，规范工程资料管理及存档程序，及时组织汇总工程结算和竣工资料，参与工程竣工验收。

11）组织进行缺陷责任期工程保修工作，组织项目管理工作总结。

3. 施工项目经理权限

施工项目经理应具有但不限于下列权限：

1）参与项目投标及施工合同签订。

2）参与组建项目经理部，提名项目副经理、项目技术负责人，选用项目团队成员。

3）主持项目经理部工作，组织制定项目经理部管理制度。

4）决定企业授权范围内的资源投入和使用。

5）参与分包合同和供货合同签订。

6）在授权范围内直接与项目相关方进行沟通。

7）根据企业考核评价办法组织项目团队成员绩效考核评价，按企业薪酬制度拟定项目团队成员绩效工资分配方案，提出不称职管理人员解聘建议。

模块二

认知流水施工

 知识图谱

本模块需要完成"认知流水施工的主要参数、认知并绘制施工进度横线图、认知并运用组织施工的基本方式、认知并运用流水施工的组织方式、确定非节奏流水施工的最优施工次序"五个学习任务,知识图谱如图2-1所示。

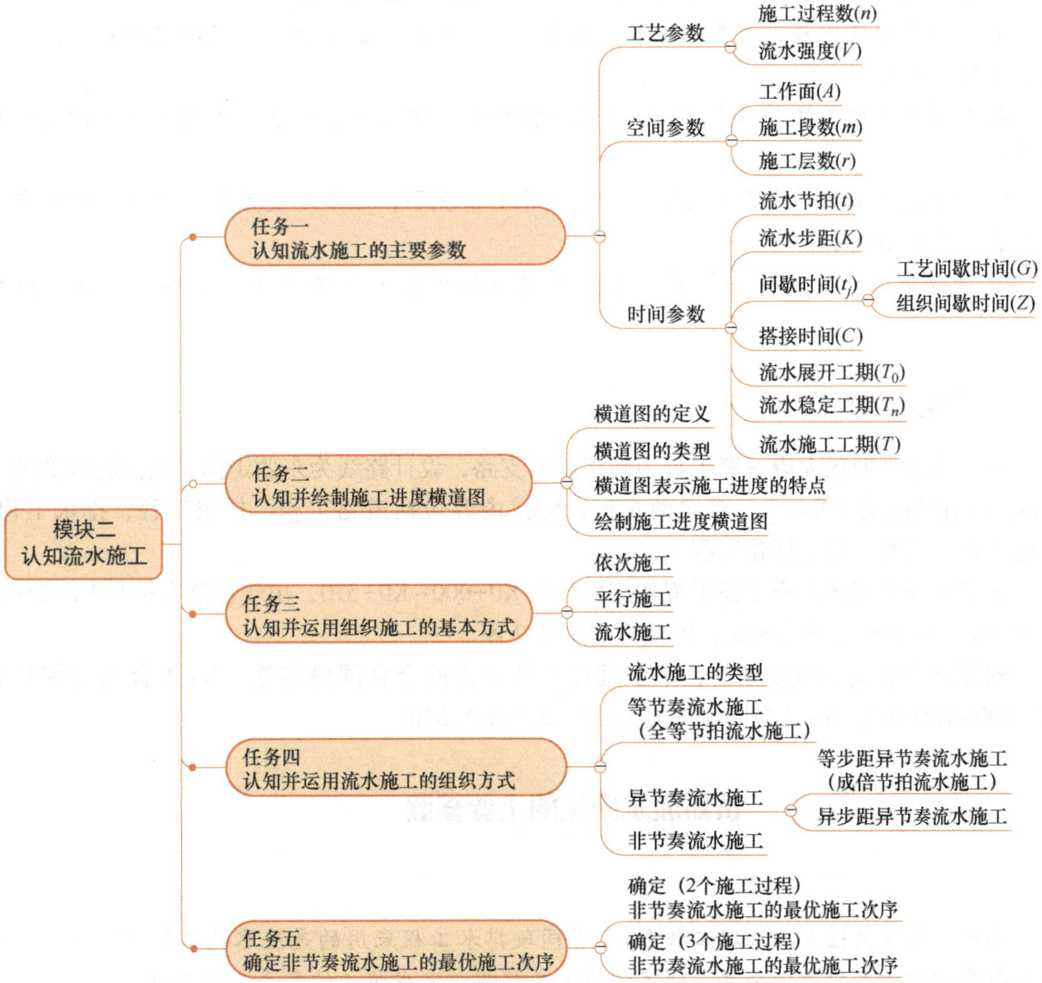

模块二 认知流水施工
- 任务一 认知流水施工的主要参数
  - 工艺参数
    - 施工过程数(n)
    - 流水强度(V)
  - 空间参数
    - 工作面(A)
    - 施工段数(m)
    - 施工层数(r)
  - 时间参数
    - 流水节拍(t)
    - 流水步距(K)
    - 间歇时间(t_j)
      - 工艺间歇时间(G)
      - 组织间歇时间(Z)
    - 搭接时间(C)
    - 流水展开工期(T_0)
    - 流水稳定工期(T_n)
    - 流水施工工期(T)
- 任务二 认知并绘制施工进度横道图
  - 横道图的定义
  - 横道图的类型
  - 横道图表示施工进度的特点
  - 绘制施工进度横道图
- 任务三 认知并运用组织施工的基本方式
  - 依次施工
  - 平行施工
  - 流水施工
- 任务四 认知并运用流水施工的组织方式
  - 流水施工的类型
  - 等节奏流水施工(全等节拍流水施工)
  - 异节奏流水施工
    - 等步距异节奏流水施工(成倍节拍流水施工)
    - 异步距异节奏流水施工
  - 非节奏流水施工
- 任务五 确定非节奏流水施工的最优施工次序
  - 确定(2个施工过程)非节奏流水施工的最优施工次序
  - 确定(3个施工过程)非节奏流水施工的最优施工次序

图2-1 知识图谱(认知流水施工)

市政工程施工组织与管理

学习目标

素质目标

1. 培养爱岗敬业的职业操守，以及社会责任感和担当精神。
2. 培养科学组织、精心施工、精益求精的工匠精神。
3. 培养履行道德准则和行为规范的意识。
4. 培养施工组织能力，具有整合知识和综合运用知识分析问题和解决问题的能力。

知识目标

1. 掌握流水施工的主要参数。
2. 掌握施工组织的基本方式及其特点。
3. 熟悉流水施工的组织原则。
4. 掌握各类流水施工的定义、特点及其工期计算。

能力目标

1. 能够合理划分施工段和施工过程，并正确运用流水施工参数。
2. 能够根据工程特点和实际情况，选择合理的施工组织方式。
3. 能够区分流水施工的各种类型，正确组织流水施工工作计划的实施并绘制施工流水施工进度横道图。
4. 能够运用约贝法则确定（2个施工过程和3个施工过程）非节奏流水施工的最优施工次序。
5. 能够运用潘特科夫斯基法则计算连续作业情况下，非节奏流水施工和异步距异节奏流水施工的最小流水步距。
6. 能够运用直接编阵法计算一个施工过程组织安排一个工作队伍的紧凑施工流水工期。

引导案例

南宁市西乡塘区大唐三路工程为新建城市支路，设计路线为东西走向，道路红线宽度为20m，设计速度为20km/h，双向两车道，建设内容包括道路工程、桥梁工程、排水工程、交通工程、照明工程、绿化工程。

南宁市西乡塘区大唐三路工程实施桩号为K0+000~K0+510，由于道路在桩号K0+239.3处和K0+444.3处与河道相交，因此设置中桥2座。

根据建设需要和现场条件，该工程项目拟分为两个合同段实施，No.1合同段桩号为K0+000~K0+260，No.2合同段桩号为K0+260~K0+510。

任务一　认知流水施工的主要参数

任务描述

南宁市西乡塘区大唐三路工程No.1合同段排水工程采用的是流水施工的组织方式。请根据引导案例给定的现场条件，确定该排水工程组织流水施工的各个主要参数。

知识链接

流水施工的参数是指组织流水施工时，用来描述空间布置、工艺流程和时间安排等方面的状态参数。它分为工艺参数、空间参数和时间参数三大类，详见图 2-2 流水施工参数示意图。

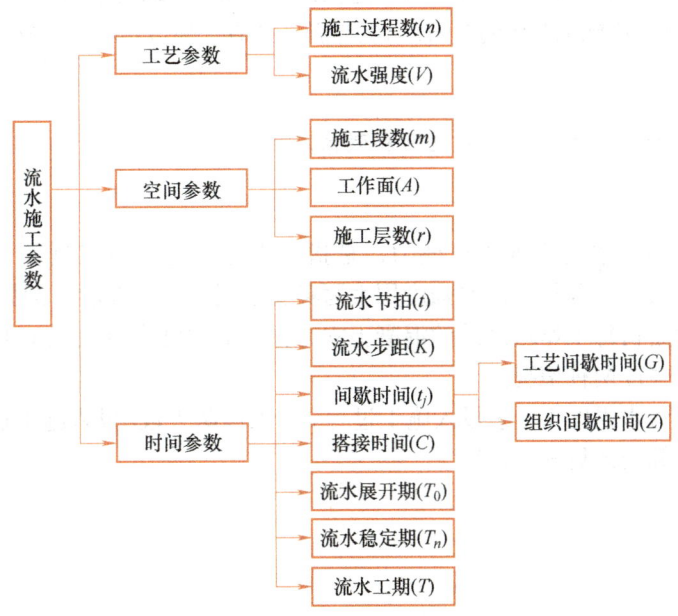

图 2-2 流水施工参数示意图

1. 工艺参数

工艺参数是指在组织流水施工时，用以表达流水施工在施工工艺方面进展状态的参数，通常包括施工过程数和流水强度两个参数。

流水施工（工艺参数）

1.1 施工过程数（n）

组织流水施工时，首先需将工程对象划分为若干个施工过程。这些施工过程的数目称为施工过程数，用小写的英文字母"n"表示。施工过程数可以理解为：完成一个施工对象所需步骤的数目。

当编制控制性施工进度计划时，组织流水施工的施工过程可划分得粗一些，施工过程可以是单位工程或单项工程，也可以是分部工程。当编制实施性施工进度计划时，施工过程可划分得细一些，施工过程可以是分项工程，甚至是将分项工程按照专业工种不同分解而成的施工过程。施工过程划分的粗细程度主要与以下几个因素有关。

1) 施工计划的规模和性质。对于长期计划及规模大、工期长的工程施工控制性进度，施工过程的划分可以粗略一些、综合性大一些。对于中小型单位工程及工期较短的工程实施性计划，施工过程的划分就可以细致一些。

2) 施工方案的不同。对于一些相同的施工工艺，应根据施工方案的要求，将他们合并为一个施工过程，也可以根据需要，按施工顺序的先后将其分解为两个施工过程。

3) 工程量大小与劳动力组织。例如，可以将路基平整、路基碾压的施工合并为一个施工过程，也可以将它们分解为两个施工过程。

4）施工的内容和范围。直接在施工现场与工程对象上进行施工的，可以划入流水施工过程，但在场外的施工内容，就可以不划入流水施工过程。

施工过程的划分以"能表达一个工程的完整施工过程"且"能做到简单明了进行施工安排"为原则。数量上不宜过多，要以主导施工过程为主，以便组织流水施工。由于制备类和运输类的施工过程一般不占用施工对象的空间，不影响施工工期，所以不单独划分一个施工过程。

> **思考：**
> 施工过程数和施工过程之间的区别和联系。

1.2 流水强度（V）

流水强度也称为流水能力或生产能力，是指流水施工的某施工过程（或专业工作队）在单位时间内所完成的工程量。流水强度用大写英文字母"V"表示。例如，浇筑混凝土施工过程的流水强度是指每工作班浇筑的混凝土立方数。流水强度有人工施工过程流水强度和机械施工过程流水强度两种情况。

人工施工过程流水强度 $V_i=\sum$投入施工过程i的工作队人数×投入施工过程i的工作队人均产量定额。其计算公式见式（2-1）。

$$V_i = \sum R_i \times S_i \tag{2-1}$$

式中 V_i——某施工过程i的人工操作流水强度；
R_i——投入施工过程i的工作队人数；
S_i——投入施工过程i的工作队平均产量定额。

机械施工流水强度 $V_i=\sum$投入施工过程i的某种施工机械台数×投入施工过程i的某种机械产量定额。其计算公式见式（2-2）。

$$V_i = \sum R_i \times S_i \tag{2-2}$$

式中 V_i——某施工过程i的机械施工流水强度；
R_i——投入施工过程i的某种施工机械台数；
S_i——投入施工过程i的某种机械产量定额。

> **温馨提示**
> 流水强度的研究对象是1个施工队，而不是1个人或1台机械。

2. 空间参数

在组织流水施工时，用以表达流水施工在空间布置上所处状态的参数，称为空间参数。空间参数包括工作面、施工段数和施工层数三个参数。

2.1 施工段数（m）

流水施工（空间参数）

施工段也称为流水段，简称工段。是指在组织流水施工时，将拟建工程在平面上划分成若干个劳动量相等或大致相等的施工区段。这些工段的数目称为工段数，用小写英文字母"m"表示。

划分施工段是组织流水施工的基础，这样不同专业工作队就能在不同的施工段上有工作面。专业工作队就能在不同的施工段之间进行连续施工，避免了窝工现象的产生。

划分施工段应遵循下列原则：

1）各施工段的劳动量应大致相等，相差幅度不宜超过15%，以保证施工在连续、均衡的条件下进行。

2）每个施工段要有足够的工作面，以保证相应数量的工人、主导施工机械的生产效率。

3）施工段的界限应尽可能与结构界限（如沉降缝、伸缩缝等）相吻合，或设在对建筑结构整体性影响小的部位，以保证建筑结构的整体性。

4）施工段数目要满足合理组织流水施工的要求。施工段数目过多，会降低施工速度，延长工期；施工段过少，不利于充分利用工作面，可能造成窝工。

2.2 工作面（A）

工作面是指供某专业工种的工人或某种施工机械进行施工的活动空间。用大写英文字母"A"表示。工作面的大小，表明能安排施工人数或机械台数的多少。每个作业工人或每台施工机械所需工作面的大小，取决于其单位时间内完成的工程量和安全施工要求。

工作面确定的合理与否，直接影响专业工作队的生产效率。因此，必须合理确定工作面。工作面的大小，表明能安排施工人数或机械台数的多少。每个作业的工人或每台施工机械所需工作面的大小取决于单位时间内完成工作量和安全施工的要求。施工时，工作面的大小可以查阅"主要工种工作面数据表"。

人为开辟的工作面应以"既要充分发挥人机效率，还要遵守安全操作规程要求"为度来确定它的大小，如钻孔平台、围堰。

当工作面大小由结构界限限定时，有时它决定了某个专业队伍的人数及机械的上限，直接影响作业效率和作业时间。

2.3 施工层数（r）

把施工对象沿垂直方向划分的施工段称为施工层。施工层的数目称为施工层数，用小写英文字母"r"表示。

平面上划分为施工段，垂直上划分为施工层，就组成了施工对象的全部空间。对于多层建筑物、构筑物或需要分层施工的工程，应既分施工段，又分施工层，各专业工作队依次完成第一施工层中各施工段任务后，再转入第二施工层的施工段上作业，依此类推，以确保相应专业队在施工段与施工层之间，组织连续、均衡、有节奏的流水施工。

3. 时间参数

在组织流水施工时，用以表达流水施工在时间排列上所处状态的参数称为时间参数。流水施工的时间参数包括：流水节拍（t）、流水步距（K）、搭接时间（C）、间歇时间（t_j）、流水展开工期（T_0）、流水稳定工期（T_n）、流水施工工期（T）共7个参数。

流水施工（时间参数）

3.1 流水节拍（t）

流水节拍是指某一个专业工作队在一个施工段上的施工时间。用小写英文字母"t"表示。流水节拍小，其流水速度快，节奏感强；反之则相反。流水节拍决定单位时间的资源供应量，同时，流水节拍也是区别流水施工组织方式的特征参数。

同一施工过程的流水节拍，主要由所采用的施工方法、施工机械以及在工作面允许的前提下投入施工的工人数量、机械台数和采用的工作班次等因素确定。有时，为了均衡施工和减少转移施工段时消耗的工时,可以适当调整流水节拍,其数值最好为半个工作班的整数倍。

施工段数确定后,流水节拍大则工期较长,流水节拍小则工期较短。由于受工作面和工艺要求的限制,流水节拍又不能太小。这时就要根据工作面的大小、操作工人或施工机械的最佳配置、工艺要求和劳动效率来综合确定最小流水节拍。确定流水节拍的影响因素包括:

1) 能有效保证或缩短计划工期。
2) 既能安置足够数量的操作工人或施工机械,又不降低劳动(机械)效率。
3) 能最大限度发挥工人或机械的效率。
4) 各施工段能投入的劳动力或施工机械台数、材料供应情况。

流水节拍的确定通常有三种方法,分别是:经验估算法、定额计算法、工期计算法。

1) 经验估算法。根据以往的施工经验先估算该流水节拍的最长、最短和正常三种时间,再按式(2-3)求出流水节拍。

$$t=(a+4c+b)/6 \tag{2-3}$$

式中　t——某施工过程在某施工段上的流水节拍;
　　　a——某施工过程在某施工段上的最短估算时间;
　　　b——某施工过程在某施工段上的最长估算时间;
　　　c——某施工过程在某施工段上的正常估算时间。

这种方法也称三种时间估算法,常用于有同类型施工经验的工程或无定额可循的工程。

2) 定额计算法。根据各施工段拟投入的资源能力确定流水节拍,按式(2-4)计算。

$$t=Q/RS=P/R \tag{2-4}$$

式中　Q——某施工过程在某施工段的工程量;
　　　R——某施工过程专业队投入到某施工段的人数或机械台数;
　　　S——产量定额,即工日或台班完成的工程量;
　　　P——某施工段所需的劳动量或机械台班量。

3) 工期计算法。根据工期的要求在规定期限内必须完成的工程项目,往往采用倒排进度的方法确定。其步骤如下:

步骤1,倒排施工进度,根据工期倒排施工进度,确定主导施工过程的流水节拍,然后安排需要投入的相关资源。

步骤2,确定流水节拍,若同一施工过程的流水节拍不等,则用估算法;若流水节拍相等,则按式(2-5)确定。

$$t=T/m \tag{2-5}$$

式中　t——流水节拍;
　　　T——工作持续时间;
　　　m——施工段数。

> **温馨提示**
>
> 某项施工任务,工段数为 m,施工过程数 n,则该施工任务的流水节拍个数为 ($m×n$)。通常情况下,我们会将 ($m×n$) 个流水节拍填入到一个表格中,表格的"行"表示施工过程,"列"表示工段,这个表格我们称之为该施工任务的流水节拍表。

3.2 流水步距（K）

流水步距是指组织流水施工时，相邻两个施工过程的专业工作队开始施工的时间间隔，流水步距用大写的英文字母"K"表示。

施工段确定后，流水步距大，则工期长；流水步距小，则工期短。流水步距的数目取决于参加流水作业的施工过程数，如施工过程为 n 个，则流水步距数为 $n-1$ 个。

流水步距的大小取决于相邻两个专业工作队在各施工段上的流水节拍及流水施工的组织方式。确定流水步距时，一般应满足以下基本要求：

1）各施工过程按各自流水速度施工，始终保持工艺先后顺序。
2）各施工过程的专业工作队进入施工后尽可能保持连续作业。
3）相邻两个专业工作队在满足连续施工的条件下，能最大限度地实现合理搭接。根据以上基本要求，在不同的流水施工组织方式中，可采用不同的方法确定流水步距。

3.3 间歇时间（t_j）

间歇时间包括工艺间歇时间和组织间歇时间。

在组织流水施工时，除了要考虑相邻两个施工过程之间的流水步距外，有时还应根据施工工艺或质量保证的要求考虑工艺之间合理的技术间歇时间。例如，基础工程施工中，混凝土浇筑后需要一定的养护时间才能进行回填。像这种由于工艺原因引起的间歇时间，称为工艺间歇时间。工艺间歇时间通常用大写英文字母"G"表示。

组织间歇时间是指施工中由于考虑组织技术因素，相邻两施工过程在规定的流水步距以外增加的必要间歇时间，如基础工程施工中，土方开挖后的地基检验时间。组织间歇时间一般用大写英文字母"Z"表示。

3.4 搭接时间（C）

为了缩短工期，在不违反操作规程及工作面允许的条件下，一个专业工作队完成部分施工任务后，能够提前为后一个专业工作队提供工作面，使后者提前进入施工段，两个专业工作队在同一施工段上平行搭接施工，这个搭接的时间称为搭接时间。通常用大写英文字母"C"表示。

3.5 流水展开工期（T_0）

从第一个施工过程的专业工作队开工时间算起，到最后一个施工过程的专业工作队开工时间为止的间隔时间叫流水展开期，用 T_0 表示。因此对于具有 n 个施工过程的流水施工，其流水展开期 T_0 等于其对应的 $n-1$（$n \geq 2$）个流水步距之和，按式（2-6）确定。

$$T_0 = \sum K \tag{2-6}$$

式中 K——相邻两个施工过程的流水步距。

3.6 流水稳定工期（T_n）

最后一个施工过程的专业工作队开始施工第一个工段算起，到最后一个施工段完成为止的时间间隔称为流水稳定期，用 T_n 表示。

很明显，如果最后一个施工过程的专业工作队在各个工段上连续施工，则 T_n 等于最后一个施工过程的专业工作队在各个工段上的流水节拍之和。

3.7 流水施工工期（T）

流水施工工期是指从第一个专业工作队投入流水施工开始，到最后一个专业工作队完成流水施工为止的整个持续时间。流水施工工期用大写的英文字母"T"表示。流水施工工期按式（2-7）确定。

$$T = T_0 + T_n = \sum K_{i,i+1} + T_n + \sum(G+Z-C) \qquad (2\text{-}7)$$

式中　$\sum K_{i,i+1}$——各流水步距之和；

　　　T_n——最后一个施工过程的持续时间；

　　　G——工艺间歇时间；

　　　Z——组织间歇时间；

　　　C——搭接时间。

由于一项建设工程往往包含有许多流水组织，故流水施工工期一般均不是整个工程的总工期。但是流水施工工期受总工期的制约，确保总工期目标的实现。

任务实施

任务描述

任务实施参考答案

南宁市西乡塘区大唐三路工程 No.1 合同段的桩号为 K0+000～K0+260。为便于组织施工，施工单位将排水工程划分为四个施工段，分别为工段Ⅰ（K0+000～K0+056）、工段Ⅱ（K0+056～K0+130）、工段Ⅲ（K0+130～K0+195）、工段Ⅳ（K0+195～K0+260）。

在排水工程施工中，按照施工流程每个施工段均需按沟槽开挖、管道安装、土方回填三个施工步骤完成施工。土方回填采用小型机具施工，假定土方回填定额 $C = 14.50\text{m}^3/\text{工日}$。

该排水工程施工组织过程中，施工段数 $m = (\quad)$，施过程数 $n = (\quad)$，流水节拍的个数为（　　），流水步距的个数为（　　）；在土方回填施工过程中，土方回填工作队由 2 人组成，则该工作队的流水强度 $V = (\quad)\text{m}^3/\text{工日}$。为加快施工进度，施工方拟将土方回填流水强度提升至 $72.50\text{m}^3/\text{工日}$，则该工作队还需增加（　　）人。

已知工段Ⅰ的土方工程量为 145.0m^3。未增加人员前，该土方回填工作队在工段Ⅰ上的流水节拍 $t = (\quad)$ 天，增加人员后，该土方回填工作队在工段Ⅰ上的流水节拍 $t = (\quad)$ 天。

在施工准备过程中，施工单位组织技术人员，拟定了该排水工程施工进度横道图，如图 2-3 所示。

在绘制施工进度横道图前，施工单位组织技术人员应先确定各个施工过程在各个工段上的流水节拍。请根据图 2-3 排水工程施工横道图，写出该排水工程各个施工过程的专业工作队在各个工段上的流水节拍值，并填入表 2-1 排水工程流水节拍表中相应位置。

分析图 2-3 排水工程施工横道图，沟槽开挖工作队和管道安装工作队进入到第一个工段施工的时间间隔 $K_{ab} = (\quad)$ 天；管道安装工作队和土方回填工作队进入到第一个工段施工的时间间隔 $K_{bc} = (\quad)$ 天。因此该排水工程施工的流水展开期 $T_0 = (\quad)$ 天。

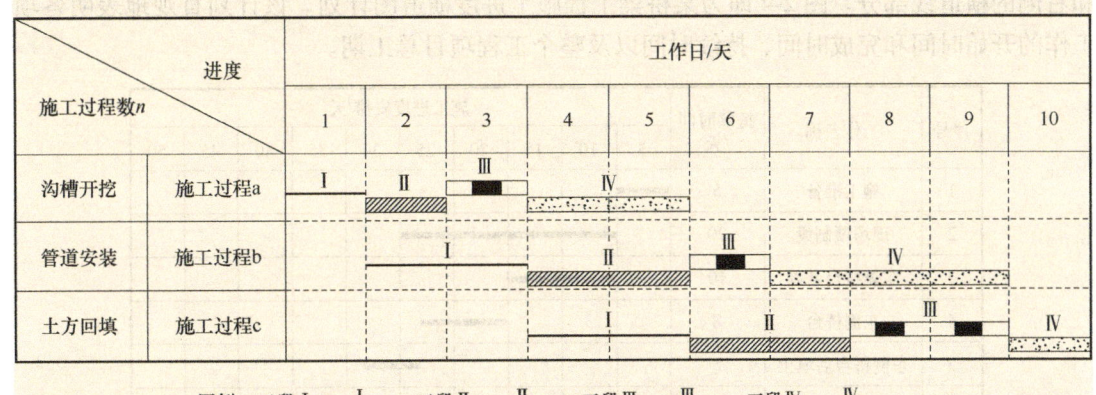

图 2-3 排水工程施工横道图

表 2-1 排水工程流水节拍表

施工过程数 n		工段数 m			
		工段 I	工段 II	工段 III	工段 IV
沟槽开挖	施工过程 a				
管道安装	施工过程 b				
土方回填	施工过程 c				

由于土方回填工作队在各个工段上为连续施工,因此该排水工程施工的流水稳定期 $T_n = (\quad) + (\quad) + (\quad) + (\quad) = (\quad)$ 天。

所以流水施工工期 $T = T_0 + T_n = (\quad) + (\quad) = (\quad)$ 天。

任务二　认知并绘制施工进度横道图

任务描述

南宁市西乡塘区大唐三路工程 No.1 合同段的桩号为 K0+000~K0+260。为便于组织施工,施工单位将路面工程划分为四个施工段,分别为工段 I（K0+000~K0+056）、工段 II（K0+056~K0+130）、工段 III（K0+130~K0+195）、工段 IV（K0+195~K0+260）。按照施工流程,每个施工段均需按垫层施工、基层施工、面层施工三个施工步骤完成施工。垫层工作队、基层工作队、面层工作队在各个工段的持续时间为 2 天。

请画出"工段 I"的施工横道图,并作出劳动力动态图。

知识链接

1. 横道图的定义

横道图（又称甘特图）以时间为横轴,以项目（工段或施工过程）为纵轴,通过条状图来显示项目进度随着时间进展的情况。

采用横道图编制施工进度计划,通常包括两个基本部分,即左侧的工作名称及持续时间和右侧的横道线部分。图 2-4 即为某桥梁工程施工进度横道图计划。该计划直观地表明各项工作的开始时间和完成时间、持续时间以及整个工程项目总工期。

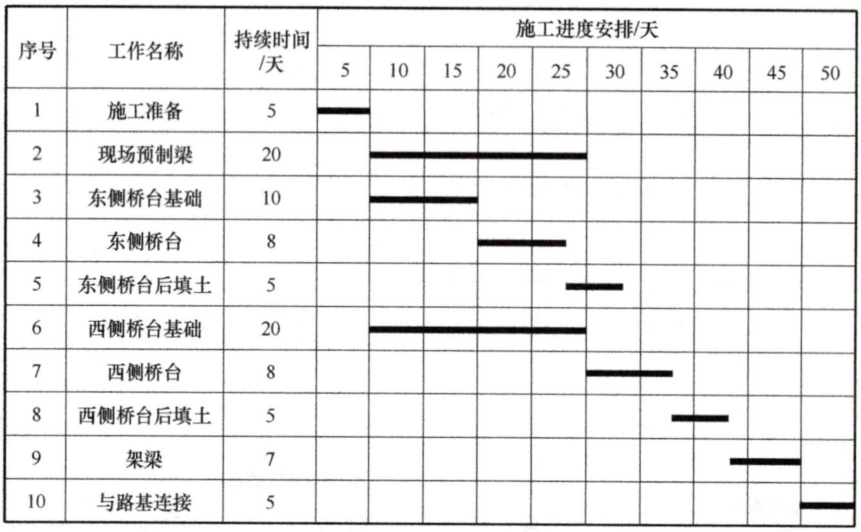

序号	工作名称	持续时间/天	施工进度安排/天									
			5	10	15	20	25	30	35	40	45	50
1	施工准备	5										
2	现场预制梁	20										
3	东侧桥台基础	10										
4	东侧桥台	8										
5	东侧桥台后填土	5										
6	西侧桥台基础	20										
7	西侧桥台	8										
8	西侧桥台后填土	5										
9	架梁	7										
10	与路基连接	5										

图 2-4　某桥梁工程施工进度横道图计划

以图示通过活动列表和时间刻度表示出特定项目的顺序与持续时间。一条线条图，横轴表示时间，纵轴表示项目，线条表示期间计划和实际完成情况。直观表明计划何时进行，进展与要求的对比。便于管理者弄清项目的剩余任务，评估工作进度。

工程进度计划采用横道图表示形式，具有编制简单、使用方便等优点，但也有不足：
1）不能明确反映各项工作之间的相互联系、相互制约关系。
2）不能反映影响工期的关键工作和关键线路。
3）不能反映工作所具有的机动时间（时差）。
4）不能反映工程费用与工期之间的关系，因而不便于施工进度计划的优化。特别是对于大型工程项目，因其工作构成及逻辑关系复杂、无法利用计算机来进行计算分析。因此，采用横道图进行施工进度管理，有一定的局限性。

横道图用于小型项目或大型项目子项目上，或用于计算资源需要量、粗略地预计项目进度，也可用于其他计划技术的表示结果。

2. 横道图的类型

横道图有工段式横道图和工序式横道图两种表现形式。表 2-2 对应的横道图（图 2-5）中，纵坐标为施工过程，横道画的是工段，则图 2-5 为工段式横道图。

表 2-2　某路面工程流水施工节拍表（1）

施工过程数 n	工段数 m			
	工段Ⅰ	工段Ⅱ	工段Ⅲ	工段Ⅳ
垫层施工	1	1	1	1
基层施工	1	1	1	1
面层施工	1	1	1	1

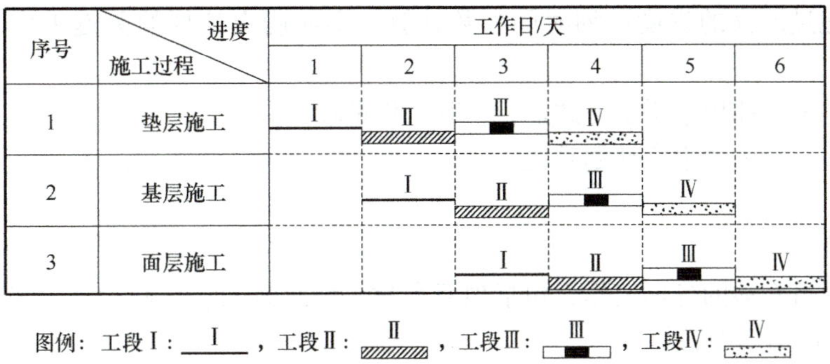

序号	施工过程\进度	工作日/天					
		1	2	3	4	5	6
1	垫层施工	Ⅰ	Ⅱ	Ⅲ	Ⅳ		
2	基层施工		Ⅰ	Ⅱ	Ⅲ	Ⅳ	
3	面层施工			Ⅰ	Ⅱ	Ⅲ	Ⅳ

图例：工段Ⅰ：　Ⅰ　，工段Ⅱ：　Ⅱ　，工段Ⅲ：　Ⅲ　，工段Ⅳ：　Ⅳ　

图 2-5　工段式横道图

表 2-3 对应的横道图（图 2-6）中，纵坐标为工段，横道画的是施工过程，则图 2-6 为工序式横道图。

表 2-3　某路面工程流水施工节拍表（2）

工段数 m	施工过程数 n		
	垫层施工	基层施工	面层施工
工段Ⅰ	1	1	1
工段Ⅱ	1	1	1
工段Ⅲ	1	1	1
工段Ⅳ	1	1	1

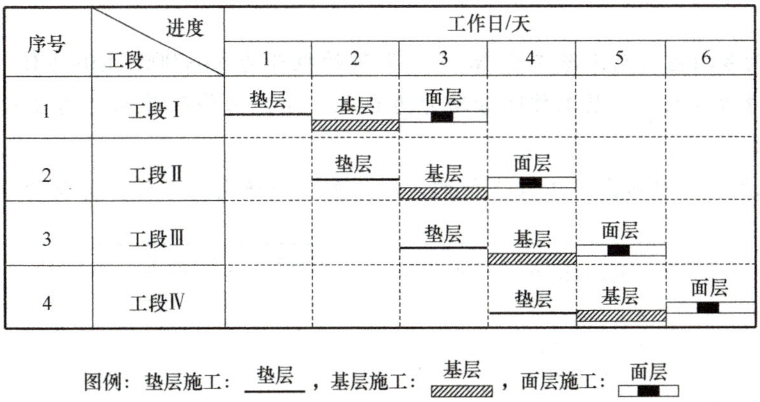

序号	工段\进度	工作日/天					
		1	2	3	4	5	6
1	工段Ⅰ	垫层	基层	面层			
2	工段Ⅱ		垫层	基层	面层		
3	工段Ⅲ			垫层	基层	面层	
4	工段Ⅳ				垫层	基层	面层

图例：垫层施工：　垫层　，基层施工：　基层　，面层施工：　面层　

图 2-6　工序式横道图

3. 横道图表示施工进度的特点

横道图计划表中的进度线（横线）与时间坐标相对应，这种表达方式较直观，易看懂计划编制的意图。每项工作何时开始、何时结束一目了然；便于计算完成施工计划所需的劳动力、材料、机械设备及资金等各种资源需要量。因此横道图具有简单、直观、易懂、易编制的优点；但是，横道图进度计划也存在一些缺点：

1）施工过程（工作）之间的逻辑关系可以设法表达，但不易表达清楚。
2）适用于手工编制计划。

3）没有通过严谨的进度计划时间参数计算，不能确定计划的关键工作、关键路线与时差。

4）计划调整只能用于手工方式进行，其工作量较大。

5）难以适应较大的进度计划系统。

4. 绘制施工进度横道图

1）明确项目牵涉的各项工作，包括项目名称、持续时间、开始时间、完成时间，项目之间的先后顺序，依赖关系。

2）创建横道图表格。将所有的项目按照持续时间、开始时间、完成时间，标注到横道图上。

3）根据项目之间的先后顺序、依赖关系，将项目联系起来，并安排项目进度，按时间比例画横线。

4）指出工期。

任务实施

任务描述

任务实施参考答案

南宁市西乡塘区大唐三路工程 No.1 合同段的桩号为 K0+000~K0+260。已知：垫层工作队劳动力为 4 人、基层工作队劳动力为 6 人、面层工作队劳动力为 8 人。其他详见"任务描述"。

1）请在图 2-7 中画出"工段Ⅰ"的工段式施工横道图，并作出劳动力分布。

序号	施工过程	时间/天			
		2	4	6	8
1	垫层施工				
2	基层施工				
3	面层施工				
劳动力动态图	8				
	6				
	4				
	2				
日劳动力数量/人					
总劳动量/工日					

图例：工段Ⅰ

图 2-7 "工段Ⅰ"的工段式施工横道图

2）请在图 2-8 中画出"工段Ⅰ"的工序式施工横道图，并作出劳动力分布。

序号	施工过程	时间/天			
		2	4	6	8
1					
2					
3					
4					
劳动力动态图	8				
	6				
	4				
	2				
日劳动力数量/人					
总劳动量/工日					

图例：垫层施工：垫层，基层施工：基层，面层施工：面层

图 2-8 "工段 I"的工序式施工横道图

任务三　认知并运用组织施工的基本方式

任务描述

南宁市西乡塘区大唐三路工程 No.1 合同段的桩号为 K0+000～K0+260。为便于组织施工，施工单位将路面工程划分为四个施工段，分别为工段 I（K0+000～K0+056）、工段 II（K0+056～K0+130）、工段 III（K0+130～K0+195）、工段 IV（K0+195～K0+260）。按照路面工程施工流程，每个施工段均需按垫层施工、基层施工、面层施工三个施工步骤完成施工。已知：垫层工作队劳动力为 4 人、基层工作队劳动力为 6 人、面层工作队劳动力为 8 人。假定：垫层工作队、基层工作队、面层工作队在各个工段的持续时间为 2 天。试完成以下任务：

子任务 1：请根据各个施工过程专业工作队在各个工段上的流水节拍，按依次施工方式组织施工，并画出施工的横道图和劳动力动态图。

子任务 2：请根据各个施工过程专业工作队在各个工段上的流水节拍，按平行施工方式组织施工，并画出施工的横道图和劳动力动态图。

子任务 3：请根据各个施工过程专业工作队在各个工段上的流水节拍，按流水施工的方式组织施工，并画出施工的横道图和劳动力动态图。

子任务 4：对比依次施工、平行施工、流水施工的横道图和劳动力动态图，请分析得出依次施工、平行施工、流水施工的特点。

知识链接

根据工程施工特点、工艺流程、资源利用、平面或空间布置等要求不同，工程施工组织方式主要分为三种：依次施工、平行施工和流水施工。

某住宅小区拟建设 I、II、III 三栋建筑结构相同的住宅楼，其基础工程均包含挖基坑、浇基础和回填土三个施工过程，分别由相应的专业工作队按照施工工艺要求依次完成。各专业工作队在每栋住宅楼的施工时间均为 5 周，各专业工作队人数分别为：10 人、16 人和 8

人。三栋住宅楼的基础工程分别采用不同施工组织方式的比较如图 2-9 所示。

图 2-9 采用不同施工组织方式的比较

组织施工的基本方式

掌握组织施工三种基本方式的特点

1. 依次施工

1.1 定义

所谓依次施工，是按照一定的施工顺序，前一个施工过程完成后，下一个施工过程才开始施工；或前一个工段完成后，下一个工段才开始施工。

1.2 特点

依次施工是一种最基本、最原始的施工组织方式。从图 2-9 依次施工栏中可以看出，依次施工组织方式具有以下特点：

1）没有充分利用工作面进行施工，工期较长。

2）如果按专业组建工作队，则各专业工作队不能连续作业、工作出现间歇，劳动力和施工机具等资源无法均衡使用。

3）如果由一个工作队完成全部施工任务，则不能实现专业化施工，不利于提高劳动生产率和工程质量。

4）单位时间内投入劳动力、施工机具等资源量较少，有利于资源供应的组织。

5）只有一个工作队进行施工作业，施工现场的组织管理比较简单。

2. 平行施工

2.1 定义

平行施工是指组织多个同类型专业工作队，在同一时间、不同工作面上按照施工工艺要求，同时完成各施工对象的施工。

2.2 特点

从图2-9平行施工栏中可以看出，平行施工组织方式具有以下特点：

1）能够充分利用工作面进行施工，工期短。

2）如果每一施工对象均按专业组建工作队，则各专业工作队不能连续作业，工作出现间歇，劳动力和施工机具等资源无法均衡使用。

3）如果由一个工作队完成一个施工对象的全部施工任务，则不能实现专业化施工，不利于提高劳动生产率和工程质量。

4）单位时间内投入的劳动力、施工机具等资源成倍增加，不利于资源供应的组织。

5）有多个专业工作队在现场施工，施工现场组织管理比较复杂。

3. 流水施工

3.1 定义

流水施工是将拟建工程施工对象分解为若干施工过程，并按照施工过程组建相应的专业工作队，各专业工作队按照施工顺序依次完成各施工对象的施工过程，同时保证施工在时间和空间上连续、均衡、有节奏地进行，并使相邻两个专业工作队能最大限度地搭接作业。

3.2 特点

从图2-9流水施工栏中可以看出，流水施工组织方式具有以下特点：

1）尽可能利用工作面进行施工，工期较短。

2）各工作队实现专业化施工，有利于提高施工技术水平和劳动效率，也有利于提高工程质量。

3）专业工作队能够连续施工，同时使相邻专业工作队之间能够最大限度地进行搭接作业。

4）单位时间内投入的劳动力、施工机具等资源较为均衡，有利于资源、供应的组织。

5）为施工现场的文明施工和科学管理创造了有利条件。

 任务实施

市政工程施工组织与管理

南宁市西乡塘区大唐三路工程 No.1 合同段的桩号为 K0+000~K0+260。为便于组织施工，施工单位将路面工程划分为四个施工段，其他信息详见"任务描述"。试完成以下任务：

子任务 1：如果施工单位采用"依次施工"的方式组织该路面工程施工，请在图 2-10 中画出该路面工程施工的横道图、劳动力动态图并指出施工工期 $T_{依次}$。

施工过程 n \ 进度	工作日/天											
	2	4	6	8	10	12	14	16	18	20	22	24
垫层施工												
基层施工												
面层施工												
劳动力动态图　32　28　24　20　16　12　8　4												
日劳动力/人												
总劳动量/工日												
依次施工工期	$T=$					（天）						
施工队工作状态　垫层施工队	工段I	0	0	工段II	0	0	工段III	0	0	工段IV	×	×
基层施工队	×	工段I	0	0	工段II	0	0	工段III	0	0	工段IV	×
面层施工队	×	×	工段I	0	0	工段II	0	0	工段III	0	0	工段IV

图例：工段I：___I___，工段II：▨ II ▨，工段III：▬ III ▬，工段IV：⊟ IV ⊟
×：未进场或已离场，0：休息（窝工）

图 2-10　依次施工横道图

子任务 2：如果施工单位采用"平行施工"的方式组织该路面工程施工，请在图 2-11 中画出该路面工程施工的横道图、劳动力动态图并指出施工队工作状态和施工工期 $T_{平行}$。

子任务 3：如果施工单位采用流水施工的方式组织该路面工程施工，请在图 2-12 中画出该路面工程施工的横道图、劳动力动态图并指出施工队工作状态和施工工期 $T_{流水}$。

进度\施工过程n	工作日/天											
	2	4	6	8	10	12	14	16	18	20	22	24
垫层施工												
基层施工												
面层施工												
劳动力动态图 40												
32												
24												
16												
8												
日劳动力/人												
总劳动量/工日												
平行施工工期	$T=$					（天）						
施工队工作状态 垫层施工1队												
垫层施工2队												
垫层施工3队												
垫层施工4队												
基层施工1队												
基层施工2队												
基层施工3队												
基层施工4队												
面层施工1队												
面层施工2队												
面层施工3队												
面层施工4队												

图例：工段Ⅰ：___Ⅰ___，工段Ⅱ：▨▨Ⅱ▨▨，工段Ⅲ：■■Ⅲ■■，工段Ⅳ：___Ⅳ___
×：未进场或已离场，0：休息（窝工）

图 2-11 平行施工横道图

子任务 4：认真对比图 2-10、图 2-11、图 2-12，分析依次施工、平行施工、流水施工的特点，在表 2-4 中为三种施工方式的施工特点选择对比内容的字母代号。

进度施工过程n	工作日/天											
	2	4	6	8	10	12	14	16	18	20	22	24
垫层施工												
基层施工												
面层施工												
劳动力动态图 20/16/12/8/4												
日劳动力/人												
总劳动量/工日												
流水施工工期	T=						(天)					
施工队工作状态分析 垫层施工队												
基层施工队												
面层施工队												

图例：工段Ⅰ：___Ⅰ___，工段Ⅱ：▨Ⅱ▨，工段Ⅲ：▬Ⅲ▬，工段Ⅳ：⋯Ⅳ⋯
×：未进场或已离场，0：休息（窝工）

图 2-12　流水施工横道图

表 2-4　三种基本施工组织方式的特点

序号	对比维度	对比内容	依次施工	平行施工	流水施工
1	工作面利用情况	A. 充分地利用了工作面 B. 没有充分利用工作面 C. 合理地利用了工作面			
2	施工工期	A. 长 B. 短 C. 适中			
3	日均劳动力投入	A. 大 B. 小 C. 适中（均衡）			
4	组织管理难度	A. 大 B. 小			
5	各施工过程上的工作队连续施工	A. 会出现窝工 B. 能消除窝工，保持施工连续			
6	对劳动生产率和工程质量的影响	A. 有利 B. 不利			

注：请将对比内容的字母代号分别填入三种基本施工方式对应的位置。

任务四 认知并运用流水施工的组织方式

任务描述

南宁市西乡塘区大唐三路工程 No.1 合同段的桩号为 K0+000~K0+260。为便于组织施工，施工单位将排水工程划分为四个施工段，分别为工段Ⅰ（K0+000~K0+056）、工段Ⅱ（K0+056~K0+130）、工段Ⅲ（K0+130~K0+195）、工段Ⅳ（K0+195~K0+260）。按照施工流程，每个施工段均需按沟槽开挖、管道安装、土方回填三个施工步骤完成施工。完成以下任务：

子任务 1：组织等节奏流水施工，绘制施工的进度计划横道图并回答相关的问题。

子任务 2：组织异节奏流水施工，绘制施工的进度计划横道图并回答相关的问题。

子任务 3：组织非节奏流水施工，绘制施工的进度计划横道图并回答相关的问题。

知识链接

1. 流水施工的类型

在流水施工中，由于流水节拍的规律不同，决定了流水步距、流水施工工期的计算方法等也不同，甚至影响各施工过程的专业工作队数目。为此，按照流水节拍特征将流水施工进行分类为有节奏流水施工和非节奏流水施工，如图 2-13 所示。

有节奏流水施工又分为等节奏流水施工（也称固定节拍流水施工或全等节拍流水施工）和异节奏流水施工。

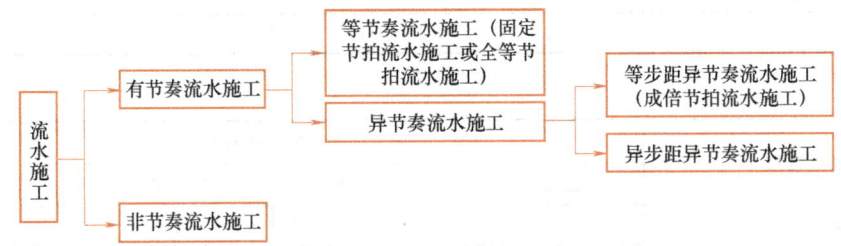

图 2-13 流水施工分类

异节奏流水施工又分为等步距异节奏流水施工（也称成倍节拍流水施工）和异步距异节奏流水施工。

1.1 有节奏流水施工

有节奏流水施工是指在组织流水施工时，每一个施工过程在各施工段上的流水节拍都各自相等的流水施工。表 2-5、表 2-6、表 2-7 均为有节奏流水施工。有节奏流水施工分为等节奏流水施工和异节奏流水施工。

如表 2-5，等节奏流水施工是指在有节奏流水施工中，同工段上各施工过程的流水节拍都相等的流水施工，也称为固定节拍流水施工或全等节拍流水施工。在通常情况下，组织全等节拍流水施工是比较困难的。对于任一施工段，由于影响流水节拍的因素不同，很难使得各个施工过程的流水节拍都彼此相等。但是，如果施工段划分得合适，保持同一施工过程各施工段的流水节拍相等是不难实现的。这样，就可组织异节奏流水施工。

异节奏流水施工是指在有节奏流水施工中，各施工过程的流水节拍各自相等，而不同施工过程之间的流水节拍不尽相等的流水施工。根据同工段上各个施工过程的流水节拍是否成比例关系（有非1的公约数），异节奏流水施工又可分为等步距异节奏流水施工和异步距异节奏流水施工。

如表2-6，等步距异节奏流水施工也称为成倍节拍流水施工，是指在组织异节奏流水施工时，同工段上各个施工过程的流水节拍成比例关系（有非1的公约数），各个施工过程成立相应数量（流水节拍与最大公约数的比值）的专业工作队而进行的流水施工。

如表2-7，异步距异节奏流水施工是指在组织异节奏流水施工时，每个施工过程成立一个专业工作队，由其完成各施工段任务的流水施工。

表2-5　某路面工程流水施工节拍表（1）

施工过程数 n	工段数 m			
	工段Ⅰ	工段Ⅱ	工段Ⅲ	工段Ⅳ
垫层施工	2	2	2	2
基层施工	2	2	2	2
面层施工	2	2	2	2

表2-6　某路面工程流水施工节拍表（2）

施工过程数 n	工段数 m			
	工段Ⅰ	工段Ⅱ	工段Ⅲ	工段Ⅳ
垫层施工	2	2	2	2
基层施工	4	4	4	4
面层施工	6	6	6	6

表2-7　某路面工程流水施工节拍表（3）

施工过程数 n	工段数 m			
	工段Ⅰ	工段Ⅱ	工段Ⅲ	工段Ⅳ
垫层施工	2	2	2	2
基层施工	4	4	4	4
面层施工	3	3	3	3

1.2　非节奏流水施工

非节奏流水施工是指全部或部分同施工过程在各个施工段上的流水节拍不相等的流水施工。表2-8为非节奏流水施工。

表2-8　某路面工程流水施工节拍表（4）

施工过程数 n	工段数 m			
	工段Ⅰ	工段Ⅱ	工段Ⅲ	工段Ⅳ
垫层施工	2	2	2	2
基层施工	1	2	2	2
面层施工	2	2	2	2

2. 等节奏流水施工

2.1 等节奏流水施工的工程案例

【例 2-1】 某工程分为Ⅰ、Ⅱ、Ⅲ、Ⅳ四个施工过程,各施工过程的流水节拍均为 4 天。其中,施工过程Ⅰ与Ⅱ之间有 2 天提前插入时间,Ⅲ与Ⅳ之间有 1 天技术间歇时间,试编制流水施工进度计划并确定流水施工工期。

【解】 由于各施工过程的流水节拍均为 4 天,故该工程可组织全等节拍流水施工。编制全等节拍流水施工进度计划如图 2-14 所示。

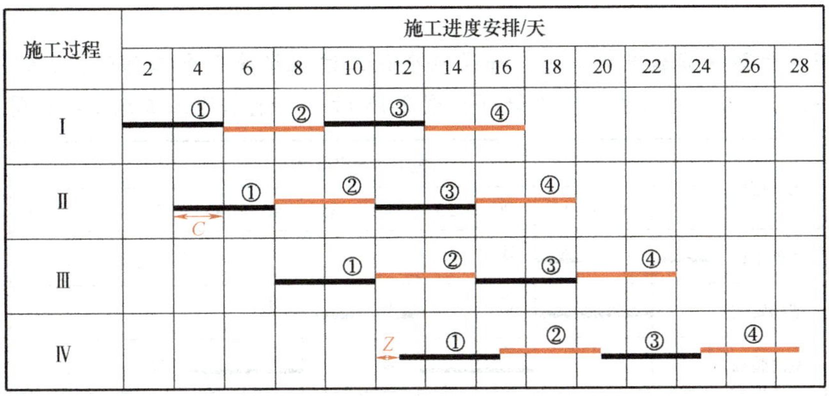

施工过程	施工进度安排/天													
	2	4	6	8	10	12	14	16	18	20	22	24	26	28
Ⅰ	①		②		③		④							
Ⅱ	C	①		②		③		④						
Ⅲ			①		②		③		④					
Ⅳ				Z	①		②		③		④			

图 2-14 全等节拍流水施工进度计划

流水施工工期计算如下:

$$T=(m+n-1)t+\sum G+\sum Z-\sum C=(4+4-1)\times 4+1-2=27 \text{(天)}$$

2.2 等节奏流水施工的基本特点

等节奏流水施工(全等节拍流水施工)是一种最理想的流水施工方式,具有以下特点:

1)所有施工过程在各个施工段上的流水节拍均相等。
2)相邻施工过程的流水步距相等,且等于流水节拍。
3)专业工作队数等于施工过程数,即每一个施工过程组建一个专业工作队。
4)各专业工作队在各施工段上能够连续作业,施工段之间没有空闲时间。

2.3 等节奏流水施工的工期计算

等节奏流水施工的流水施工工期按式(2-8)计算。

$$T=T_0+T_n=(m+n-1)t+\sum G+\sum Z-\sum C \tag{2-8}$$

式中 T——流水施工工期;
  m——施工段数;
  n——施工过程数;
  t——流水节拍;
  G——工艺间歇时间;
  Z——组织间歇时间;
  C——提前插入时间。

3. 异节奏流水施工

3.1 异节奏流水施工的工程案例

【例 2-2】 某工程由 4 幢相同的装配式单体建筑组成,每幢建筑可视为一个施工段,施工过程划分为基础工程、结构安装、室内装修和室外工程。基础工程工作队在各个工段上的流水节拍为 5 周,结构安装工作队在各个工段上的流水节拍为 10 周,室内装修工作队在各个工段上的流水节拍为 10 周,室外工程工作队在各个工段上的流水节拍为 5 周。

1) 试编制异步距异节奏流水施工进度计划并确定流水施工工期。
2) 试编制等步距异节奏流水施工进度计划并确定流水施工工期。

【解】

1) 组织异步距异节奏流水施工。如果每个施工过程组建 1 个工作队,4 个施工过程共组建 4 个专业工作队,则其施工进度计划如图 2-15 所示,流水施工工期 $T=60$ 周。

图 2-15 异步距异节奏流水施工进度计划

2) 组织等步距异节奏流水施工(成倍节拍流水施工)。为加快缩短工期,可增加专业工作队,组织加快的等步距异节奏流水施工(成倍节拍流水施工)。

① 计算公共流水步距。流水步距等于流水节拍的最大公约数,即

公共流水步距 $K_k = \max[5,10,10,5]$ 的最大公约数 $= 5$ 周

② 确定专业工作队数目。每个施工过程组建的专业工作队数目可按式(2-9)计算:

$$b_i = t_i / K_k \tag{2-9}$$

式中 b_i——第 i 个施工过程的专业工作队数;

t_i——第 i 个施工过程的流水节拍;

K_k——流水步距。

在本示例中,各施工过程的专业工作队数分别为:

基础工程队伍个数:$b_1 = t_1/K_k = 5/5 = 1$(个)

结构安装队伍个数:$b_2 = t_2/K_k = 10/5 = 2$(个)

室内装修队伍个数:$b_3 = t_3/K_k = 10/5 = 2$(个)

室外工程队伍个数:$b_4 = t_4/K_k = 5/5 = 1$(个)

参与该工程流水施工的专业工作队总数为:$n' = 1+2+2+1 = 6$(个)。据此,编制的加快的等步距异节奏流水施工进度计划如图 2-16 所示。

由图 2-16 可知,由于没有技术间歇及搭接时间(提前插入时间),故该工程流水施工工期为:

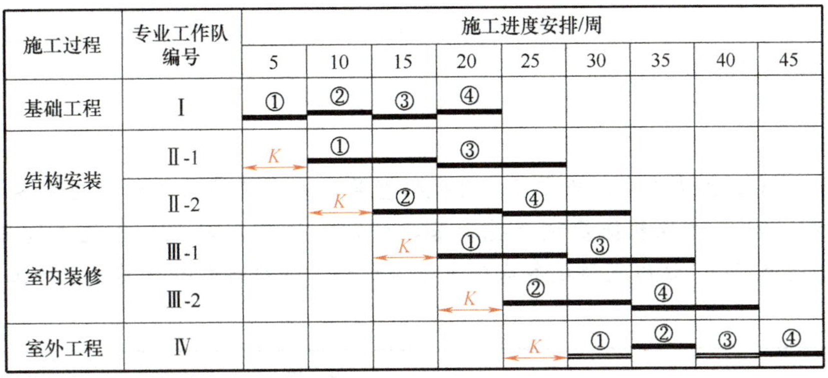

施工过程	专业工作队编号	施工进度安排/周								
		5	10	15	20	25	30	35	40	45
基础工程	Ⅰ	①	②	③	④					
结构安装	Ⅱ-1		← K →	①		③				
	Ⅱ-2			← K →	②		④			
室内装修	Ⅲ-1				← K →	①		③		
	Ⅲ-2					← K →	②		④	
室外工程	Ⅳ						← K →	①	②	③	④

图 2-16 等步距异节奏流水施工进度计划

$$T = T_0 + T_n = (m+n'-1)K_k = (4+6-1)\times 5 = 45 \text{ 周}$$

与图 2-15 所示的异步距异节奏流水施工进度计划相比，该工程组织加快的等步距异节奏（成倍节拍）流水施工可使工期缩短 15 周。

3.2 异节奏流水施工的基本特点

1）异步距异节奏流水施工具有以下特点：

① 相邻施工过程的流水步距不一定相等。

② 专业工作队数等于施工过程数。

③ 各专业工作队在施工段上不一定连续作业。

2）等步距异节奏（成倍节拍）流水施工具有以下特点：

① 同一施工过程在各个施工段上的流水节拍均相等，不同施工过程的流水节拍为倍数关系。

② 相邻施工过程的流水步距相等，且等于流水节拍的最大公约数。

③ 专业工作队数大于施工过程数。对于流水节拍大的施工过程，可按其倍数增加相应专业工作队数目。

④ 各专业工作队在施工段上能够连续作业，施工段之间没有空闲时间。

3.3 异节奏流水施工的工期计算

1）等步距异节奏（成倍节拍）流水施工的流水施工工期按式（2-10）计算。

$$T = T_0 + T_n = (m+n'-1)K_k + \sum G + \sum Z - \sum C \quad (2-10)$$

式中　T_0——流水展开期；

　　　T_n——流水稳定期；

　　　K_k——公共流水步距，取各施工过程流水节拍的最大公约数；

　　　n'——参加流水作业的专业工作队数；

　　　G——工艺间歇时间；

　　　Z——组织间歇时间；

　　　C——搭接时间。

2）异步距异节奏流水施工的流水施工工期按式（2-11）计算。

$$T = T_0 + T_n = \sum K_{i,i+1} + T_n + \sum (G+Z-C) \quad (2-11)$$

式中　K——流水步距。

其余符号意义同上。

4. 非节奏流水施工

4.1 非节奏流水施工的工程案例

【例 2-3】 某工程建设中，为安装 4 台规格型号和基础条件均不相同的设备，需要修筑相应基础工程，施工过程包括基坑开挖、基础处理和浇筑混凝土，各施工过程流水节拍（单位：周）见表 2-9，试编制该设备基础工程流水施工进度计划并计算流水施工工期。

表 2-9 某工程流水节拍表

施工过程	施工段			
	设备 A	设备 B	设备 C	设备 D
基坑开挖	2	3	3	2
基础处理	4	4	3	3
浇筑混凝土	2	3	2	2

【解】 该工程全部（或部分）的施工过程在各个施工段上的流水节拍不相等，可按非节奏流水施工方式组织施工，其施工进度计划如图 2-17 所示，流水施工工期为 18 周。

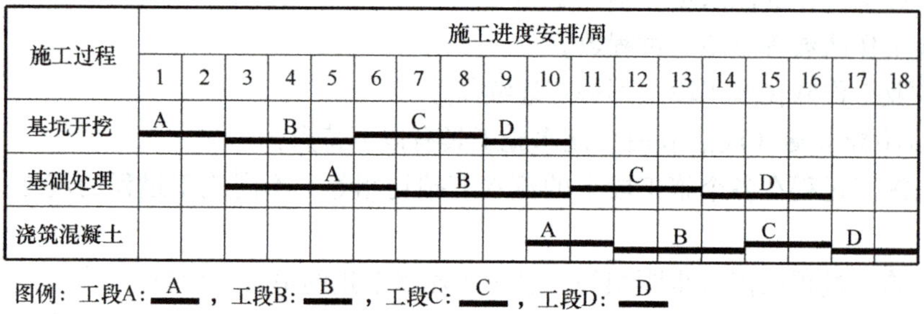

图 2-17 非节奏流水施工进度计划

4.2 非节奏流水施工的基本特点

1）各施工过程在各施工段上的流水节拍不全相等。
2）相邻施工过程的流水步距不尽相等。
3）专业工作队数等于施工过程数。
4）各专业工作队在施工段上不一定连续作业。

4.3 非节奏流水施工的工期计算

非节奏流水施工的流水施工工期按式（2-12）计算。

$$T = T_0 + T_n = \sum K_{i,i+1} + T_n + \sum (G + Z - C) \tag{2-12}$$

式中 T_0——流水展开期；
　　T_n——流水稳定期；
　　K——流水步距；
　　G——工艺间歇时间；
　　Z——组织间歇时间；
　　C——搭接时间。

任务实施

任务描述

任务实施参考答案

工程背景详见"任务描述"。

子任务1：组织等节奏流水施工。 已知沟槽开挖、管道安装、土方回填三个施工过程在各个工段上的流水节拍均为 t。

（1）请在表2-10中写出该排水工程各个施工过程专业工作队在各个工段上的流水节拍值。

表2-10 排水工程流水节拍表（1）

施工过程数 n		工段数 m			
		工段Ⅰ	工段Ⅱ	工段Ⅲ	工段Ⅳ
沟槽开挖	施工过程a				
管道安装	施工过程b				
土方回填	施工过程c				

（2）该排水工程组织等节奏流水施工，请在图2-18中编制出其施工进度计划横道图。

进度 施工过程 n	t	$2t$	$3t$	$4t$	$5t$	$6t$	$7t$	$8t$	$9t$	$10t$
沟槽开挖（施工过程a）										
管道安装（施工过程b）										
土方回填（施工过程c）										

图例：工段Ⅰ：工段Ⅰ，工段Ⅱ：工段Ⅱ，工段Ⅲ：工段Ⅲ，工段Ⅳ：工段Ⅳ

图2-18 等节奏流水施工进度计划横道图

1）认真分析图2-18，可知：等节奏流水施工中，流水步距 K_{ab}、K_{bc} 和流水节拍值 t 有（　　）关系。

A. $K_{ab}=K_{bc}\neq t$ B. $K_{ab}=K_{bc}=t$

2）认真分析图2-18，结合所学知识，对于 n 个施工过程的等节奏流水施工中，流水展开期 T_0 等于（　　）。

A. $T_0 = \sum K = nt$ B. $T_0 = \sum K = (n-1)t$

3) 认真分析图 2-18，可知：等节奏流水施工中，最后一个施工过程的工作队在各个工段上能否连续施工？（　　）

A. 能够连续作业 B. 不一定连续作业

4) 根据流水展开期的定义，等节奏流水施工中流水展开期 T_n 等于（　　）。

A. $T_n = mt$ B. $T_n = (m-1)t$

5) 等节奏流水施工中，$T = T_0 + T_n = ($　　$)$。

A. $T = (m+n)t$ B. $T = (m+n-1)t$

6) 等节奏流水施工中，各个工段的施工次序是否影响流水施工工期？（　　）

A. 影响 B. 不影响

子任务 2：组织异节奏流水施工。沟槽开挖工作队在各个工段上的流水节拍为 2 天，管道安装工作队在各个工段上的流水节拍为 6 天，土方回填工作队在各个工段上的流水节拍为 4 天。请在表 2-11 中写出该排水工程各个施工过程专业工作队在各个工段上的流水节拍值。

表 2-11　排水工程流水节拍表（2）

施工过程数 n		工段数 m			
		工段 I	工段 II	工段 III	工段 IV
沟槽开挖	施工过程 a				
管道安装	施工过程 b				
土方回填	施工过程 c				

（1）组织异步距异节奏流水施工　如果每个施工过程组建 1 个工作队，3 个施工过程共组建 3 个专业工作队。在图 2-19 中，试编制异步距异节奏流水施工进度计划并确定流水施工工期。

施工过程 n ＼ 进度	施工队编号	工作日/天														
		2	4	6	8	10	12	14	16	18	20	22	24	26	28	30
沟槽开挖																
管道安装																
土方回填																

图例：工段 I：工段I，工段 II：工段II，工段 III：工段III，工段 IV：工段IV

图 2-19　异步距异节奏流水施工横道图

1) 认真分析图 2-19，该排水工程组织异步距异节奏流水施工，流水施工工期 $T = ($　　$)$ 天。

2) 认真分析图 2-19,异步距异节奏流水施工中,相邻施工过程的流水步距是否相等?(　　)

A. 相等　　　　　　B. 一定不相等　　　C. 不一定相等

3) 认真分析图 2-19,异步距异节奏流水施工中,各专业工作队在施工段上是否连续作业?(　　)

A. 能够连续作业　　　B. 不一定连续作业

4) 认真分析图 2-19,异步距异节奏流水施工中,各个工段施工次序是否影响流水施工工期?(　　)

A. 影响　　　　　　B. 不影响

(2) 组织等步距异节奏流水施工(成倍节拍流水施工)

1) 计算公共流水步距 K_k = 所有施工过程流水节拍值的最大公约数 = 最大公约数 $\{2,6,4\}$ = (　　)。

2) 确定各个施工过程成立的工作队数量 = 各个施工过程流水节拍值÷最大公约数,则

沟槽开挖工作队数:$N_a = T_a / K_k$ = (　　)/(　　) = (　　)个;

管道安装工作队数:$N_b = T_b / K_k$ = (　　)/(　　) = (　　)个;

土方回填工作队数:$N_c = T_c / K_k$ = (　　)/(　　) = (　　)个。

3) 计算虚拟施工过程数 $n' = N_a + N_b + N_c$ = (　　)。

4) 计算等步距异节奏流水施工(成倍节拍流水施工)的工期 $T = T_0 + T_n = (m + n' - 1)K_k$ = (　　)天。

5) 在图 2-20 中,编制等步距异节奏流水施工进度计划横道图。

施工过程n	进度 工作日/天														
	施工队编号	2	4	6	8	10	12	14	16	18	20	22	24	26	28	30
沟槽开挖																
管道安装																
土方回填																

图例:工段Ⅰ:<u>工段Ⅰ</u>,工段Ⅱ:▨工段Ⅱ,工段Ⅲ:■工段Ⅲ,工段Ⅳ:▤工段Ⅳ

图 2-20　等步距异节奏流水施工(成倍节拍流水施工)横道图

6）认真分析图2-20，等步距异节奏流水施工（成倍节拍流水施工）中，相邻施工过程的流水步距是否相等？（　　）

　　A. 相等　　　　　B. 一定不相等　　　C. 不一定相等

7）认真分析图2-20，等步距异节奏流水施工（成倍节拍流水施工）中，各专业工作队在施工段上是否连续作业？（　　）

　　A. 能够连续作业　　B. 不一定连续作业

8）认真分析图2-20，等步距异节奏流水施工中（成倍节拍流水施工），各个工段施工次序是否影响流水施工工期？（　　）

　　A. 影响　　　　　B. 不影响

9）认真分析图2-20，该排水工程组织等步距异节奏流水施工（成倍节拍流水施工）的工期=（　　）天？

　　A. 30　　　　　　B. 18

10）用公式法计算表2-12等节奏流水施工，工期 $T=(m+n-1)t=$（　　）天。认真分析表2-11、表2-12，并对比组织等步距异节奏流水施工（成倍节拍流水施工）的工期，你有什么发现？

　　答：_____

表2-12　排水工程流水节拍表（3）

施工过程数 n		工段数 m			
		工段Ⅰ	工段Ⅱ	工段Ⅲ	工段Ⅳ
沟槽开挖	施工过程 a_1	2	2	2	2
管道安装	施工过程 b_1	2	2	2	2
	施工过程 b_2	2	2	2	2
	施工过程 b_3	2	2	2	2
土方回填	施工过程 c_1	2	2	2	2
	施工过程 c_2	2	2	2	2

子任务3：组织非节奏流水施工。沟槽开挖工作队在各个工段上的流水节拍为2天，管道安装工作队在工段Ⅰ、工段Ⅲ上的流水节拍为1天，在工段Ⅱ、工段Ⅳ上的流水节拍为3天，土方回填工作队在各个工段上的流水节拍为4天。

1）请在表2-13中写出该排水工程各个施工过程专业工作队在各个工段上的流水节拍值。

表2-13　排水工程流水节拍表（4）

施工过程数 n		工段数 m			
		工段Ⅰ	工段Ⅱ	工段Ⅲ	工段Ⅳ
沟槽开挖	施工过程 a				
管道安装	施工过程 b				
土方回填	施工过程 c				

2）该排水工程组织非节奏流水施工，请在图 2-21 中编制出其施工进度计划横道图。

施工过程n \ 进度	施工队编号	工作日/天														
		2	4	6	8	10	12	14	16	18	20	22	24	26	28	30
沟槽开挖																
管道安装																
土方回填																

图例：工段Ⅰ：工段Ⅰ，工段Ⅱ：工段Ⅱ，工段Ⅲ：工段Ⅲ，工段Ⅳ：工段Ⅳ

图 2-21　非节奏流水施工横道图

3）认真分析图 2-21，非节奏流水施工横道图，相邻施工过程的流水步距是否相等？（　　）

A. 相等　　　　　　B. 一定不相等　　　　C. 不一定相等

4）认真分析图 2-21，非节奏流水施工横道图中，各专业工作队在施工段上是否连续作业？（　　）

A. 能够连续作业　　B. 不一定连续作业

5）认真分析图 2-21，非节奏流水施工横道图，各个工段施工次序是否影响流水施工工期？（　　）

A. 影响　　　　　　B. 不影响

6）认真分析图 2-21，该排水工程组织非节奏流水施工的工期 T =（　　）天。

7）根据等节奏流水施工（全等节拍流水施工）、等步距等节奏流水施工（成倍节拍流水施工）、异步距等节奏流水施工、非节奏流水施工的特点，在表 2-14 中为其选择对比内容的字母代号。

表 2-14　流水施工组织方式特点对比表

序号	对比维度	对比内容	等节奏流水施工（全等节拍流水施工）	等步距等节奏流水施工（成倍节拍流水施工）	异步距等节奏流水施工	非节奏流水施工
1	$n-1$ 个流水步距是否为常数	A. 是常数 B. 不是常数				
2	工作队伍数和施工过程数 n 的大小	A. 大于 B. 等于 C. 小于				
3	连续施工	A. 各个施工过程的工作队能够连续施工 B. 各个施工过程的工作队不一定连续施工				

（续）

序号	对比维度	对比内容	等节奏流水施工（全等节拍流水施工）	等步距等节奏流水施工（成倍节拍流水施工）	异步距等节奏流水施工	非节奏流水施工
4	各工段的施工次序是否影响流水施工工期	A. 影响 B. 不影响				
5	流水施工工期 T 的计算公式	A. $T=(m+n-1)t$ B. $T=(m+n'-1)K_k$ C. $T=T_0+T_n$				

注：请将对比内容的字母代号，填入对应的位置。

任务五　确定非节奏流水施工的最优施工次序

任务描述

南宁市西乡塘区大唐三路工程 No.1 合同段的桩号为 K0+000~K0+260。为便于组织施工，施工单位将路基工程划分为四个施工段，分别为工段Ⅰ（K0+000~K0+056）、工段Ⅱ（K0+056~K0+130）、工段Ⅲ（K0+130~K0+195）、工段Ⅳ（K0+195~K0+260）。

子任务1：按照施工流程，每个施工段均需进行路基清理、路基填筑两个施工过程。请根据任务实施中给定的各个施工过程工作队在各个工段上的流水节拍，判定该路基工程所属流水施工的类型，并运用约翰逊—贝尔曼法则确定（2个施工过程）该路基工程各个工段的最优施工次序。

子任务2：按照施工流程每个施工段均需按沟槽开挖、管道安装、土方回填三个施工过程进行。请根据任务实施中给定的各个施工过程工作队在各个工段上的流水节拍，判定该排水工程所属流水施工的类型，并运用约翰逊—贝尔曼法则确定该排水工程各个工段的最优施工次序；编制该排水工程最优施工次序施工进度横道图并指出流水施工工期；运用直接编阵法计算该排水工程最优施工次序的流水施工工期；用潘特科夫斯基法则确定非节奏流水施工中各施工过程工作队保持连续施工的流水步距最小值，编制该排水工程保持连续施工的进度横道图并计算流水施工工期。

知识链接

m 个工段、n 个施工过程的流水施工中，同一工段上 n 个施工过程的先后施工次序是由施工方法、工作面等客观规律决定的，因此，组织施工时同一工段上 n 个施工过程的先后施工次序无法改变，也不可违背，但各个工段的施工次序是可以人为地改变的。根据前面所学知识，对于有节奏流水施工，改变各个工段的施工次序不影响流水施工工期。但对于非节奏流水施工，改变各个工段的施工次序会影响流水施工工期。

对于非节奏流水施工，工期最短的各个工段施工次序，称为最优施工次序，其对应的流水节拍表，称为"优阵"。对于 2 个施工过程和满足组合条件的 3 个施工过程的非节奏流水施工，用约翰逊—贝尔曼法则确定其最优施工次序。对于不满足组合条件的 3 个施工过程和 3 个以上施工过程的非节奏流水施工，用穷举法确定其最优施工次序。

约翰逊—贝尔曼法则的基本思想是：对于 2 个施工过程、m 个施工段的非节奏流水施工，按施工段列出其流水节拍表，在表中一次选取最小的流水节拍 t，若选取的最小流水节拍 t 在"前施工过程"中，则其对应工段的施工次序从前往后排序，若选取的最小流水节拍 t 在"后施工过程"中，则其对应工段的施工次序从后往前排序。去掉已经排序的工段后，再选取最小流水节拍 t，继续对剩余的工段进行排序。

1. 确定（2 个施工过程）无节奏流水施工的最优施工次序

按照施工顺序，每个工段都可分解为"挖基坑、砌基础"两个步骤，每个步骤称为一个施工过程。其中"挖基础"在前面施工，称为"前施工过程"；"砌基础"在后面施工，称为"后施工过程"。

确定（2 个施工过程）无节奏流水施工的最优施工次序

2. 确定（3 个施工过程）无节奏流水施工的最优施工次序

根据约翰逊—贝尔曼法则，3 个施工过程的非节奏流水施工确定最优施工次序，需要通过相加组合成虚拟的"前施工过程"和"后施工过程"。

组合的条件是：第一个施工过程流水节拍的最小值或者第三个施工过程流水节拍的最小值，大于等于第二个施工过程流水节拍的最大值，见式（2-13）。

确定（3 个施工过程）无节奏流水施工的最优施工次序

$$\left. \begin{array}{l} \min\{T_i^a\} \geqslant \max\{T_i^b\} \\ \text{或 } \min\{T_i^c\} \geqslant \max\{T_i^b\} \end{array} \right\} \quad (2\text{-}13)$$

组合的方法是：第一个施工过程流水节拍加第二个施工过程流水节拍，组成虚拟的前施工过程流水节拍；第二个施工过程流水节拍加第三个施工过程流水节拍，组成虚拟的后施工过程流水节拍。

任务实施

任务描述

任务实施参考答案

子任务 1：确定（2 个施工过程）非节奏流水施工的最优施工次序。各个施工过程工作队在各个工段上的流水节拍见表 2-15（单位：天）。

表 2-15　路基工程流水节拍表

施工过程数 n		工段数 m			
		工段 I	工段 II	工段 III	工段 IV
路基清理	施工过程 a	4	7	2	3
路基填筑	施工过程 b	1	6	3	4
最优施工次序					

1）根据表 2-15 中各个施工过程工作队在各个工段上的流水节拍，则该路基工程为（　　）类型的流水施工。

　　A. 全等流水施工　　　　　　　　B. 成倍节拍流水施工
　　C. 分别流水施工　　　　　　　　D. 非节奏流水施工

2）根据表 2-15 中各个施工过程工作队在各个工段上的流水节拍，各个工段的施工次序是否影响流水施工工期？（　　）

　　A. 是　　　　　　　　　　　　　B. 否

3）运用约翰逊—贝尔曼法则，确定该路基工程各个工段的最优施工次序，并填入表 2-15 的"最优施工次序"一栏中。

子任务 2：确定（3 个施工过程）非节奏流水施工的最优施工次序。各个施工过程工作队在各个工段上的流水节拍见图表 2-16（单位：天）。

表 2-16　排水工程流水节拍表

施工过程数 n		工段数 m			
		工段 I	工段 II	工段 III	工段 IV
沟槽开挖	施工过程 a	1	3	3	2
管道安装	施工过程 b	1	2	1	1
土方回填	施工过程 c	2	2	4	2
虚拟的前施工过程（a+b）					
虚拟的后施工过程（b+c）					
最优施工次序					

1）根据表 2-16 中各个施工过程工作队在各个工段上的流水节拍，则该排水工程为（　　）类型的流水施工。

　　A. 全等流水施工　　　　　　　　B. 成倍节拍流水施工
　　C. 分别流水施工　　　　　　　　D. 非节奏流水施工

2）根据表 2-16 中各个施工过程工作队在各个工段上的流水节拍，各个工段的施工次序是否影响流水施工工期？（　　）

　　A. 是　　　　　　　　　　　　　B. 否

3）根据表 2-16 中各个施工过程工作队在各个工段上的流水节拍，该排水工程中施工过程 a（沟槽开挖）在各个工段上的流水节拍最小值为（　　），施工过程 b（管道安装）在各个工段上的流水节拍最大值为（　　），施工过程 c（土方回填）在各个工段上的流水节拍最小值为（　　）。

4）该排水工程的各个施工过程在各个工段上的流水节拍值是否满足约翰逊—贝尔曼法则确定3个施工过程的非节奏流水施工的（　　）条件？

A. $\min\{T_i^a\} \geqslant \max\{T_i^b\}$　　　　　　B. $\min\{T_i^c\} \geqslant \max\{T_i^b\}$

5）在表2-16中，计算虚拟的前施工过程（a+b）和虚拟的后施工过程（b+c），填入对应的位置；运用约翰逊—贝尔曼法则，确定该排水工程各个工段的最优施工次序，并填入表2-16的"最优施工次序"一栏中。

6）将非节奏流水施工最优施工次序对应的流水节拍表称为"优阵"。请在表2-17中，写出该排水工程的"优阵"。

表 2-17　排水工程最优施工次序对应的流水节拍表（优阵）

施工过程数 n		工段数 m			
沟槽开挖	施工过程a				
管道安装	施工过程b				
土方回填	施工过程c				

7）根据表2-17排水工程最优施工次序对应的流水节拍表（优阵），在图2-22中编制该排水工程（非节奏流水施工）进度计划横道图。

进度 施工过程 n	工作日/天																			
	1	2	3	4	5	6	7	8	9	10	11	12	13	14	15	16	17	18	19	20
沟槽开挖 （施工过程a）																				
管道安装 （施工过程b）																				
土方回填 （施工过程c）																				

图例：工段Ⅰ：工段Ⅰ，工段Ⅱ：工段Ⅱ，工段Ⅲ：工段Ⅲ，工段Ⅳ：工段Ⅳ

图 2-22　非节奏流水施工最优施工次序横道图

8）该排水工程按最优施工次序组织非节奏流水施工工期 T=（　　）天。

9）直接编阵法计算流水施工工期。根据式（2-14），从"优阵"左上角往右下角计算流水节拍（新值），计算结果填入到表2-18中。

$$新值 = 原值 + \max\{左边新值,上边新值\} \quad (2-14)$$

说明：

1）本公式只适用于一个施工过程组织安排一个工作队的紧凑流水施工。

2）为便于区分新值和旧值，我们一般给新值加括弧，如果左边（或者上边）没有新值，则取0。

3）右下角的流水节拍（新值）即为工期。

直接编阵法

表 2-18　非节奏流水施工优阵的新值计算表

施工过程数 n		工段数 m			
		工段 I	工段 II	工段 III	工段 IV
沟槽开挖	施工过程 a	1（　）	2（　）	3（　）	2（　）
管道安装	施工过程 b	1（　）	1（　）	1（　）	1（　）
土方回填	施工过程 c	2（　）	2（　）	4（　）	2（　）

10）认真观察图 2-22 和表 2-18，该排水工程按"优阵"的施工次序组织非节奏流水施工，运用作图法所得工期和运用直接编阵法计算工期，是否一致？（　　）

　　A. 是　　　　　　　　　　B. 否

11）（多项选择题）分析图 2-22，该排水工程各个施工过程的工作队在各个工段上，能否连续施工？（　　）

　　A. 沟槽开挖工作队能够连续施工
　　B. 沟槽开挖工作队没有连续施工
　　C. 管道安装工作队能够连续施工
　　D. 管道安装工作队没有连续施工
　　E. 土方回填工作队能够连续施工
　　F. 土方回填工作队没有连续施工

12）一般而言，对于不能连续施工的非节奏流水施工，我们可以通过增大相邻施工过程间的"流水步距"实现各个施工过程的施工队在各个工段上保持连续施工。

　　确定最优施工次序后，我们可以用潘特考夫斯基法则来确定非节奏流水施工各个施工过程的施工队在各个工段上保持连续施工的流水步距最小值。潘特考夫斯基法则的内容为"累加数列、错位相减、取最大差"，其基本步骤如下：

潘氏法则

①累加数列。对每一个施工过程在各施工段上的流水节拍依次累加，求得各施工过程流水节拍的累加数列。

②错位相减。将相邻施工过程流水节拍累加数列中的后者错后一位，相减后求得一个差数列。

③取最大差。在差数列中取最大值，即为这两个相邻施工过程的流水步距。

其操作步骤如下：

①累加数列。

施工过程 a：（　　），（　　），（　　），（　　）。

施工过程 b：（　　），（　　），（　　），（　　）。

施工过程 c：（　　），（　　），（　　），（　　）。

②错位相减（施工过程 a 与 b）。

施工过程 a 与 b：（　　），（　　），（　　），（　　）
　　　　　　　　-（　　），（　　），（　　），（　　）

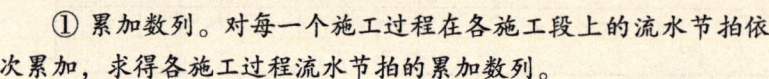

　　　　　　　（　　），（　　），（　　），（　　），（　　）

③ 取最大差（施工过程 a 与 b）。

$K_{ab} = \max\{(\quad),(\quad),(\quad),(\quad),(\quad)\} = (\quad)$

④ 再错位相减（施工过程 b 与 c）。

施工过程 b 与 c：( ), ( ), ( ), ( )
       - ( ), ( ), ( ), ( )
      ―――――――――――――
      ( ), ( ), ( ), ( ), ( )

⑤ 再取最大差（施工过程 b 与 c）。

$K_{bc} = \max\{(\quad),(\quad),(\quad),(\quad),(\quad)\} = (\quad)$

则，$T = \sum K + \sum T_n = [(\quad)+(\quad)]+[(\quad)+(\quad)+(\quad)+(\quad)] = (\quad)$ 天

13) 根据上述潘特考夫斯基法则确定的流水步距，按最优施工次序在图 2-23 中绘制出该排水工程组织各个工作队连续施工的非节奏流水施工进度计划横道图。

施工过程n \ 进度	1	2	3	4	5	6	7	8	9	10	11	12	13	14	15	16	17	18	19	20
沟槽开挖（施工过程a）																				
管道安装（施工过程b）																				
土方回填（施工过程c）																				

图 2-23　按最优施工次序组织连续施工的非节奏流水施工进度计划横道图

14) （多项选择题）分析图 2-23，该排水工程各个施工过程的工作队在各个工段上，能否连续施工？（　　）

A. 沟槽开挖工作队连续施工
B. 沟槽开挖工作队没有连续施工
C. 管道安装工作队连续施工
D. 管道安装工作队没有连续施工
E. 土方回填工作队连续施工
F. 土方回填工作队没有连续施工

15) 认真分析图 2-23，确定最优施工次序后，该排水工程组织各个工作队连续施工的非节奏流水施工工期与运用潘特考夫斯基法则确定的流水施工工期是否相等？（　　）

  A. 是　 B. 否

16) 认真对比图 2-22 和图 2-23，可以得到什么结论？

_____

_____

评价反馈

1. 自我评价

根据本模块的学习目标，运用所学知识，完成"自我测试"，进行自我评测，并将评测结果填入表 2-19 中。

自我测试

表 2-19　自我评测表

班级：		组号：		姓名：		学号：	
模块二　认知流水施工							
题号	自测题 1		自测题 2	自测题 3	自测题 4		自测题 5
满分	10		10	10	10		10
得分							
题号	自测题 6		自测题 7	自测题 8	自测题 9		自测题 10
满分	10		10	10	10		10
得分							
合计							

2. 小组评价（表 2-20）

表 2-20　小组评价表

班级：		组号：		姓名：		学号：	
模块二　认知流水施工							
评价内容	查阅规范等资料能力		任务完成质量	任务完成效率	团队合作	职业素养	创新意识
	10 分		30 分	20 分	10 分	10 分	20 分
任务一 认知流水施工的主要参数							
任务二 认知并绘制施工进度横道图							
任务三 认知并运用组织施工的基本方式							
任务四 认知并运用流水施工的组织方式							

（续）

评价内容	查阅规范等资料能力	任务完成质量	任务完成效率	团队合作	职业素养	创新意识
	10分	30分	20分	10分	10分	20分
任务五 确定非节奏流水施工的最优施工次序						
得分						

组长签名：　　　　　　　　　　　　日期：

注：本模块共设置五个任务，得分取五个任务的平均值。

3. 教师评价（表2-21）

表2-21　教师评价表

班级：　　　　　组号：　　　　　姓名：　　　　　学号：

模块二　认知流水施工

	评价内容	分值	评价依据	得分	备注
过程评价（60分）	流水施工参数	5	能够合理划分施工段和施工过程，并正确区分流水施工参数		
	三种基本组织施工方式	15	能够根据工程特点和实际情况，选择合理的施工组织方式		
	流水施工的类型及特点	10	能够区分流水施工的各种类型，正确组织流水施工工作计划的实施并绘制施工流水施工进度横道图		
	约贝法则	5	能够运用约翰逊—贝尔曼法则确定（2个施工过程和3个施工过程）非节奏流水施工的最优施工次序		
	潘特考夫斯基法则	15	能够运用潘特考夫斯基法则计算连续作业情况下，非节奏流水施工和异步距异节奏流水施工的最小流水步距		
	直接编阵法计算工期	10	能够运用直接编阵法计算一个施工过程组织安排一个工作队伍的紧凑流水施工工期		
成果评价（40分）	成果质量	15	成果符合题干要求，符合行业和规范要求		
	成果展示	10	能够准备表达、汇报工作成果		
	在小组中所起的作用	10	积极参与团队工作，主动完成所分配的任务		
	成果创新	5	成果有自己的见解，独特新颖		
合计					

教师签名：　　　　　　　　　　　　日期：

知识拓展

【知识拓展 1】流水施工工期计算方法的适用范围

通过前面的学习,我们知道流水施工的工期计算方法有:作图法、直接编阵法、公式法(表 2-22),那么每种计算方法的适用范围如何呢?

表 2-22　流水施工工期各种计算方法适用范围表

序号	流水施工工期计算方法	适用范围
1	作图法	适用于所有施工方式
2	直接编阵法	适用于一个施工过程组织安排一个工作队的紧凑流水施工
3	通用公式法	T_0+T_n,适用于所有流水施工; T_0 等于各个施工过程之间的流水步距之和,如果最后一个施工过程工作队为连续施工,则 T_n 等于最后一个施工过程的专业工作队在各个工段上的流水节拍之和
4	特定公式法	$(m+n+1)t$,适用于全等节拍流水施工; $(m+n'+1)K_k$,适用于成倍节拍流水施工

> 思考 1:等步距异节奏流水施工(成倍节拍流水施工)能否用直接编阵法计算工期?
>
> 思考 2:在流水施工过程中,有搭接时间或间歇时间,以上各种方法计算流水施工工期,会有怎样的变化?

【知识拓展 2】施工过程的组织原则

由于影响施工过程组织的关联因素很多,如自然条件、工程属性、可供利用的施工资源、业主的管理目标要求和设计要求等,这就使得施工过程的组织变化无常,形式多样。为了使生产过程能够符合其客观的生产规律,充分保证各项生产活动安排和组织的合理性与科学性,我们在进行施工组织设计时都应遵守以下基本原则。

1)施工过程的连续性。施工过程的连续性是指施工过程的各个阶段、各个施工过程紧密衔接,在时间上保持连续施工的特性,具体表现为使劳动对象始终处于被加工、检验状态下,避免发生不合理的中断、闲置或停工现象;使各工作队、主要机械设备始终处在连续的工作或作业状态。

在施工过程中,如果能够合理地保持施工过程的连续性,可以缩短工期,保证产品质量,减少投入,降低成本,提高经济效益。影响施工连续性的主要因素有:

① 作业方式。组织平行作业是保持连续性的先决条件,流水作业是在合理利用资源的情况下,保持施工过程连续性的有效方法。

② 施工资源。人力、材料、机械设备等资源供应不足或缓慢,机械运行工况不好,往

往会导致停工待料现象的发生。

③ 自然条件。刮风、下雨等不可抗拒的自然因素,会造成被迫停工或降低生产效率等。

④ 其他。如工程意外,社会干扰,施工组织不当等。

2)施工过程的协调性(比例性)。施工过程的协调性(比例性)是指施工过程的各阶段、各施工过程之间在配备劳动力、机械设备及占用工作面上应保持适当比例的特性。主要体现在以下几方面:

① 各施工过程之间在施工能力上应保持适当的比例关系,如路面施工时,拌和站的出料能力应略大于车辆的运料能力就不会出现窝工现象。

② 每道施工过程的人力、机械配备及占用的工作面应保持适当的比例关系,如人工配合摊铺机摊铺沥青混合料时,如果配合比例不当,就会造成人工损失。

③ 人力、材料、设备、资金等资源供应与生产进度应保持适当的比例关系。

施工过程的协调性在很大程度上取决于施工组织设计的正确性,同时,也会受到材料意外变化、机械故障及操纵熟练程度变化、自然因素变化等的影响。因此,在施工过程中,应精心进行施工组织,合理配备施工资源,才能保证协调生产。保持施工过程的协调性可以充分挖掘人工和机械潜力,避免资源浪费,提高生产效益。

3)施工过程的均衡性(节奏性)。施工过程的均衡性(节奏性)是指施工生产过程按计划进度展开,并始终保持计划节奏的特性,即施工过程应具有相对稳定的施工节奏,不能时紧时松。主要体现在以下几方面:

① 在生产过程中,各阶段、各环节的施工活动都应按计划进度要求进行,其材料、人力、机械等资源的需求量增减应与计划进度相适应。一般应符合正态分布曲线规律(0→少→多→少→0),并应符合工程的实际需要和客观规律。

② 作队及其机械的作业量应持续并相对稳定,不时紧时松,忌讳赶工。

③ 无论在工程进展的哪个阶段,施工过程的工作量(作业量)应与人、财、设备和材料供应量保持相对稳定或均衡增长。

均衡生产能充分利用设备和人工时,避免突击赶工造成的各种损失,有利于生产安全和提高工程质量,便于组织和调配劳动力及机械设备,也可按照合理工期完成公路市政工程产品的生产任务,以获取理想的经济效益。

4)施工过程的经济性。施工过程的经济性是指通过科学合理的施工过程组织与管理,合法谋求最大的经济效益的特性,即在保证工期和质量的前提下,用最小的劳动消耗谋取最大的生产效益。在进行施工过程组织时,应切实贯彻和体现经济性原则是施工过程组织的根本条件,施工组织设计始终应以经济性原则为杠杆,衡量施工组织的合理性,这是因为:在进行施工过程组织时,连续性、协调性、均衡性保持的好坏与否,最终要通过经济性体现出来;施工过程的连续性、协调性、均衡性与经济性是互为条件、相互制约的关系。

模块三

编制并优化网络计划

知识图谱

本模块你需要完成"认识网络计划技术、绘制网络图、计算网络计划的时间参数、绘制双代号时标网络图、优化网络计划"五个学习任务,其知识图谱如图3-1所示。

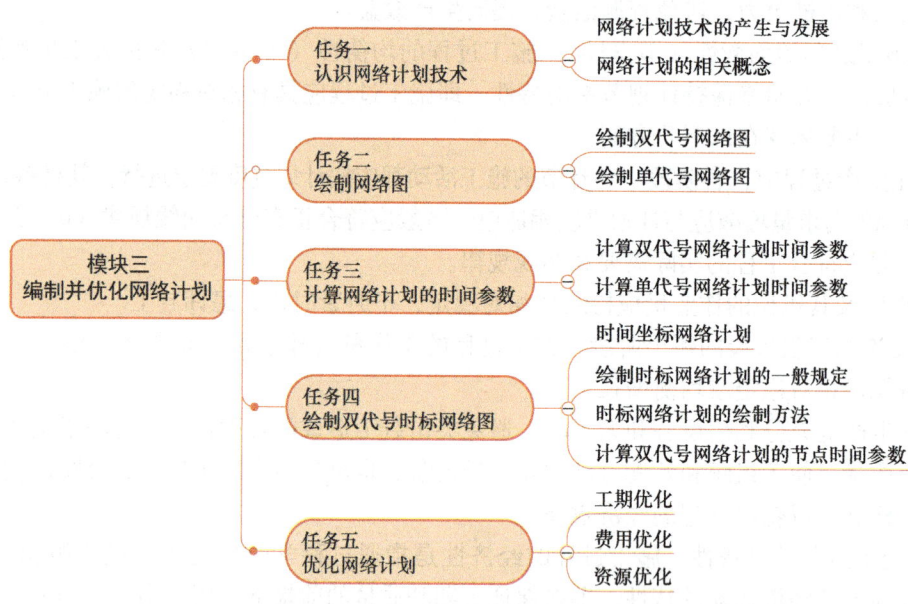

图3-1 知识图谱(编制并优化网络计划)

学习目标

素质目标

1. 培养爱岗敬业的职业操守,社会责任感和担当精神。
2. 培养科学组织、精心施工、精益求精的工匠精神。
3. 培养履行道德准则和行为规范的意识。

知识目标

1. 掌握网络计划基本概念。

2. 能够绘制双代号、单代号网络图。
3. 掌握节点计算法（工作计算法、图上计算法）计算网络计划的时间参数。
4. 掌握工期优化、费用优化、资源优化。

能力目标

1. 能够区分双代号、单代号网络图，并正确绘制双代号、单代号网络图。
2. 能够计算双代号、单代号网络计划时间参数。
3. 能够根据工程实际情况进行工期优化、费用优化、资源优化。

引导案例

某市凤凰路一期工程位于某市玉洞片区西部，东西走向，西起银海大道，东至物流基地1号路。道路全长约1524.225m，规划控制道路红线宽度为48m，道路等级为城市主干路Ⅰ级。其中K0+000~K0+937.629段按路幅宽度40m方案实施（远期仍按48m规划红线控制），计算行车速度50km/h，道路横断面采用两幅路的布置形式；K0+937.629~K1+524.225段按路幅宽度48m方案实施，计算行车速度60km/h，道路横断面采用四幅路的布置形式，为双向六车道的道络。

本工程（银海大道至物流基地1号路）跨越良庆河，设置良庆河桥一座，桩号为K1+040.256，与道路中心线交角60°，全桥长65.6m（主桥长60m），宽53.5m。全桥横向共分四幅，第一、二幅宽13.35m，第三幅宽16.7m，第四幅宽9.95m。该桥采用3×20m装配式预应力混凝土连续箱梁。为了便于模板制作和外形美观，主梁沿纵向外轮廓尺寸保持不变，上部结构采用先简支后连续的施工方法，下部采用柱式墩，桩柱式桥台，基础采用钻孔灌注桩。

本工程雨水汇水面积约209.47ha，新建雨水管道全长约3857m，最大雨水渠 $B×H=3400mm×3000mm$，最小雨水渠 $B×H=3200mm×3000mm$，最大雨水管DN2800mm，最小雨水管DN300mm，设计排水纵坡最大7‰、最小1‰。全线设置雨水检查井76座，井筒15座，双箅雨水口2座，联合四箅雨水口88座。

40m道路横断面雨水管布置在非机动车道下，距路缘石4m；污水管布置在非机动车道下，距路缘石2m；电缆沟、通信管沟、给水管、煤气管布置在人行道下，所有管线均双侧布置。

48m道路横断面雨水管布置在非机动车道下，距路缘石3.5m；污水管布置在非机动车道下，距路缘石1.5m；电缆沟、通信管沟、给水管、煤气管布置在人行道下，所有管线均双侧布置。

任务一　认识网络计划技术

任务描述

在编制某市凤凰路一期工程实施性施工组织设计时，需要确定良庆河桥的实工作，以便编制施工进度图。完成以下任务：

子任务1：请根据良庆河桥的工程概述，试写出完成该桥的实工作，并把这些实工作按施工先后顺序排列组成该桥的施工工艺流程。

子任务2：根据上述任务1完成的施工工艺流程，指出某一实工作的紧前工作、平行工作、紧后工作。

> 知识链接

生活案例：甲乙两位同学在球场，相约在校门口集中后一块去朝阳广场的书店。甲要先回宿舍取手机，乙直接去校门口。

已知：甲从球场到宿舍（工作A）需要10min；

甲从宿舍到校门（工作B）需要8min；

乙从球场到校门（工作C）需要15min；

甲乙从校门到朝阳广场（工作D）需要30min。

求：两位同学从球场到朝阳广场需要的时间？（工期T）

[解] 根据已知条件绘制甲乙同学路线图如图3-2所示。

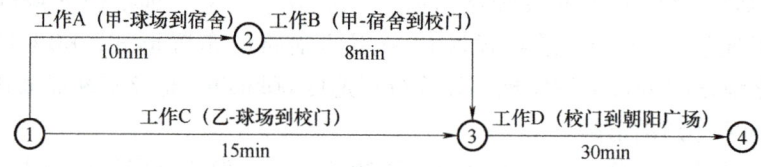

图3-2 甲乙同学路线图

该案例共有2条路线：

1）甲从球场到宿舍（工作A）需要10min，甲从宿舍到校门（工作B）需要8min，甲乙从校门到朝阳广场（工作D）需要30min。

路线①②③④，共计10+8+30=48（min）

2）乙从球场到校门（工作C）需要15min，甲乙从校门到朝阳广场（工作D）需要30min。

路线①③④，共计15+30=45（min）

3）分析：

①甲路线①②③④，花费最长时间48min；

②乙路线①③④，乙在节点③需要等待甲3min，这时跟甲汇合后，一起去节点④，实际乙也要花费共48min到达朝阳广场。

所以两位同学从球场到朝阳广场需要的时间是48min。

甲乙同学路线图就是一种简单的网络计划图。网络计划技术优点：能反映工序间的相互制约、相互依赖（逻辑关系）；能确定关键工作、关键线路；能反映工作的机动时间，便于调配资源，降低成本；能利用计算机进行计算；能进行施工组织方案的优化。

1. 网络计划技术的产生与发展

网络计划技术的生产与发展从20世纪初期美国亨利横道图法逐步发展至今，经历一系列优化和完善。网络计划技术的生产与发展（关键时间节点）如图3-3所示。

我国在1991年、1992年颁发了《工程网络计划技术规程》和《网络计划技术标准》；2000年又对《工程网络计划技术规程》和《网络计划技术标准》作了修订。

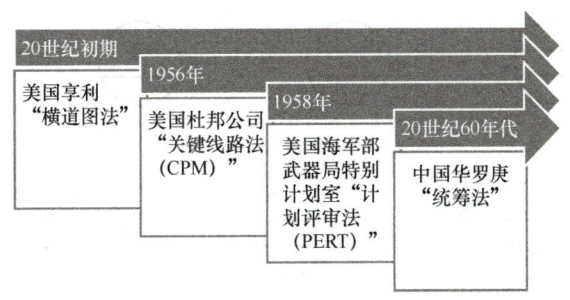

图 3-3 网络计划技术的产生与发展（关键时间节点）

2. 网络计划的相关概念

2.1 网络图

网络计划的表达形式是网络图。网络图是指由箭线和节点组成的用来表示工作流程的有向、有序的网状图形。在网络图中，按节点和箭线所代表的含义不同，分为双代号络图和单代号网络图。

网络计划的基本概念

（1）双代号网络图 双代号网络图是以箭线及其两端节点的编号表示工作的网络图，即用两个节点一根箭线代表一项工作，且仅代表一项工作。工作名称写在箭线上面，工作持续时间写在箭线下面，在箭线前后的衔接处画上节点编上号码，并以节点编号 i 和 j 代表一项工作名称，如图 3-4 所示。某双代号网络图如图 3-5 所示。

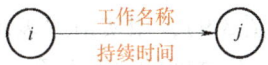

图 3-4 双代号网络图实工作示意图

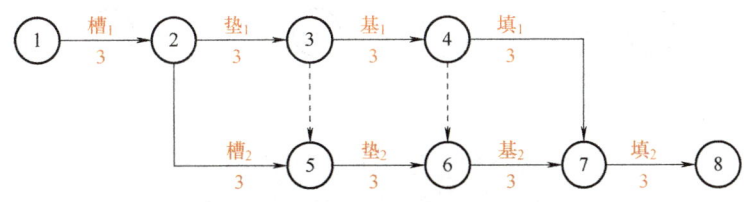

图 3-5 双代号网络图

（2）单代号网络图 用一个节点及其编号表示一项工作，用箭线表示工作之间的逻辑关系的网络图称为单代号网络图，工作名称、持续时间和工作代号均标注在节点内，如图 3-6 所示。某单代号网络图如图 3-7 所示。

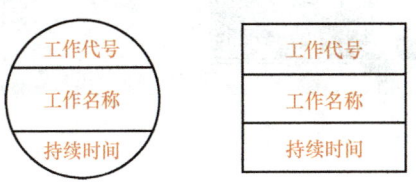

图 3-6 单代号网络图工作示意图

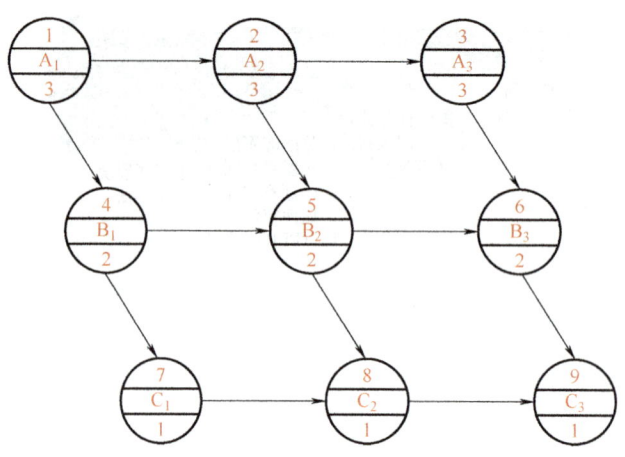

图 3-7 单代号网络图

2.2 网络图的基本要素

(1) 双代号网络图的基本要素

1) 箭线(工作)。在双代号网络图中,一条箭线代表一项工作。箭线的方向表示工作的开展方向,箭尾表示工作的开始,箭头表示工作的结束,如图 3-8 所示。

网络计划的基本要素

工作通常分为三种:既消耗时间又消耗资源的工作(如绑扎钢筋);只消耗时间而不消耗资源的工作(如混凝土养护)。这两项工作都是实际存在的,称为实工作(图 3-9),用实箭线表示。还有既不消耗时间又不消耗资源的工作称为虚工作,仅表示前后工作之间的逻辑关系,用虚箭线表示,如图 3-5 中③⑤工作,表示垫层 1 完成后才能开始垫层 2。

图 3-8 实工作与虚工作

图 3-9 实工作

2) 节点。在双代号网络图中,节点用圆圈"○"表示。它表示一项工作的开始或结束,是工作的连接点。网络计划的第一个节点,称为起点节点,它是整个项目计划的开始节点;网络计划的最后一个节点,称为终点节点,表示项目计划的结束;其余节点称为中间节点,如图 3-10 所示。

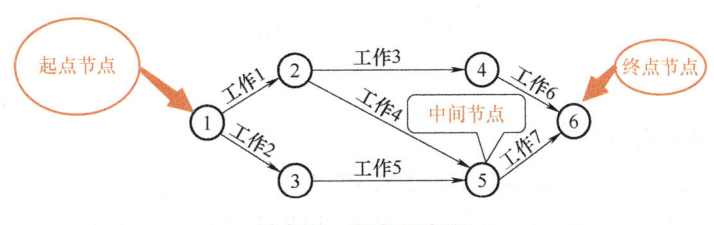

图 3-10 节点示意图

节点编号的基本规则是:编号顺序由起点节点顺箭线方向至终点节点;要求每一项工作的开始节点号码小于结束节点号码;不重号,不漏编。

3)线路。在网络图中,由起点节点沿箭线方向经过一系列箭线与节点至终点节点所形成的路线,称为线路,如图 3-11 所示。

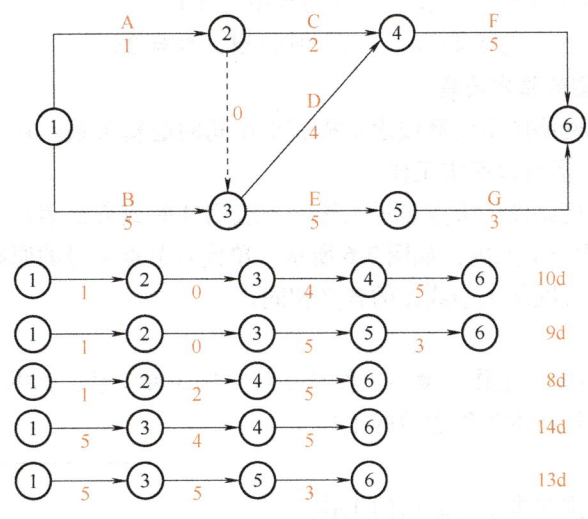

图 3-11 双代号网络图线路

在一个网络图中,通常都存在着许多条线路,每条线路都含若干项工作,这些工作的持续时间之和就是线路总的工作持续时间。在所有线路中,持续时间最长的线路,其对整个工程的完工起着决定性作用,称为关键线路,其余线路称为非关键线路。关键线路的持续时间即为该项计划的工期。关键线路宜用粗箭线、双箭线或彩色箭线标注,以突出其在网络计划中的重要位置,如图 3-12 所示。

位于关键线路上的工作称为关键工作,其余工作称为非关键工作。

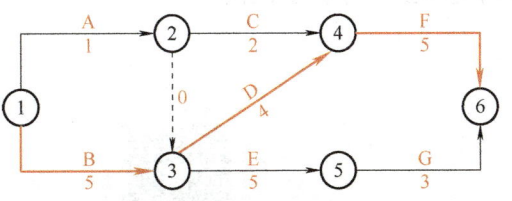

图 3-12 双代号网络图关键线路

【例 3-1】 某双代号网络图如图 3-13 所示,找出该网络图的关键线路与计划工期。

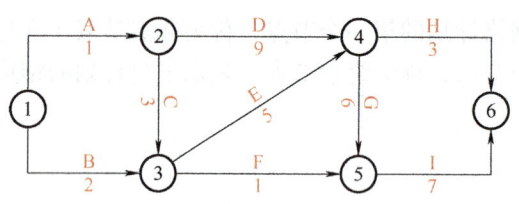

图 3-13 某双代号网络图

【解】 线路案例解析：

线路 1：①→②→③→④→⑥，工期 $T=1+3+5+3=12$（天）

线路 2：①→②→③→④→⑤→⑥，工期 $T=1+3+5+6+7=22$（天）

线路 3：①→②→③→⑤→⑥，工期 $T=1+3+1+7=12$（天）

线路 4：①→②→④→⑥，工期 $T=1+9+3=13$（天）

线路 5：①→②→④→⑤→⑥，工期 $T=1+9+6+7=23$（天）

线路 6：①→③→④→⑥，工期 $T=2+5+3=10$（天）

线路 7：①→③→④→⑤→⑥，工期 $T=2+5+6+7=20$（天）

线路 8：①→③→⑤→⑥，工期 $T=2+1+7=10$（天）

则关键线路是线路 5：①②④⑤⑥，该项目计划工期为 23 天。

(2) 单代号网络图的基本要素

1）箭线。单代号网络图中的箭线表示相邻工作间的逻辑关系。在单代号网络图中只有实箭线，没有虚箭线，但可以有虚工作。

2）节点。单代号网络图的节点表示工作，一般用圆圈或方框表示。工作的名称、持续时间及工作的代号标注于节点内，如图 3-6 所示。单代号节点编号的原则与双代号相同。

3）线路。与双代号网络图中线路的含义相同。

2.3 网络图中工作间的关系

网络图中工作间有紧前工作、紧后工作和平行工作 3 种关系，如图 3-14 所示。

1）紧前工作。紧排在本工作之前的工作称为本工作的紧前工作。

2）紧后工作。紧排在本工作之后的工作称为本工作的紧后工作。本工作和紧后工作之间可能有虚工作。

3）平行工作。可与本工作同时进行的工作称为本工作的平行工作。

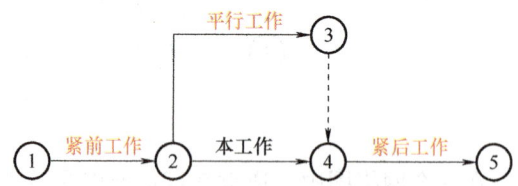

图 3-14 网络图各工作逻辑关系示意图

任务实施

任务描述

任务实施参考答案

模块三 编制并优化网络计划

子任务1：请根据良庆河桥的工程概述，试写出完成该桥的实工作，并把这些实工作按施工先后顺序排列组成该桥的施工工艺流程。

1) 请补充实工作：（施工准备）、（　　　　）、（　　　　）、…（竣工验收）

2) 请根据所列的实工作，按施工先后顺序排列组成该桥的施工工艺流程：
（施工准备）→（　　　）→（　　　）…（　　　）→（竣工验收）

子任务2：根据任务1完成的施工工艺流程，指出某一实工作的紧前工作、平行工作、紧后工作。

某一实工作：（　　　），其紧前工作（　　　）、平行工作（　　　）、紧后工作（　　　）。

任务二　绘制网络图

任务描述

根据本模块任务一任务实施已经列出良庆河桥的实工作和工艺流程，完成下列任务：
子任务1：绘制该桥的单代号网络图。
子任务2：绘制该桥的双代号网络图。

知识链接

网络计划技术是现代生产管理中常用的定量分析方法，在工程施工进度管理、工期控制等方面运用较为广泛。

1. 绘制双代号网络图

1.1 双代号网络图逻辑关系的表达方法

逻辑关系是指网络计划各项工作客观存在的一种先后顺序关系，是相互依赖、相互制约的关系。逻辑关系又分为工艺逻辑关系和组织逻辑关系，其中工艺逻辑关系是由生产工艺客观上所决定的各项工作之间的先后顺序关系；组织逻辑关系是在生产组织安排中，考虑劳动力、机具、材料或工期的影响，在各项工作之间主观上安排的先后顺序关系，具体见表3-1。

网络图的绘制（1）

表 3-1　双代号网络图逻辑关系表

序号	工作间的逻辑关系	网络图中的表达方法	说明
1	A 工作完成后进行 B 工作	○─A─○─B─○	A 工作的结束节点是 B 工作的开始节点

(续)

序号	工作间的逻辑关系	网络图中的表达方法	说明
2	A、B、C 3项工作同时开始		3项工作具有共同的开始节点
3	A、B、C 3项工作同时结束		3项工作具有共同的结束节点
4	A工作完成后进行B和C工作		A工作的结束节点是B、C工作的开始节点
5	A、B工作完成后进行C工作		A、B工作的结束节点是C工作的开始节点

1.2 虚工作的作用

虚工作无工作内容，不消耗时间和资源，只是正确表达各项工作之间的逻辑关系。

虚工作的三个作用：联系作用、区分作用、断路作用。

（1）虚工作的联系作用　用虚箭线将有组织联系或工艺联系的相关工作连接起来，确保各工作的逻辑关系，如图3-15所示。

图3-15中引入虚箭线，B_2工作的开始将受到A_2和B_1两项工作的制约。

（2）虚工作的区分作用　双代号网络图中，以两个代号表示一项工作，对于同时开始、同时结束的两个平行工作的表达，需引入虚工作以示区别，如图3-16所示。

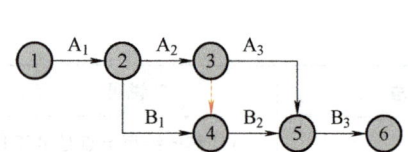

图3-15　虚工作的联系作用示意图

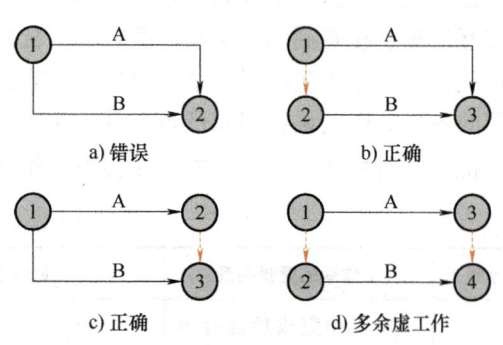

图3-16　虚工作的区分作用示意图

(3) 虚工作的断路作用 双代号网络图中,当两个工作无逻辑上的关联,需引入虚工作以示断路。

【**例 3-2**】 某基础工程挖基槽(A)、垫层(B)、基础(C)、回填土(D)四项工作的流水施工网络图。该网络图中出现了 A_2 与 C_1,B_2 与 D_1,A_3 与 C_2、D_1,B_3 与 D_2 等四处把无联系的工作联系上了,即出现了多余联系的错误,如图 3-17 所示。

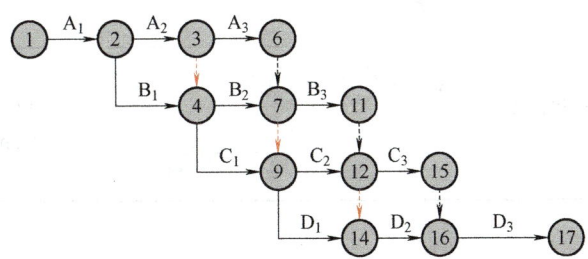

图 3-17 虚工作使用错误的示意图

考虑虚工作的断路作用后正确的网络图,如图 3-18 所示。

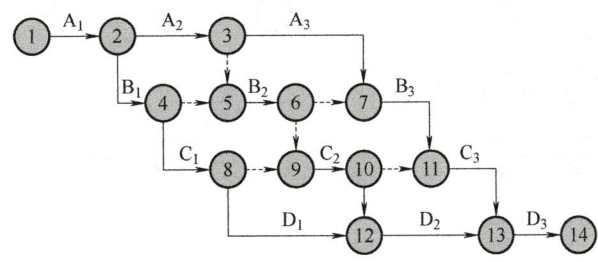

图 3-18 虚工作的断路作用示意图

为正确表述各项工作之间逻辑关系,常常引入虚工作,具体见表 3-2。

表 3-2 双代号网络图逻辑关系表

序号	工作间的逻辑关系	网络图中的表达方法	说明
1	A、B 工作完成后进行 C、D 工作		A、B 工作的结束节点是 C、D 工作的开始节点
2	A 工作完成后进行 C 工作; A、B 工作完成后进行 D 工作		引入虚箭线,使 A 工作成为 D 工作的紧前工作
3	A、B 工作完成后进行 D 工作; B、C 工作完成后进行 E 工作		加入两道虚箭线,使 B 工作成为 D、E 共同的紧前工作

（续）

序号	工作间的逻辑关系	网络图中的表达方法	说明
4	A、B、C 工作完成后进行 D 工作； B、C 工作完成后进行 E 工作	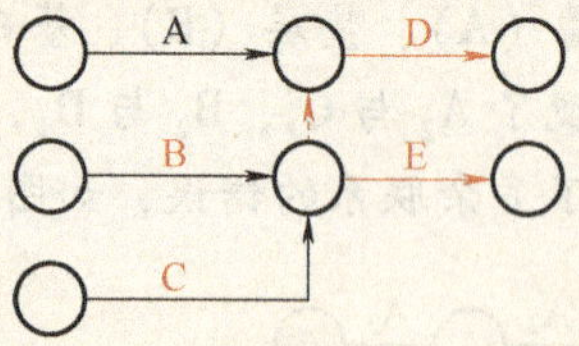	引入虚箭线，使 B、C 工作成为 D 工作的紧前工作
5	A、B 两个施工过程，按三个施工段流水施工	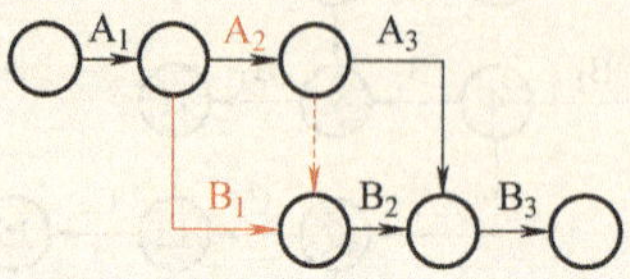	引入虚箭线，B_2 工作的开始受到 A_2 和 B_1 两项工作的制约

1.3 双代号网络图的绘制原则

1）在一个网络图中，应只有一个起点节点和一个终点节点，如图 3-19 所示。

2）网络图中不允许出现循环回路，如图 3-20 所示。

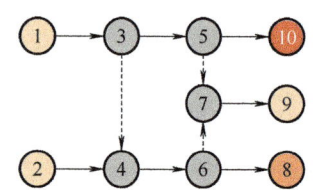

图 3-19 多个起点和终点节点的双代号网络图（错误示例）

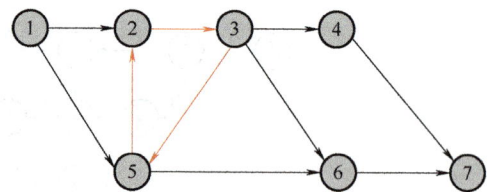

图 3-20 循环的双代号网络图（错误示例）

3）在网络图中不允许出现没有箭尾节点或没有箭头节点的箭线，如图 3-21 所示。

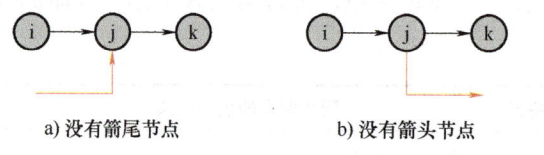

a) 没有箭尾节点　　　　b) 没有箭头节点

图 3-21 没有箭尾节点和没有箭头节点的双代号网络图（错误示例）

4）在网络图中不允许出现带有双向箭头或无箭头的连线，如图 3-22 所示。

a) 双向箭头　　　　b) 无箭头

图 3-22 双向箭头或无箭头的双代号网络图（错误示例）

5）应尽量避免箭线交叉。当交叉不可避免时，可采用过桥法、断线法等方法表示，如图 3-23 所示。

6）当网络图的起点节点有多条外向箭线或终点节点有多条内向箭线时，为使图形简洁，可用母线法绘制，如图 3-24 所示。

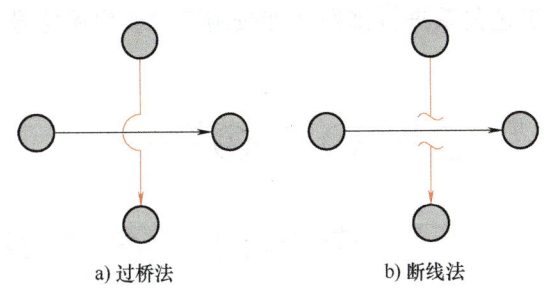

a) 过桥法　　　　　　　　b) 断线法

图 3-23　箭线交叉表示方法

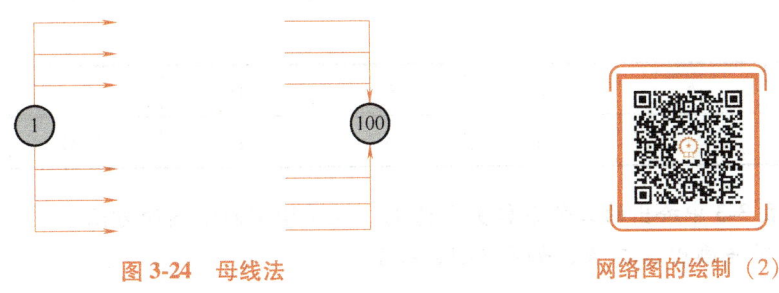

图 3-24　母线法

网络图的绘制（2）

1.4　绘制双代号网络图应注意的问题

1) 网络图布局要规整，层次清楚，重点突出。尽量采用水平箭线和垂直箭线，少用斜箭线，避免交叉箭线。

2) 减少网络图中不必要的虚箭线和节点，如图 3-25、图 3-26 所示。

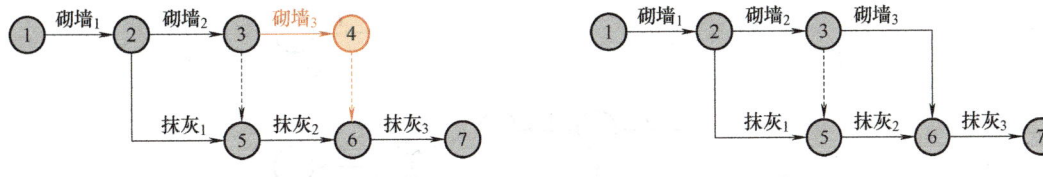

图 3-25　有多余虚工序和多余节点的网络图　　　图 3-26　去掉多余虚工序和多余节点的网络图

3) 灵活应用网络图的排列形式，便于网络图的检查、计算和调整。如可按组织关系或工艺关系进行排列。

① 水平方向表示组织关系进行排列，如图 3-27 所示。

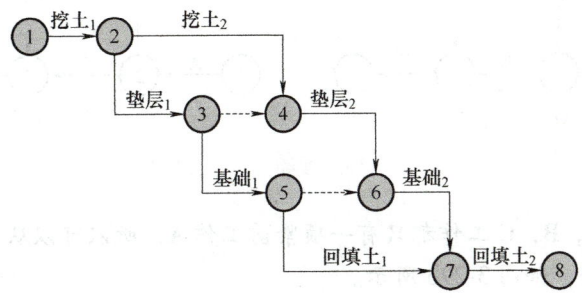

图 3-27　水平方向表示组织关系的网络图排列形式

② 以水平方向表示工艺关系进行排列（如按施工段或房屋栋号、楼层分层排列），如图 3-28 所示。

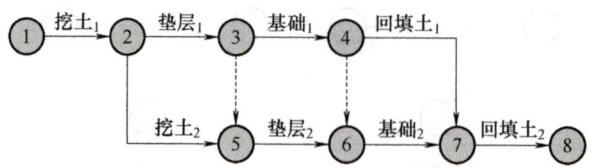

图 3-28　水平方向表示工艺关系的网络图排列形式

【例 3-3】　请根据某工程工作逻辑联系表（表 3-3）绘制双代号网络图。

表 3-3　某工程工作逻辑联系

工作名称	A	B	C	D	E	F
紧前工作	—	A	A	B	B，C	D，E

【解】　以表 3-3 中给出的工作逻辑关系为例，说明绘制网络图的方法。

1) 由起点节点画出 A 工作，如图 3-29a 所示。

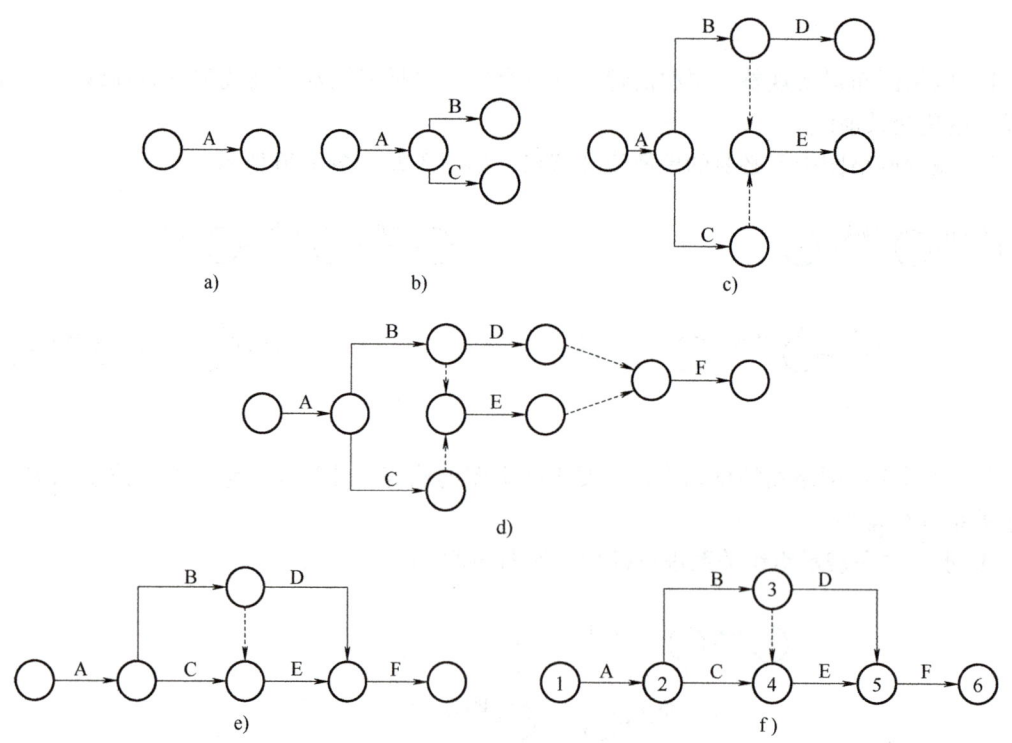

图 3-29　网络图绘制过程示意图

2) 由表 3-3 可知，B，C 工作都只有一项紧前工作 A，所以可以从 A 工作的结束节点直接引出 B、C 两项工作，如图 3-29b 所示。

3) 由表 3-3 可知，D 工作只有一项紧前工作 B，故可以直接从 B 工作结束节点引出 D

工作；E 工作有两项紧前工作 B、C，分别从 B、C 两项工作的结束节点引出两项虚工作，并交汇一个新节点，然后从这一新节点引出 E 工作，如图 3-29c 所示。

4）按与 3）中类似的方法把 F 工作标画出，如图 3-29d 所示。参照工作明细表，图 3-29d 所示网络图就是所标画的网络草图。

5）去掉多余虚工作，并对网络进行整理。从图 3-29d 去掉多余的虚工作并略加整理后，变为图 3-29e 所示图形。

6）节点编号。节点编号的原则：从左到右，从上到下，遵循箭尾节点小手箭头节点编号的原则，如图 3-29f 所示。

2. 绘制单代号网络图

2.1 单代号网络图的绘制规则

1）单代号网络图必须正确表述已定的逻辑关系。
2）在单代号网络图中，严禁出现循环回路。
3）在单代号网络图中，严禁出现双向箭头或无箭头的连线。
4）在单代号网络图中，严禁出现没有箭尾节点的箭线或没有箭头节点的箭线。
5）绘制单代号网络图时，箭线不宜交叉。当交叉不可避免时，可采用过桥法或指向法绘制。
6）单代号网络图中只应有一个起点节点和一个终点节点；当网络图中有多项起点节点或多项终点节点时，应在网络图的两端分别设置一项虚工作，作为该网络图的起点节点（St）和终点节点（Fin）。

2.2 单代号网络图的绘制方法

单代号网络图的绘制与双代号网络图的绘制基本相同，其绘制步骤如下所述。

（1）列出工作明细表　根据工程计划把工程细分为工作、并把各工作在工艺上、组织上的逻辑关系用紧前工作、紧后工作代替。

（2）根据工作间各种关系绘制网络图　绘图时，要从左向右逐个处理工作明细表中所给的关系。只有当紧前工作绘制完成后，才能绘制本工作，并使本工作与紧前工作的箭线相连。当出现多个起点节点或终点节点时，应增加虚拟起点节点或终点节点，并使之与多个起点节点或终点节点相连，形成符合绘图规则的完整网络图。

当网络图中出现多项没有紧前工作的工作节点或多项没有紧后工作的工作节点时，应在网络图的两端分别设置虚拟的起点节点或虚拟的终点节点，这虚拟的节点就是单代号网络图的虚工作，如图 3-30 所示。

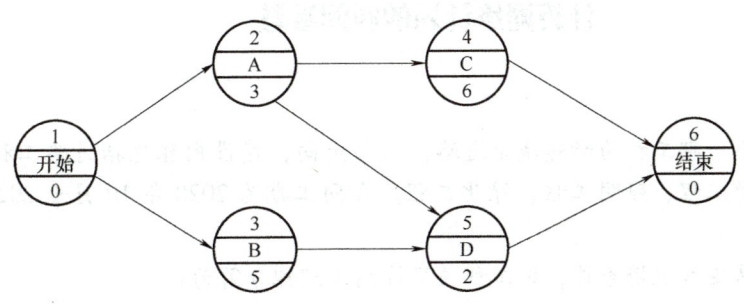

图 3-30　单代号网络图

任务实施

任务描述

任务实施参考答案

子任务1：绘制该桥的单代号网络图（不用考虑网络计划时间参数）。

子任务2：绘制该桥的双代号网络图（不用考虑网络计划时间参数）。

任务三　计算网络计划的时间参数

任务描述

某市凤凰路一期工程为新建城市道路，东西走向，建设内容包括道路工程、桥梁工程、排水工程、交通工程、照明工程、绿化工程。合同工期为2020年10月至2022年4月，合计18个月。

根据建设需要和现场条件，该工程项目计划工期拟分解为：

① 施工准备1个月。

② 道路工程施工14个月：路基施工8个月、垫层施工2个月、基层施工2个月、面层施工2个月。

③ 桥梁工程施工12个月：下部结构施工8个月、箱梁预制6个月、箱梁安装及湿接缝施工2个月、桥面系及附属施工2个月。

④ 排水工程施工4个月：沟槽开挖2个月、管道安装1个月、土方回填1个月。

⑤ 交通工程施工2个月、交通附属工程施工2个月、照明工程施工2个月、绿化工程施工2个月。

⑥ 工程修整及竣工验收1个月。

子任务1：请根据上述条件，绘制该工程项目的双代号网络图（带工作持续时间）。

子任务2：请根据任务1绘制好的双代号网络图，计算该双代号网络图的时间参数，并指出关键线路。

子任务3：请根据上述条件，绘制该工程项目的单代号网络图（带工作持续时间）。

子任务4：请根据任务3绘制好的单代号网络图，计算该单代号网络图的时间参数，并指出关键线路。

知识链接

每一项工作都有自己时间参数，包括：工作持续时间、最早开始时间、最早完成时间、最迟开始时间、最迟完成时间、自由时差、总时差。工期是指完成一项任务所需的时间，可以分为：计算工期、要求工期、计划工期。

1. 计算双代号网络计划时间参数

1.1 时间参数的概念及符号

（1）工作的持续时间（D_{i-j}） D_{i-j}表示一项工作从开始到完成的时间。

（2）工期（T） 工期是指完成一项任务所需的时间，一般有下述3种工期。

网络计划时间参数的计算（节点）

1）计算工期：根据时间参数计算所得到的工期，用T_c表示。

2）要求工期：任务委托人提出的指令性工期，用T_r表示。

3）计划工期：考虑要求工期和计算工期所确定的作为实施目标的工期，用T_p表示。

当规定了要求工期时：$T_p \leq T_r$

当未规定要求工期时：$T_p = T_c$

（3）网络计划中工作的时间参数

1）工作的最早开始时间（ES_{i-j}）：各紧前工作全部完成后，本工作有可能开始的最早时刻。

2）工作的最早完成时间（EF_{i-j}）：各紧前工作全部完成后，本工作有可能完成的最早时刻。

3）工作的最迟开始时间（LS_{i-j}）：不影响整个任务按期完成的前提下，工作必须开始的最迟时刻。

4）工作的最迟完成时间（LF_{i-j}）：在不影响整个任务按期完成的前提下，工作必须完成的最迟时刻。

5）时差：可以提前或延缓某项工作而不影响其他工作或总进度的时间，称为该项工作的时差。没有时差的工作称为关键工作。

6）自由时差（FF_{i-j}）：指本工作利用的机动时间，不影响其紧后工作最早开始的时差，称为自由时差。

7）总时差（TF_{i-j}）：本工作可利用的机动时间，不影响总进度（其他工作）的时差，称为总时差。

1.2 计算网络图各时间参数

计算双代号网络图的时间参数的方法有节点计算法、工作计算法、图上计算法和标号法等，本任务介绍工作计算法。

网络计划时间参数的计算（双代号）

工作计算法是以网络计划中的工作为对象，直接计算各项工作的时间参数。其常采用的时间标注形式及每个参数的位置如图 3-31 所示。

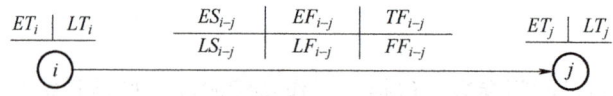

图 3-31 双代号网络图时间参数标注形式

【例 3-4】 某双代号网络计划如图 3-32 所示，试用工作计算法进行时间参数的计算。

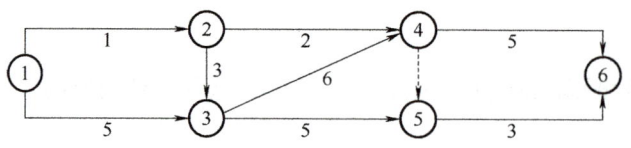

图 3-32 双代号网络图

【解】 1）计算工作的最早开始时间和最早完成时间，如图 3-33 所示。从起点节点开始，顺着箭头方向依次进行。

① 以起点节点为开始节点的工作，当未规定最早开始时间时，最早开始时间为零。

② 最早完成时间=最早开始时间+该工作的持续时间。

③ 其他工作的最早开始时间等于其紧前工作最早完成时间的最大值。

④ 计算工期等于以终点节点为完成节点的工作的最早完成时间的最大值。

2）确定网络计划的计划工期。当未规定要求工期时：$T_p = T_c$。

3）计算最迟完成时间和最迟开始时间，如图 3-34 所示。从网络计划的终点节点开始，逆箭线方向依次进行。

① 以终点节点为完成节点的工作，其最迟完成时间等于网络计划的计划工期。

② 工作的最迟开始时间=最迟完成时间-该工作的持续时间。

③ 其他工作的最迟完成时间等于其紧后工作最迟开始时间的最小值。

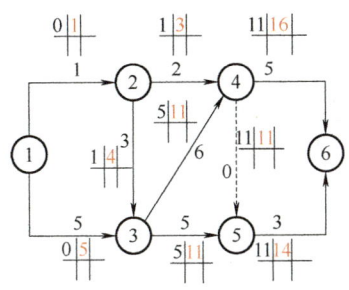
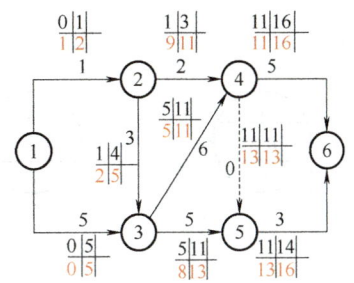

图 3-33 双代号网络图最早时间计算　　　图 3-34 双代号网络图最迟时间计算

4）计算工作的总时差。工作的总时差等于该工作最迟完成时间与最早完成时间之差，或该工作最迟开始时间与最早开始时间之差，如图 3-35 所示。

5）计算工作的自由时差，如图 3-35 所示。

① 无紧后工作的工作，其由时差等于计划工期与本工作最早完成时间之差。

② 有紧后工作的工作，其由时差等于本工作的紧后工作最早开始时间−本工作最早完成时间所得之差的最小值。

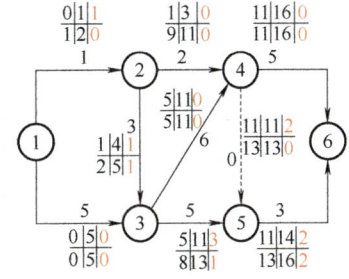

图 3-35 双代号网络图计算结果

6）确定关键工作和关键线路。总时差最小的工作为关键工作，将关键工作首尾相连，得到至少一条从起点到终点的线路，总持续时间最长的线路为关键线路。

2. 计算单代号网络计划时间参数

【例 3-5】 已知网络计划如图 3-36 所示，试用图上计算法计算各项工作的 6 个时间参数，并确定工期，标出关键线路。

【解】 解题思路与双代号网络图解题思路基本一致。

1）计算工作的最早可能开始和完成时间，如图 3-37 所示。

网络计划时间
参数的计算（单代号）

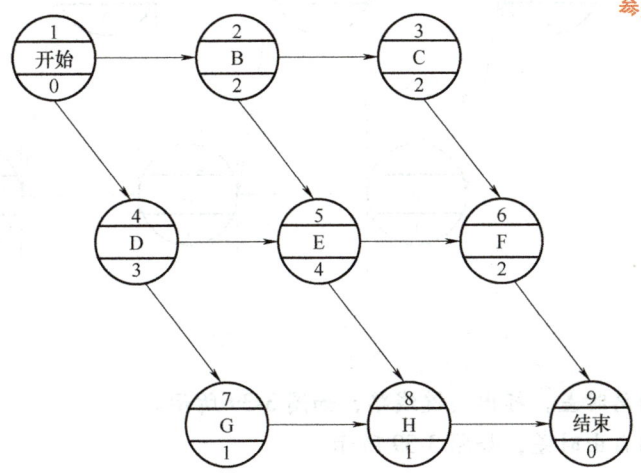

图 3-36 某单代号网络图

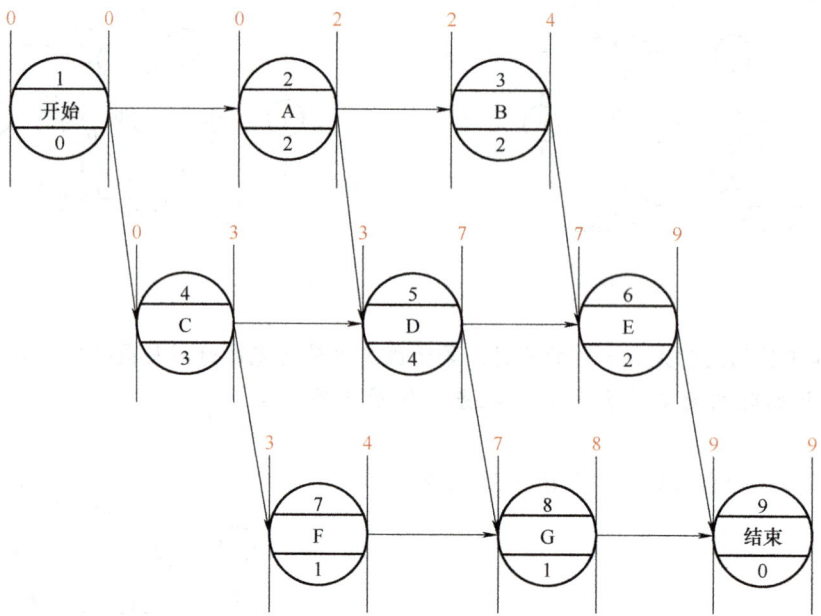

图 3-37 某单代号网络图最早时间计算

2）计算工作的最迟开始和完成时间，如图 3-38 所示。

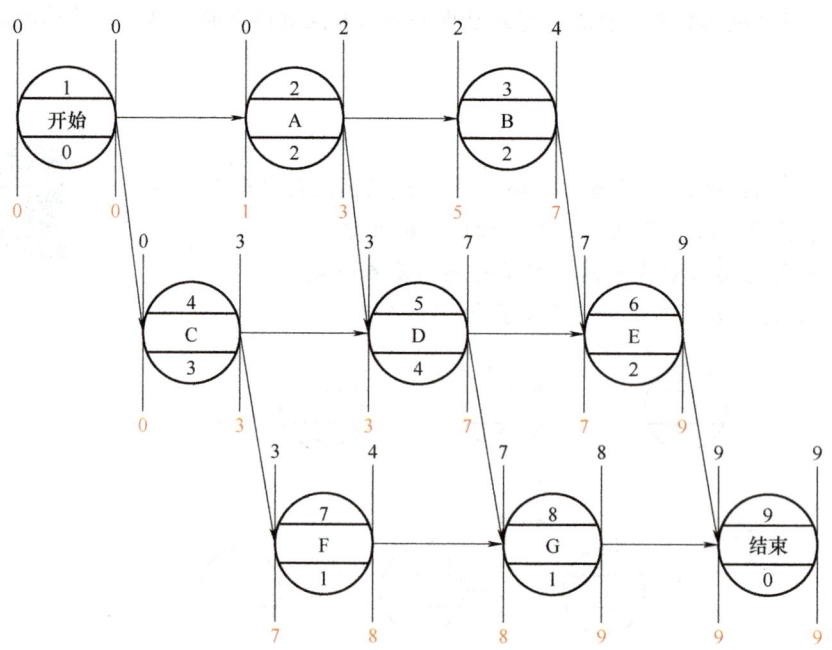

图 3-38 某单代号网络图最迟时间计算

3）计算工作的总时差，标出关键线路，如图 3-39 所示。
4）计算工作的自由时差，如图 3-39 所示。

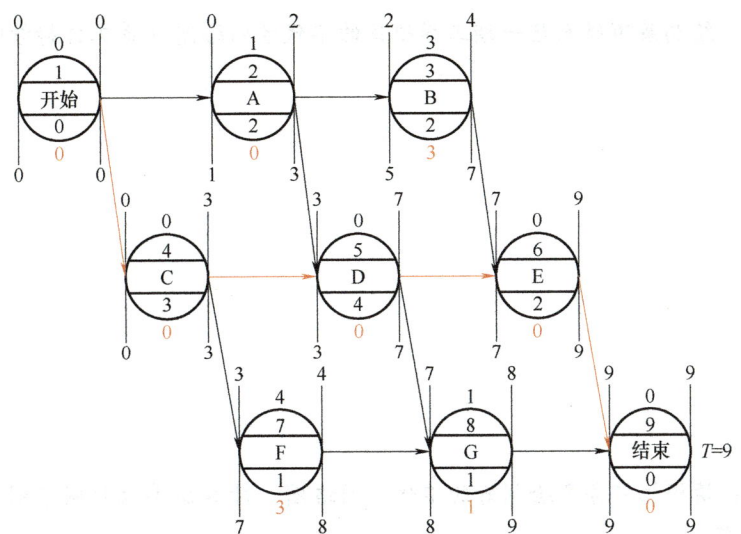

图3-39 某单代号网络图计算结果

任务实施

任务描述

任务实施参考答案

子任务1：绘制某市凤凰路一期工程项目的双代号网络图（带工作持续时间）。

子任务2：请根据任务1绘制好的双代号网络图，计算该双代号网络图的时间参数，并指出关键线路。

子任务3：绘制某市凤凰路一期工程项目的单代号网络图（带工作持续时间）。

子任务4：请根据任务3绘制好的单代号网络图，计算该单代号网络图的时间参数，并指出关键线路。

任务四　绘制双代号时标网络图

任务描述

某市凤凰路一期工程实施桩号为K0+000~K1+524.225，为便于组织施工，施工单位将排水工程划分为2个施工段：No.1合同段桩号为K0+000~K0+937.629，No.2合同段桩号为K0+937.629~K1+524.225。按照施工流程，每个施工段均需按沟槽开挖、管道安装、土方回填三个施工步骤完成施工。由于地形限制，各个工段的排水工程量不尽相同。计划工期22周。

根据建设需要和现场条件，该排水工程项目计划工期拟分解为：
1) 施工准备1周。
2) No.1合同段：沟槽开挖6周、管道安装6周、土方回填2周。
3) No.2合同段：沟槽开挖6周、管道安装6周、土方回填2周。
4) 整修及验收1周。

子任务1：请根据上述的条件，组织流水施工并绘制该排水工程项目的双代号网络图。
子任务2：请根据任务1绘制好的双代号网络图，绘制双代号时标网络图。

知识链接

项目的进度管理一般以横道图或者网络图形式表现出来。横道图和网络图各有优缺点，能不能把两者结合起来，在网络图中也体现出横道图的优点？

案例：某两个同型基础组织施工，可分为挖土、垫层、砖基础三个施工过程，持续时间分别为：4天、2天、6天。试对其组织流水施工，编制进度计划图。

1) 绘制其流水施工横道图，如图3-40所示。

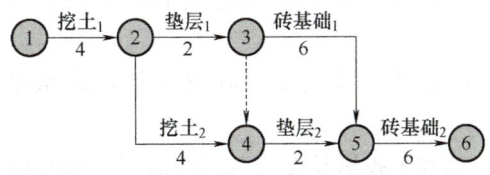

图 3-40　流水施工横道图

2）绘制其双代号网络图，如图 3-41 所示。

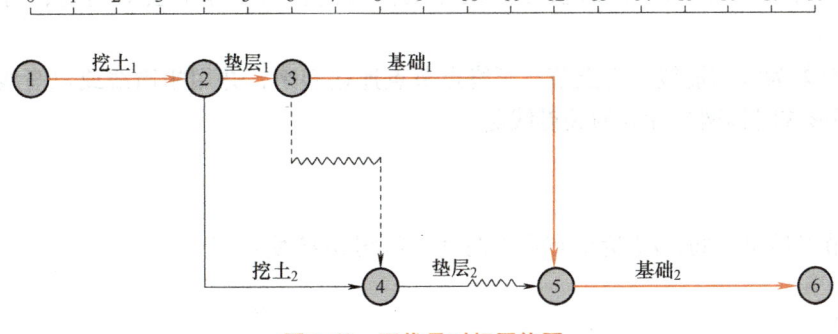

图 3-41　双代号网络图

3）绘制其双代号时标网络图，如图 3-42 所示。

图 3-42　双代号时标网络图

1. 认知时间坐标网络计划

双代号时标网络计划是网络计划的一种表现形式，以时间坐标为尺度编制的网络计划，如图 3-42 所示。在双代号时标网络计划中，箭线长短和所在位置表示工作的时间进程。根据表达工序时间含义的不同可分为早时标网络计划和迟时标网络计划。

网络计划时间参数的计算（时标网络）

2. 绘制时标网络计划的一般规定

1）时标网络计划必须以水平时间坐标为尺度表示工作时间。时标的单位应该在编制网络计划前根据需要确定，可以是时、天、周、月、季。

2）时标网络计划以实箭线表示实工作，虚箭线表示虚工作，以波形线表示工作的自由时差。

3）时标网络计划中所有符号在时间坐标上的水平投影都必须与其时间参数相对应，节点中心必须对准相应的时间位置。

4）虚工作必须以垂直方向的虚箭线表示，有时差时加波形线表示。

3. 时标网络计划的绘制方法

绘制时标网络计划的绘制方法有两种，即直接法绘制和间接法绘制，本书介绍采用间接法绘制早时标网络计划。其绘制步骤如下：

1）绘制无时标网络计划草图，计算时间参数（节点参数），确定关键工作和关键线路。

2）绘制时间坐标，以 T 为依据。

3）根据网络图中各节点的最早时间，从起点节点开始将各节点逐个定位在时间坐标上。

4）从节点依次向外绘出箭线。箭线最好画成水平或由水平线和竖直线组成的折线箭线。

如箭线画成斜线，则以其水平投影长度为其持续时间。如箭线长度不够则应与该工作的结束节点直接相连，用波形线从箭线端部画至结束节点处。波形线的水平投影长度即为该工作的时差。

5）用虚箭线连接工艺和组织逻辑关系。在时标网络计划中，有时会出现虚线的投影长度不等于零的情况，其水平投影长度为该虚工作与前、后工作的公共时差，可用波形线表示。

6）把时差为零的箭线从起点节点到终点节点连接起来，并用粗箭线或双箭线或彩色箭线表示，即形成时标网络计划的关键线路。

4. 计算双代号网络计划的节点时间参数

ET 为节点最早时间；LT 为节点最迟时间，如图 3-43 所示。

图 3-43 节点时间示意图

1）节点最早时间 ET_i 的计算。

$$ET_i = \begin{cases} 0 & （i\text{ 节点为始节点}）\\ ET_h + D_{h-i} & （i\text{ 节点前面有一个节点}）\\ \max(ET_h + D_{h-i}) & （i\text{ 节点前面有多个节点}） \end{cases}$$

D 为工作持续时间，i 为本节点，h 为紧前节点。

2）节点最迟时间 LT_i 的计算。

$$LT_i = \begin{cases} T_C & （i\text{ 节点为终节点}）\\ LT_j - D_{i-j} & （i\text{ 节点后面有一个节点}）\\ \min(LT_j - D_{i-j}) & （i\text{ 节点后面有多个节点}） \end{cases}$$

D 为工作持续时间，i 为本节点，j 为紧后节点。

【例 3-6】 节点时间参数计算示例，如图 3-44 所示。

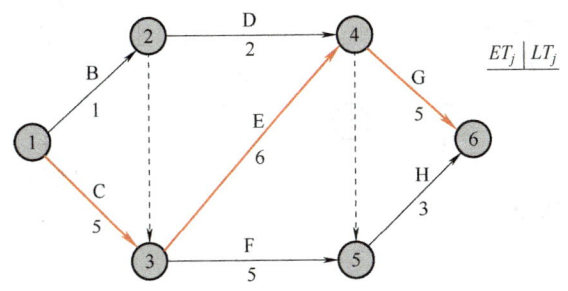

图 3-44 某双代号网络图

1) 节点最早时间 ET_i 的计算，如图 3-45 所示。

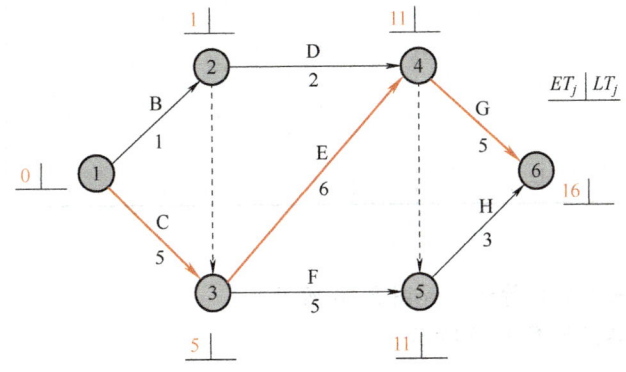

图 3-45 节点最早时间计算

2) 节点最迟时间 LT_i 的计算，如图 3-46 所示。

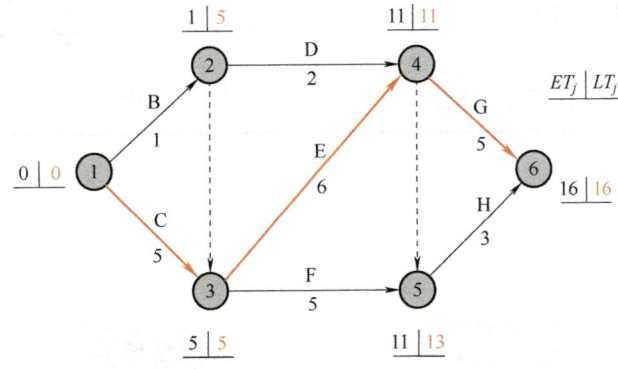

图 3-46 节点最迟时间计算

【例 3-7】 利用间接法绘制时标网络计划，要求将以下无时标网络计划（图 3-47）改绘为早时标网络计划。

【解】 1）计算网络图节点时间参数，如图3-48所示。

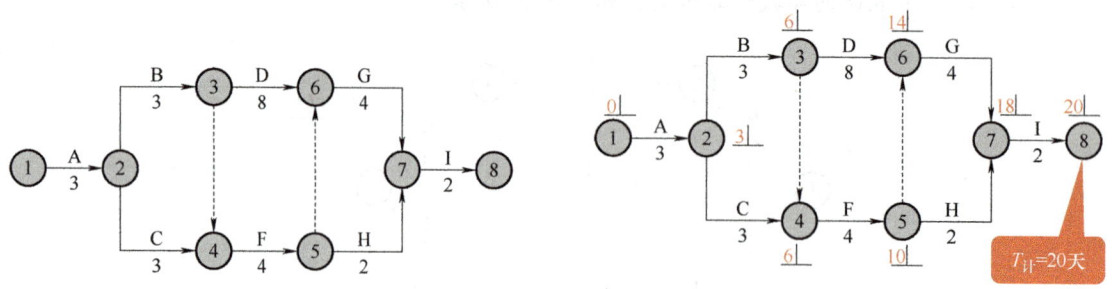

图3-47　无时标网络计划　　　　图3-48　节点时间参数计算

2）绘制时间坐标网，并在时间坐标网中确定节点位置，如图3-49所示。

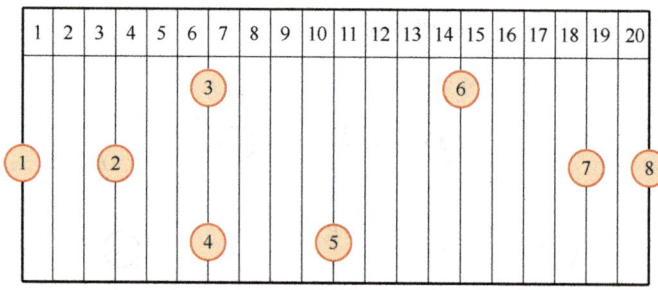

图3-49　时间坐标网

3）从节点依次向外引出箭线，如图3-50所示。
4）标明关键线路，如图3-50所示。

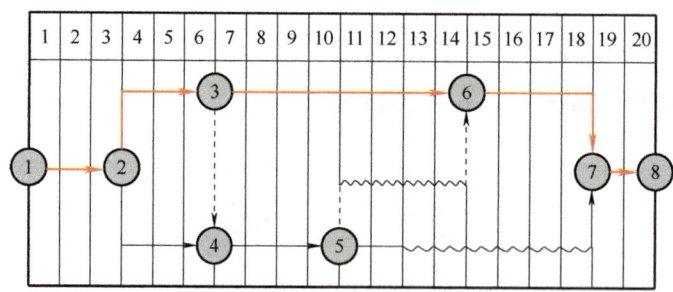

图3-50　双代号时标网络计划图

任务实施

任务描述　　　　任务实施参考答案

子任务1：请根据本任务的任务描述的条件，组织流水施工并绘制该排水工程项目的双代号网络图。

子任务2：请根据任务1绘制的双代号网络图，绘制双代号时标网络图。

任务五　优化网络计划

任务描述

某市凤凰路一期工程实施桩号为 K0+000～K1+524.225，为便于组织施工，施工单位将排水工程划分为 2 个施工段：No.1 合同段桩号为 K0+000～K0+937.629，No.2 合同段桩号为 K0+937.629～K1+524.225。按照施工流程，每个施工段均需按沟槽开挖、管道安装、土方回填三个施工步骤完成施工。由于地形限制，各个工段的排水工程量不尽相同。计划工期 22 周。

根据建设需要和现场条件，该排水工程项目计划工期拟分解为：

1) 施工准备 1 周。
2) No.1 合同段：沟槽开挖 6 周（4 周）、管道安装 6 周（4 周）、土方回填 2 周（1 周）。
3) No.2 合同段：沟槽开挖 6 周（4 周）、管道安装 6 周（4 周）、土方回填 2 周（1 周）。
4) 整修及验收 1 周。

括号外数据为工作正常持续时间，括号内数据为工作最短持续时间。

子任务1：请根据上述的条件，组织流水施工并绘制该排水工程项目正常持续时间的双代号网络图。

子任务2：请根据任务1绘制好的双代号网络图，假定要求工期为 18 周，试对该原始网络计划进行工期优化。

知识链接

网络计划的优化，就是在满足既定约束条件下，按选定目标，通过不断改进网络计划而寻求满足方案。

项目管理的三大目标控制就是工期、费用和质量。网络计划的优化，按其优化达到的目标不同，可分为工期优化、费用优化、资源优化。

1. 工期优化

工期优化是指网络计划的计算工期不满足要求工期时，通过压缩关键工作的持续时间以满足要求工期目标的过程。

网络计划工期优化的基本方法是在不改变网络计划中各项工作之间逻辑关系的前提下，通过压缩关键工作的持续时间来达到优化目标。在工期优化过程中，按照经济合理的原则，不能将关键工作压缩成非关键工作。此外，当工期优化过程中出现多条关键线路时，必须将各条关键线路的总持续时间压缩为相同数值；否则将不能有效地缩短工期。

网络计划优化
（工期优化）

工期优化的步骤如下：

1) 计算并找出初始网络计划的关键线路和关键工作。

2) 按要求工期计算应缩短的时间 ΔT。

$$\Delta T = T_c - T_r$$

式中　T_c——网络计划的计算工期；

　　　T_r——网络计划的要求工期。

3) 确定各关键工作能缩短的持续时间，按以下因素考虑要压缩的关键工作：

① 缩短持续时间后对质量和安全影响不大的关键工作。

② 有充足备用资源的关键工作。

③ 缩短持续时间需增加费用最少的关键工作。

4) 将所选定的关键工作的持续时间压缩至最短，并重新确定计算工期和关键线路。若被压缩的工作变成非关键工作，则应延长其持续时间，使之仍为关键工作。

5) 当计算工期仍超过要求工期时，则重复上述步骤 2) ~4)，直至计算工期满足要求工期或计算工期已不能再压缩为止。

6) 当所有关键工作的持续时间都已达到其能缩短的极限寻求不到继续缩短工期的方案，但网络计划的计算工期仍不能满足要求工期时，应对网络计划的原技术方案、组织方案进行调整，或对要求工期重新审定。

【例3-8】　已知某网络计划如图3-51所示。图中箭线下方括号外数据为工作正常持续时间，括号内数据为工作最短持续时间。假定要求工期20天，试对该原始网络计划进行工期优化。

【解】　1) 找出网络计划的关键线路、关键工作，确定计算工期。

如图3-52所示。关键线路：①→③→④→⑤→⑦，$T = 25$（天）。

2) 计算初始网络计划需缩短的时间 $t = 25 - 20 = 5$（天）。

3) 确定各项工作可能压缩的时间。

①→③工作可缩2天；③→④工作可压缩2天；④→⑤工作可压缩2天；⑤→⑦工作可压缩2天。

4) 选择优先压缩的关键工作。

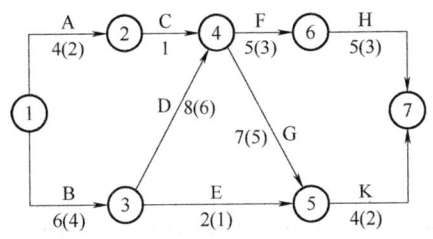

图 3-51 某双代号网络计划图

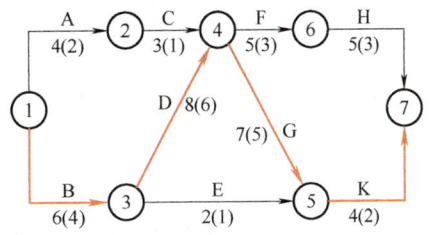

图 3-52 网络计划图的关键线路、关键工作

考虑优先压缩条件，首先选择⑤→⑦工作，因其备用资源充足，且缩短时间对质量无太大影响。

⑤→⑦工作可压缩2天，但压缩后，①→③→④→⑥→⑦线路成为关键线路，⑤→⑦工作变成非关键工作。为保证压缩的有效性，⑤→⑦工作压缩1天。此时关键工作有两条，工期为24天，如图3-53所示。

按要求工期尚需压缩4天，根据压缩条件，选择①→③工作和③→④工作进行压缩。分别压缩至最短工作时间，如图3-54所示，关键线路仍为两条，工期为20天，满足要求，优化完毕。

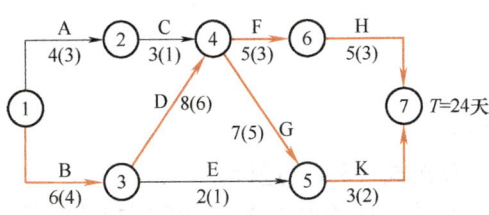

图 3-53 优先压缩⑤→⑦工作

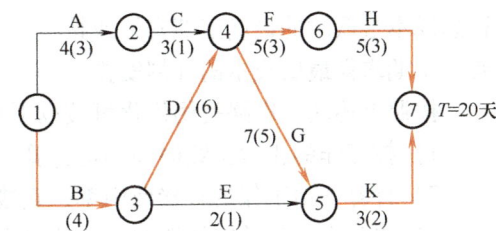

图 3-54 工期优化后的网络图

2. 费用优化

费用优化又称工期成本优化，是指寻求工程总成本最低时的工期安排或按要求工期寻求最低成本的计划安排过程。本书主要讨论总成本最低时的工期安排。

网络计划优化（费用优化）（1）

2.1 费用和工期的关系

安装工程费用主要由直接费用和间接费用组成。一般情况下，缩短工期会引起直接费用的增加和间接费用的减少，延长工期则会引起直接费用的减少和间接费用的增加。

在考虑工程总费用时，应考虑工期变化带来的诸如拖延工期罚款或者提前竣工而得到的奖励等其他损益，以及提前投产而获得的收益和资金的时间价值。

为了计算方便，可以近似地将直接费用曲线假定为一条直线，通常将缩短单位时间所增加的直接费用称为直接费用率 C_{i-j}。

$$\Delta C_{i-j} = \frac{CC_{i-j} - CN_{i-j}}{DN_{i-j} - DC_{i-j}} \tag{3-1}$$

式中　ΔC_{i-j}——$i{\rightarrow}j$ 工作的直接费用率；
　　　CC_{i-j}——i-j 工作的最短持续时间的直接费用；
　　　CN_{i-j}——i-j 工作的正常持续时间的直接费用；
　　　DN_{i-j}——i-j 工作的正常持续时间；
　　　DC_{i-j}——i-j 工作的最短持续时间。

总费用和工期的关系曲线如图 3-55 所示，图中总费用曲线上的最低点就是工程计划的最优方案，此方案工程成本最低，其相应的工期称为最优工期。在实际操作中，要达到这一点很困难，在这点附近一定范围内都可算作最优计划。

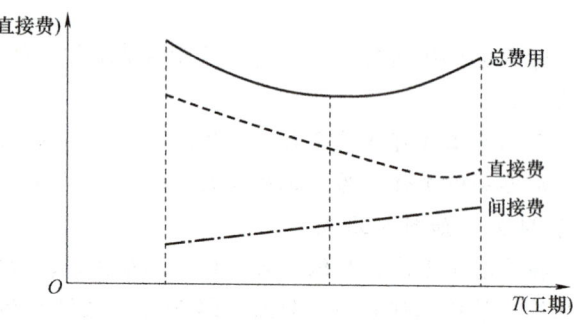

图 3-55　工期—费用关系示意图

2.2　费用优化的步骤

费用优化的基本思路是不断地在网络计划中找出直接费用率（或组合直接费用率）最小的关键工作，缩短其持续时间，同时考虑间接费随工期缩短而减少的数值，最后求得工程总成本最低时的最优工期安排或按要求工期求得最低成本的计划安排。

按照上述基本思路费用优化可按以下步骤进行：

1）按工作的正常持续时间确定计算工期和关键线路。

2）计算各项工作的直接费用率，直接费用率的计算按式（3-1）进行。

3）当只有一条关键线路时，应找出直接费用率最小的一项关键工作作为缩短持续时间的对象，当有多条关键线路时，应找出组合直接费用率最小的一组关键工作，作为缩短持续时间的对象。

4）对于选定的压缩对象（一项关键工作或一组关键工作），首先比较其直接费用率或组合直接费用率与工程间接费用率的大小。

① 如果被压缩对象的直接费用率或组合直接费用率大于工程间接费用率，说明压缩关键工作的持续时间会使工程总费用增加，此时应停止缩短关键工作的持续时间，在此之前的方案即为优化方案。

② 如果被压缩对象的直接费用率或组合直接费用率等于工程间接费用率，说明压缩关键工作的持续时间不会使工程总费用增加，故应缩短关键工作的持续时间。

③ 如果被压缩对象的直接费用率或组合直接费用率小于工程间接费用率，说明压缩关键工作的持续时间会使工程的总费用减少，故应缩短关键工作的持续时间。

5）当需要缩短关键工作的持续时间时，其缩短值的确定必须符合下列两条原则：

① 缩短后工作持续时间不能小于其最短持续时间。

② 缩短持续时间的工作不能变成非关键工作。

6）计算关键工作持续时间缩短后相应增加的总费用。

7）重复上述 3）~6）步骤，直至计算工期满足要求工期或被压缩对象的直接费用率或组合直接费用率大于工程间接费用率为止。

8)计算优化后的工程总费用。

【例 3-9】 已知某工程双代号网络计划如图 3-56 所示,图中箭线下方括号外数字为工作的正常时间,括号内数字为最短持续时间;箭线上方括号外数字工作按正常持续时间完成时所需的直接费,括号内数字为工作按最短持续时间完成时所需的直接费。该工程的间接费用率为 0.8 万元/d,试对其进行费用优化。(费用单位:万元,时间单位:d)。

网络计划优化
(费用优化)(2)

【解】 该网络计划的费用优化可按以下步骤进行:

1)根据各项工作的正常持续时间,用标号法确定网络计划的计算工期和关键线路,如图 3-57 所示。计算工期为 19d,关键线路有两条:即①→③→④→⑥ 和①→③→④→⑤→⑥。

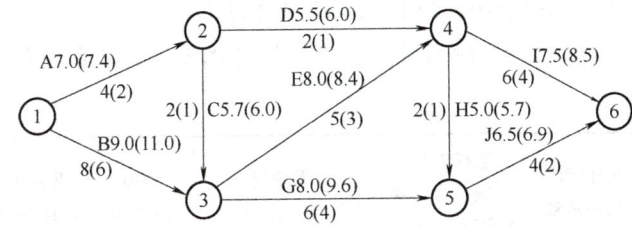

图 3-56 初始网络计划

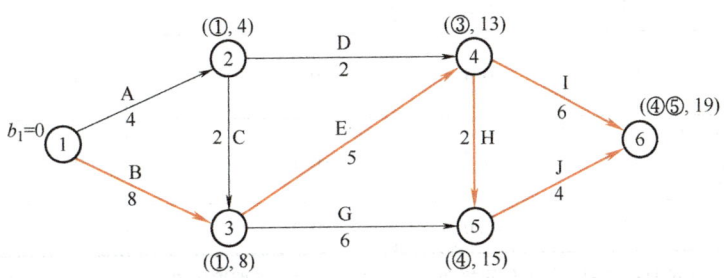

图 3-57 初始网络计划中的关键路线

2)计算各项工作的直接费用率:

$$\Delta C_{1-2} = \frac{CC_{1-2} - CN_{1-2}}{DN_{1-2} - DC_{1-2}} = \frac{7.4 - 7.0}{4 - 2} = 0.2 \text{ (万元/d)}$$

$$\Delta C_{1-3} = \frac{CC_{1-3} - CN_{1-3}}{DN_{1-3} - DC_{1-3}} = \frac{11.0 - 9.0}{8 - 6} = 1.0 \text{ (万元/d)}$$

$$\Delta C_{2-3} = \frac{CC_{2-3} - CN_{2-3}}{DN_{2-3} - DC_{2-3}} = \frac{6.0 - 5.7}{2 - 1} = 0.3 \text{ (万元/d)}$$

$$\Delta C_{2-4} = \frac{CC_{2-4} - CN_{2-4}}{DN_{2-4} - DC_{2-4}} = \frac{6.0 - 5.5}{2 - 1} = 0.5 \text{ (万元/d)}$$

$$\Delta C_{3-4} = \frac{CC_{3-4} - CN_{3-4}}{DN_{3-4} - DC_{3-4}} = \frac{8.4 - 8.0}{5 - 3} = 0.2 \text{ (万元/d)}$$

$$\Delta C_{3-5}=\frac{CC_{3-5}-CN_{3-5}}{DN_{3-5}-DC_{3-5}}=\frac{9.6-8.0}{6-4}=0.8 \text{（万元/d）}$$

$$\Delta C_{4-5}=\frac{CC_{4-5}-CN_{4-5}}{DN_{4-5}-DC_{4-5}}=\frac{5.7-5.0}{2-1}=0.7 \text{（万元/d）}$$

$$\Delta C_{4-6}=\frac{CC_{4-6}-CN_{4-6}}{DN_{4-6}-DC_{4-6}}=\frac{8.5-7.5}{6-4}=0.5 \text{（万元/d）}$$

$$\Delta C_{5-6}=\frac{CC_{5-6}-CN_{5-6}}{DN_{5-6}-DC_{5-6}}=\frac{6.9-6.5}{4-2}=0.2 \text{（万元/d）}$$

3）计算工程总费用：

① 直接费总和：$C_d = 7.0+9.0+5.7+5.5+8.0+8.0+5.0+7.5+6.5=62.2$（万元）

② 间接费总和：$C_i = 0.8 \times 19 = 15.2$（万元）

③ 工程总费用：$C_t = C_d + C_i = 62.2 + 15.2 = 77.4$（万元）

4）通过压缩关键工作的持续时间进行费用优化（优化过程见表 3-4）。

表 3-4 优化表

压缩次数	被压缩的工作代号	被压缩的工作名称	直接费用率或组合直接费用率/（万元/d）	费率差/（万元/d）	缩短时间/d	费用增加值/万元	总工期/d	总费用/万元
0	—	—	—	—	—	—	19	77.4
1	③→④	E	0.2	−0.6	1	−0.6	18	76.8
2	③→④ ⑤→⑥	E, J	0.4	−0.4	1	−0.4	17	76.4
3	④→⑥ ⑤→⑥	I, J	0.7	−0.1	1	−0.1	16	76.3
4	①→③	B	1.0	+0.2				

注：费率差是指工作的直接费用率与工程间接费用率之差，它表示工期缩短单位时间时工程总费用增加的数值。

① 第一次压缩：由图 3-56 可知，该网络计划中有两条关键线路，为了同时缩短两条关键线路的总持续时间，有以下 4 个压缩方案：

方案 1：压缩工作 B，直接费用率为：1.0（万元/d）；

方案 2：压缩工作 E，直接费用率为：0.2（万元/d）；

方案 3：同时压缩工作 H 和工作 I，组合直接费用率为：0.7+0.5=1.2（万元/d）；

方案 4：同时压缩工作 I 和工作 J，组合直接费用率为：0.5+0.2=0.7（万元/d）。

在上述压缩方案中，由于 E 工作的直接费用率最小，故应选择工作 E 作为压缩对象。工作 E 的直接费用率 0.2 万元/d，小于间接费用率 0.8 万元/d，说明压缩工作 E 可使工程总费用降低。将工作 E 的持续时间压缩至最短持续时间 3d，利用标号法重新确定计算工期和关键线路，如图 3-58 所示。

此时，关键工作 E 被压缩成非关键工作，故将其持续时间延长为 4d，使成为关键工作。

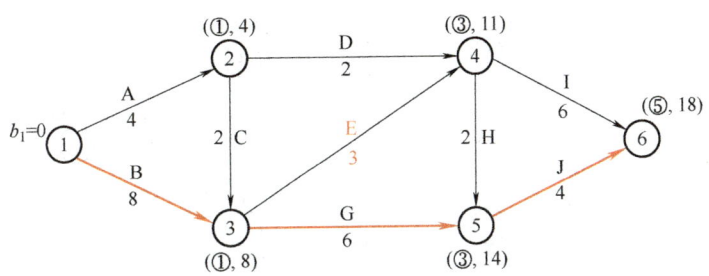

图 3-58 工作 E 压缩至最短时的关键线路

第一次压缩后的网络计划如图 3-59 所示。图中箭线上方括号内数字为工作的直接费用率。

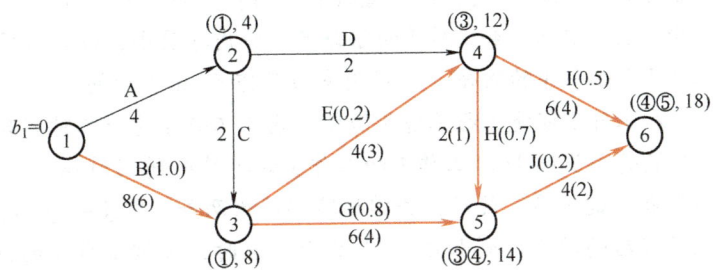

图 3-59 第一次压缩后的网络计划

② 第二次压缩：由图 3-59 可知，该网络计划中有 3 条关键线路，即①→③→④→⑥、①→③→④→⑤→⑥和①→③→⑤→⑥。为了同时缩短 3 条关键线路的总持续时间，有以下 5 个压缩方案：

方案 1：压缩工作 B，直接费用率为：1.0（万元/d）；

方案 2：同时压缩工作 E 和工作 G，组合直接费用率为：0.2+0.8=1.0（万元/d）；

方案 3：同时压缩工作 E 和工作 J，组合直接费用率为：0.2+0.2=0.4（万元/d）；

方案 4：同时压缩工作 G、工作 H 和工作 I，组合直接费用率为：0.8+0.7+0.5=2.0（万元/d）；

方案 5：同时压缩工作 I 和工作 J，组合直接费用率为：0.5+0.2=0.7（万元/d）。

在上述压缩方案中，由于工作 E 和工作 J 的组合直接费用率最小，故应选择工作 E 和工作 J 作为压缩对象。工作 E 和工作 J 的组合直接费用率 0.4 万元/d，小于间接费用率 0.8 万元/d，说明同时压缩工作 E 和工作 J 可使工程总费用降低。由于工作 E 的持续时间只能压缩 1d，工作 J 的持续时间也只能随之压缩 1d。工作 E 和工作 J 的持续时间同时压缩 1d 后，利用标号法重新确定计算工期和关键线路。此时，关键线路由压缩前的 3 条变为 2 条，即①→③→④→⑥和①→③→⑤→⑥。原来的关键工作 H 未经压缩而被动地变成了非关键工作。第二次压缩后的网络计划如图 3-60 所示。此时，关键工作 E 的持续时间已达最短，不能再压缩，故其直接费用率变为无穷大。

③ 第三次压缩：由图 3-60 可知，由于工作 E 不能再压缩，而为了同时缩短两条关键线路①→③→④→⑥和①→③→⑤→⑥的总持续时间，只有以下 3 个压缩方案：

方案 1：压缩工作 B，直接费用率为：1.0（万元/d）；

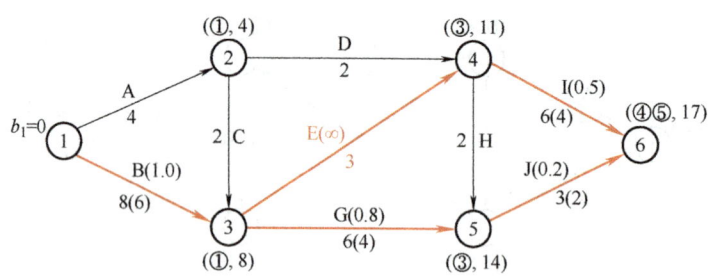

图 3-60 第二次压缩后的网络计划

方案 2：同时压缩工作 G 和工作 I，组合直接费用率为：0.8+0.5=1.3（万元/d）；

方案 3：同时压缩工作 I 和工作 J，组合直接费率为：0.5+0.2=0.7（万元/d）。

上述压缩方案中，由于工作 I 和工作 J 的组合直接费用率最小，故应选择工作 I 和工作 J 作为压缩对象。工作 I 和工作 J 的组合直接费用率 0.7 万元/d 小于间接费用率 0.8 万元/d，说明同时压缩工作 I 和工作 J 可使工程总费用降低。由于工作 J 的持续时间只能压缩 1d，工作 I 的持续时间也只能随之压缩 1d。工作 I 和工作 J 的持续时间同时压缩 1d 后，利用标号法重新确定计算工期和关键线路。此时，关键线路仍然为两条，即①→③→④→⑥和①→③→⑤→⑥。第三次压缩后的网络计划如图 3-61 所示。此时，关键工作 J 的持续时间也已达最短，不能再压缩，故其直接费用率变为无穷大。

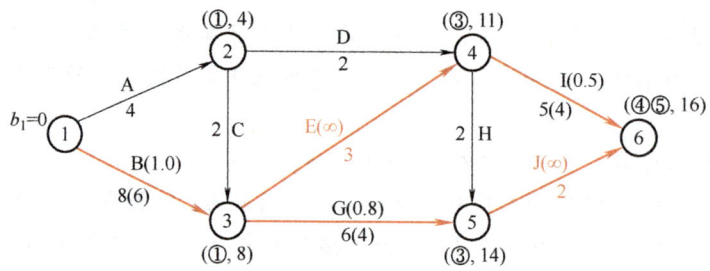

图 3-61 第三次压缩后的网络计划

④ 第四次压缩：从图 3-61 可知，由于工作 E 和工作 J 不能再压缩，而为了同时缩短两条关键线路①→③→④→⑥和①→③→⑤→⑥的总持续时间，只有以下两个压缩方案：

方案 1：压缩工作 B，直接费用率为：1.0（万元/d）；

方案 2：同时压缩工作 G 和工作 l，组合直接费用率为：0.8+0.5=1.3（万元/d）。

在上述压缩方案中，由于工作 B 的直接费用率小，故应选择工作 B 作为压缩对象。但是，由于工作 B 的直接费用率 1 万元/d，大于间接费用率 0.8 万元/d，说明压缩工作 B 会使工程总费用增加。因此，不需要压缩工作 B，优化方案已得到，优化后的网络计划如图 3-62 所示。图中箭线上方括号内数字为工作的直接费。

⑤ 计算优化后的工程总费用：

直接费总和：C_{d0} = 7.0+9.0+5.7+5.5+8.4+8.0+5.0+8.0+6.9=63.5（万元）

间接费总和：C_{i0} = 0.8×16=12.8（万元）

工程总费用：$C_{t0} = C_{d0}+C_{i0}$ = 63.5+12.8=76.3（万元）

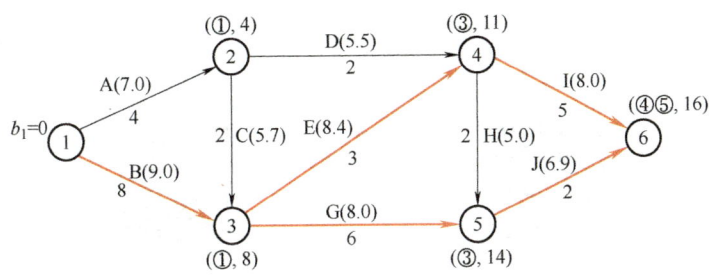

图 3-62 费用优化后的网络计划

3. 资源优化

资源是完成一项任务所投入的人力、材料、机械设备、资金等。完成一项工作所需要的资源基本上是不变的，所以资源优化是通过改变工作的开始时间和完成时间使资源均衡。一般情况下网络计划的资源优化分为两种：资源有限-工期最短和工期固定-资源均衡。

资源优化的前提条件是：①不改变网络计划中各工作之间的逻辑关系；②不改变各工作的持续时间；③一般不允许中断工作，除规定可中断的工作之外。

3.1 资源有限—工期最短的优化

优化步骤如下：

1）绘制早时标网络计划，并计算每个单位时间的资源需求量 R_t。

单位时间资源需求量等于平行的各个工作资源强度之和（各工作的单位时间资源需求量）。

2）从计划开始之日起（从网络起始节点开始到网络终点节点），逐个检查每个时间段的资源需求量 R_t 是否超过所能供应的资源限量 R_a，如果出现资源需求量 R_t 超过资源限量 R_a 的情况，则要对资源冲突的诸工作做新的顺序安排，采用的方法是将一项工作排在另一项工作之后开始，选择的标准是工期延长最短。一般调整的次序为先调整时差大的、资源小的（在同一时间中调整工作的资源之和小的）工作。

3.2 工期固定—资源均衡的优化

工期固定—资源均衡的优化是指在保持工期不变的情况下，调整工程施工进度计划，使资源需要量尽可能均衡。这样有利于工程建设的组织与管理，降低工程施工费用。

优化步骤如下：

1）绘制时标网络计划并计算每天资源需求量。

2）确定削峰目标，削峰值等于单位时间需求量的最大值减去一个需求单位。

3）从网络终点节点开始向网络开始节点优化，逐一调整非关键工作（调整关键工作会影响工期），调整的次序为先迟后早，相同时，调整时差大的工作，如再相同时调整后资源接近于平均资源的工作。

4）按下列公式确定工作是否调整。

$$R_t + r_{ij} - R_n \leq 0$$

5）绘制调整后的网络计划，并计算单位时间资源需求量。

6）重复 2）~5）步骤直至峰值不能再调整时为止。

任务实施

任务描述

任务实施参考答案

子任务1：绘制某市凤凰一期工程的排水工程项目正常持续时间的双代号网络图。

子任务2：请根据任务1绘制好的双代号网络图，假定要求工期为18周，试对该原始网络计划进行工期优化。

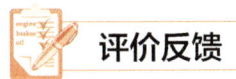

一、自我评价

根据本模块的学习目标,运用所学知识,完成"自我测试",进行自我评测,并将评测结果填入表3-5中。

自我测试

表3-5 自我评测表

班级:		组号:		姓名:		学号:	
模块三 编制并优化网络计划							
题号	自测题1		自测题2		自测题3	自测题4	自测题5
满分	10		10		10	10	10
得分								
题号	自测题6		自测题7		自测题8	自测题9	自测题10
满分	10		10		10	10	10
得分								
合计								

二、小组评价(表3-6)

表3-6 小组评价表

班级:		组号:		姓名:		学号:	
模块三 编制并优化网络计划							
评价内容	查阅规范等资料能力	任务完成质量	任务完成效率	团队合作	职业素养	创新意识	
	10分	30分	20分	10分	10分	20分	
任务一 认识网络计划技术							
任务二 绘制网络图							
任务三 计算网络计划的时间参数							
任务四 绘制双代号时标网络图							
任务五 优化网络计划							
得分							
组长签名:				日期:			

注:本模块共设置5个任务,得分取5个任务的平均值。

三、教师评价（表3-7）

表3-7 教师评价表

班级：		组号：		姓名：		学号：	
模块三 编制并优化网络计划							
	评价内容		分值	评价依据		得分	备注
过程评价 （60分）	认识网络计划技术		5	掌握网络计划基本概念，并能区分哪些工作是紧前工作、平行工作、紧后工作			
	绘制网络图		15	掌握网络图逻辑关系的表达方法，并能绘制双代号、单代号网络图			
	计算网络计划时间的参数		15	掌握双代号网络计划时间参数的计算，具备单代号网络计划时间参数计算的能力			
	绘制双代号时标网络图		10	熟悉时标网络计划的一般规定，具备绘制双代号时标网络图的能力			
	优化网络计划		15	掌握工期优化的方法，熟悉费用优化和资源优化，具备进行工期优化的能力			
成果评价 （40分）	成果质量		15	成果符合题干要求，符合行业和规范要求			
	成果展示		10	能够准备表达、汇报工作成果			
	在小组中所起的作用		10	积极参与团队工作，主动完成所分配的任务			
	成果创新		5	成果有自己的见解，独特新颖			
合计							
教师签名：				日期：			

知识拓展

通过前面的学习，我们知道施工进度计划的表现形式有：横道图、双代号网络图、单代号网络图、双代号时标网络图，那么，每种计划图有什么优缺点呢？请见表3-8。

表3-8 施工进度计划图优缺点对比图

序号	施工进度计划表现形式	优点	缺点
1	横道图	表达施工进度计划：形象、直观、绘制比较简单，容易理解	无法体现工序之间的逻辑关系，无法明确关键工作和关键线路，无法机动调整工序时间

（续）

序号	施工进度计划表现形式	优点	缺点
2	双代号网络图	能体现各工程之间的制约和依赖关系，很好地体现各工序施工的先后顺序，通过时差计算找到关键线路，有利于对施工工期的动态控制，根据工程需要机动调整	表达施工进度计划：比较抽象、绘制比较麻烦，不好理解和掌握
3	单代号网络图	跟双代号网络图优点相似；单代号网络图的绘制比双代号网络图的绘制简单	跟双代号网络图缺点相似
4	双代号时标网络图	结合了横道图和双代号网络图的优点	绘制比较麻烦，需要同时掌握横道图和网络图，不好理解和掌握

思考1：横道图常用于哪些项目？
思考2：网络图适用于哪些项目？

模块四

认知工程施工准备

 知识图谱

本模块需要完成"认知技术准备、认知物资准备、认知组织准备、认知现场准备"四个学习任务,其知识图谱如图 4-1 所示。

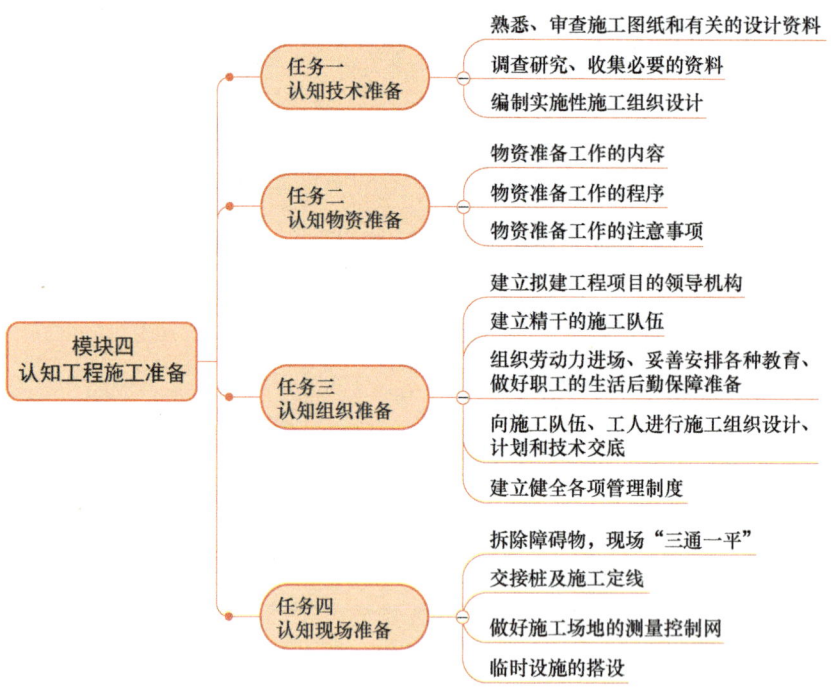

图 4-1 知识图谱(认知工程施工准备)

 学习目标

素质目标

1. 培养爱岗敬业的职业操守、社会责任感和担当精神。
2. 培养"磨刀不误砍柴工"的工匠精神。
3. 培养"兵马未动,粮草先行"的意识。

模块四 认知工程施工准备

知识目标

1. 掌握施工准备的基本内容。
2. 熟悉技术准备的内容。
3. 熟悉组织准备的内容。
4. 熟悉物资准备的内容。
5. 熟悉现场准备的内容。

能力目标

1. 掌握图纸会审、技术交底的内容。
2. 能够根据项目特点选择项目经理部和机构设置。
3. 能够根据项目特点选择合适的物资。
4. 能够根据项目特点进行现场"三通一平"建设。

引导案例

某市水厂一期配套主干管工程，拟建 DN1000~DN2200 球墨铸铁管给水管，路线为：石埠水厂→石洲路→石埠路→罗文大道→高新大道→安吉大道→秀厢大道→金桥路→甘泉路，管道最终接入规划新建金桥加压站。工程总投资约 174296 万元，其中工程费 129682 万元。管线全长约 29.2km，其中 DN2000 管道总长度为 13.8km，DN2200 管道总长为 8.6km，DN1800 管道总长为 5.4km，DN1000 管道总长度为 1.4km。其中罗文大道段长度 1000m，工程范围包括：城市主干道、地下管线、路基路面工程、绿化工程等。计划开工日期 2024 年 5 月 22 日，竣工期日 2024 年 9 月 17 日，工期 118 天。该段施工现场为城市主干道上，交通复杂，为保质保量保期完成施工任务，项目部在开工前做好相应的施工准备工作。

任务一　认知技术准备

任务描述

子任务1：请根据石埠水厂一期配套主干管工程概述（详见引导案例），列举该项目工程技术准备具体工作有哪些？

子任务2：石埠水厂一期配套主干管工程在开展技术准备工作时，相关人员参加了图纸会审会议，并做了会议纪要。请指出应由谁主持会议，谁参加会议？参加图纸会审会议各方人员的主要工作职责是什么？

子任务3：通称"两算"是指什么？施工企业签订工程承包合同的重要依据都有什么？施工企业内部控制各项成本支出的依据都有什么？

知识链接

技术准备是施工准备的核心，是确保工程质量、工期、施工安全和降低成本、增加企业经济效益的关键，由于任何技术的差错或隐患都可能引起人身安全和质量事故，造成人身、财产和经济的巨大损失，因此必须认真地做好技术准备工作。

鉴于技术准备的重要性，需要从业者具备严谨、细致、负责的态度。技术准备主要包括熟悉与审查施工图纸、调查研究和收集资料、编制施工组织设计、编制施工图预算和施工预算文件等。

1. 熟悉、审查施工图纸和有关的设计资料

1.1 熟悉、审查设计图纸的目的

技术准备

1）充分了解设计意图、结构构造特点、技术要求、质量标准，以免发生施工指导性错误，方能按照设计图纸的要求顺利地进行施工，生产出符合设计要求的最终工程产品。

2）通过审查发现设计图纸中存在的问题和错误，并在施工之前改正，为拟建工程的施工提供一份准确、齐全的设计图纸以便及时改正，确保工程顺利施工。

3）结合具体情况，提出合理化建议和协商有关配合施工等事宜，以确保工程质量、安全，降低工程成本和缩短工期。

4）能够在拟建工程开工之前，使从事施工技术和经营管理的工程技术人员充分了解和掌握设计图纸的设计意图、结构与构造特点和技术要求。

1.2 熟悉、审查施工图纸的依据

1）建设单位和设计单位提供的初步设计或扩大初步设计（技术设计）、施工图设计、总平面图、土方竖向设计和城市规划等资料文件。

2）调查搜集的原始资料。

3）设计、施工验收规范和有关技术规定。

1.3 熟悉施工图纸的重点内容和要求

1）审查拟建工程的地点、总平面图同国家、城市或地区规划是否一致，以及工程或构筑物的设计功能和使用要求是否符合卫生、防火及美化城市方面的要求。

2）审查设计图纸是否完整、齐全，以及设计和资料是否符合国家有关工程建设的设计、施工方面的方针和政策。

3）审查设计图纸与说明书在内容上是否一致，以及设计图纸与其各组成部分之间有无矛盾和错误。

4）审查总平面图与其他结构图在几何尺寸、坐标、标高、说明等方面是否一致，技术要求是否正确。

5）审查地基处理与基础设计同拟建工程地点的工程水文、地质等条件是否一致，以及工程与地下建筑物或构筑物、管线之间的关系。

6）明确拟建工程的结构形式和特点，复核主要承重结构的强度、刚度和稳定性是否满足要求，审查设计图纸中的工程复杂、施工难度大和技术要求高的分部分项工程或新结构、新材料、新工艺，检查现有施工技术水平和管理水平能否满足工期和质量要求并采取可行的技术措施加以保证。

7）明确建设期限、分期分批投产或交付使用的顺序和时间，以及工程所用的主要材料、设备的数量、规格、来源和供货日期。

8）明确建设、设计和施工等单位之间的协作、配合关系，以及建设单位可以提供的施工条件。

1.4 熟悉、审查设计图纸的程序

熟悉审查设计图纸的程序通常分为自审、会审和现场签证3个阶段。

(1) 自审阶段 施工单位收到拟建工程的设计图纸和有关技术文件后应尽快组织有关的工程技术人员熟悉和自审图纸，写出自审图纸的记录。自审图纸的记录应包括对设计图纸的疑问和对设计图纸的有关建议。

(2) 会审阶段 一般由建设单位主持，设计单位、监理单位和施工单位参加，四方进行设计图纸的会审。图纸会审时，首先由设计单位的工程主要设计人员向与会者说明拟建工程的设计依据、意图和功能要求，并对特殊结构、新材料、新工艺和新技术提出设计要求；然后施工单位根据自审记录以及对设计意图的了解，提出对设计图纸的疑问和建议。图纸会审过程中，监理单位应将各专业的施工图分发给相应专业的各专业监理工程师，将各专业的施工图吃透，找出错误、遗漏、缺项等问题，并应检查施工图执行强制性规范及现行施工验收标准的情况，各专业汇总，将专业之间及建筑、结构、水暖、电、之间的碰、缺找出来，形成文字性的纪要，供图纸会审时用。最后在四方统一认识的基础上，对所探讨的问题逐一做好记录，形成图纸会审纪要，由建设单位正式行文，参加单位共同会签、盖章，作为与设计文件同时使用的技术文件和指导施工的依据，以及建设单位与施工单位进行工程结算的依据，并列入工程预算和工程技术档案。施工图纸会审的重点内容主要如下：

1）审查拟建工程的地点、建筑总平面图是否符合国家或当地政府的规划，是否与规划部门批准的工程项目规模形式、平面立面图一致，在设计功能和使用要求上是否符合卫生、防火及美化城市等方面的要求。

2）审查施工图纸与说明书在内容上是否一致，施工图纸是否完整、齐全，各种施工图纸之间、各组成部分之间是否有矛盾和差错，图纸上的尺寸、标高、坐标是否准确、一致。

3）审查地上与地下工程、土建与安装工程、结构与装修工程等施工图之间是否有矛盾或是否会发生干扰，地基处理、基础设计是否与拟建工程所在地点的水文、地质条件等相符合。

4）当拟建工程采用特殊的施工方法和特定的技术措施，或工程复杂、施工难度大时，应审查施工单位在技术上、装备条件上或特殊材料、构配件的加工订货上有无困难，能否满足工程施工安全和工期的要求，采取某些方法或措施后，是否能满足设计要求。

5）明确建设期限、分期分批投产或交付使用的顺序、时间；明确建设、设计和施工单位之间协作、配合关系；明确建设单位所能提供的各种施工条件及完成的时间，建设单位提供的设备种类规格、数量及到货日期等。

6）对设计和施工提出的合理化建议是否被采纳或部分采纳；施工图纸中不明确或有疑问的地方，设计单位是否解释清楚等。

(3) 现场签证阶段 在拟建工程施工的过程中，如果发现施工条件与设计图纸不符，或发现图纸中仍有错误，或因为材料的规格、质量不能满足设计要求，或因为施工单位提出了合理化建议，需要对设计图纸进行及时修订时，应遵循技术核定和设计变更的签证制度，进行图纸的施工现场签证。如果设计变更的内容对拟建工程的规模、投资影响较大时，要报请项目的原批准单位批准。施工现场的图纸修改、技术核定和设计变更资料，都要有正式的文字记录，归入拟建工程施工档案，作为指导施工、竣工验收和工程结算的依据。

2. 调查研究、收集必要的资料

2.1 施工调查的意义和目的

通过原始资料的调查分析，可以为编制出合理的、符合客观实际的施工组织设计文件提供全面、系统、科学的依据；为图纸会审、编制施工图预算和施工预算提供依据；为施工企业管理人员进行经营管理、决策提供可靠的依据。

施工调查分为投标前的施工调查和中标后的施工调查两个部分。投标前的施工调查的目的是摸清工程条件，为制订投标策略和报价服务；中标后的施工调查的目的是查明工程环境特点和施工条件，为选择施工技术与组织方案收集基础资料，以此作为准备工作的依据；中标后的施工调查是建设项目施工准备工作的一个组成部分。

2.2 施工调查的步骤

(1) 拟订调查提纲 原始资料调查应有计划、有目的地进行，在调查工作开始之前，根据拟建工程的性质、规模、复杂程度等涉及的内容，以及当地的原始资料，拟订出原始资料调查提纲。

(2) 确定调查收集原始资料的单位 向建设单位、勘察单位和设计单位调查收集资料，如工程项目的计划任务书、工程项目地址选择的依据资料，工程地质、水文地质勘察报告，地形测量图，初步设计、扩大初步设计、施工图以及工程概预算资料；向当地气象台（站）调查有关气象资料；向当地主管部门收集现行的有关规定及对工程项目具有指导性文件，了解类似工程的施工经验，了解各种建筑材料供应情况、构（配）件制品的加工能力和供应情况，以及能源、交通运输和生活状况，参加施工单位的能力和管理状况等。对缺少的资料，应委托有关专业部门加以补充；对有疑点的资料要进行复查或重新核定。

(3) 进行施工现场实地勘察 原始资料调查，不仅要向有关单位收集资料了解有关情况，还要到施工现场调查现场环境，必要时进行实际勘测工作。向周围的居民调查和核实书面资料中的疑问和认为不确定的问题，使调查资料更切合实际和完整，并增加感性认识。

(4) 科学分析原始资料 科学分析调查中获得的原始资料。要确认其真伪程度，去伪存真、去粗取精、分类汇总，结合工程项目实际，对原始资料的真实情况进行逐项分析，找出有利因素和不利因素，尽量利用其有利条件，采取措施防止不利因素的影响。

2.3 施工调查的内容

(1) 调查有关工程项目特征与要求的资料

1) 向建设单位和主体设计单位了解并取得可行性研究报告、工程地址选择、扩大初步设计等方面的资料，以便了解建设目的、任务、设计意图。

2) 弄清设计规模、工程特点。

3) 了解生产工艺流程与工艺设备的特点及来源。

4) 摸清工程分期、分批施工，配套交付使用的顺序要求，图纸交付的时间，以及工程施工的质量要求和技术难点等。

(2) 调查施工场地及附近地区自然条件方面的资料 建设地区自然条件调查内容主要包括：建设地点的气象、地形、地貌、工程地质、水文地质、场地周围环境、地上障碍物和地下的隐蔽物等情况。详细内容见表4-1。这些资料主要来源于当地的气象台（站），工程项目的勘察设计单位和主体设计单位以及施工单位进行施工现场调查和勘测的结果。主要作用是为确定施工方法和技术措施,编制施工组织计划和设计施工平面布置提供依据。

表 4-1 施工现场条件调查表

序号	项目		调查内容	调查目的
1	气象	气温	1. 年平均,最高、最低、最冷、最热月的逐月平均温度,结冰期、解冻期 2. 冬、夏季室外计算温度 3. 低于-3℃、0℃、5℃的天数、起止时间	1. 防暑降温 2. 冬期施工措施安排 3. 估计混凝土、砂浆强度增长情况
		雨(雪)	1. 雨(雪)期起止时间 2. 全年降雨(雪)量、最大降雨(雪)量 3. 年雷暴日数	1. 雨(雪)期施工措施安排 2. 工地排水、防涝 3. 防雷
		风	1. 主导风向及频率 2. 大于8级风全年天数、时间	1. 布置临建设施 2. 高空作业及吊装措施
2	地形地质	地形	1. 区域地形图 2. 工程位置地形图 3. 该区域的城市规划 4. 控制桩、水准点的位置	1. 选择施工用地 2. 布置施工总平面图 3. 计算现场平整土方量 4. 掌握障碍物及数量
		地质	1. 通过地质勘察报告,弄清地质剖面图、各层土的类别及厚度、地基土强度的有关结论等 2. 地下各种障碍物,坑井问题等 3. 水质分析	1. 选择土方施工方法 2. 确定地基处理方法 3. 确定基础施工方案 4. 障碍物拆除和坑井问题处理
		地震	地震级别及历史记载情况	确定施工方案
3	水文地质	地下水	1. 最高、最低水位及时间 2. 流向、流速及流量	1. 基础施工方案的选择 2. 确定是否降低地下水位及方法 3. 水的侵蚀性及施工注意事项
		地面水	1. 附近江河湖泊及距离 2. 洪水、枯水时期 3. 水质分析	1. 拟定临时给水方案 2. 确定施工防洪措施

(3)建设地区技术经济条件调查 建设地区技术经济条件调查的主要内容包括:地方建筑企业资源条件,地方交通运输条件,水、电、蒸汽等条件;参加施工单位的情况以及社会劳动力和生活设施等。

1)地方建筑生产企业调查。地方建筑生产企业主要是指建筑构件厂、木工厂、金属结构厂、硅酸盐制品厂、砖厂、水泥厂、石灰厂和建筑设备厂等。其主要调查内容见表 4-2。资料来源主要是当地计划、经济及建筑业管理部门,主要作用是为确定材料、构(配)件、制品等的货源、供应方式,以及为编制运输计划、规划场地和临时设施等提供依据。

表 4-2 地方建筑生产企业调查表

序号	企业名称	产品名称	单位	规格	质量	生产能力	生产方式	出厂价格	运距	运输方式	单位运价	备注

2）地方资源条件调查。地方资源主要是指碎石、砾石、块石、砂石和工业废料（如矿渣、炉渣和粉煤灰）等，其作用是合理选用地方性建材，降低工程成本，其调查内容见表4-3。

表4-3 地方资源条件调查表

序号	材料名称	产地	储藏量	质量	开采量	出厂价	供应能力	运距	单位运价

3）地方交通运输条件的调查。建筑施工中主要的交通运输方式一般有水运、铁路运输、公路运输和其他运输方式。交通运输条件调查主要是向当地铁路、公路、水运、航空运输管理部门的有关业务部门收集有关资料，主要作用是决定选用材料和设备的运输方式，进行运输业务的组织，其调查内容见表4-4。

表4-4 地方交通运输条件调查表

序号	项目	调查内容	调查目的
1	铁路	1. 邻近铁路专用线、车站至工地的距离及沿途运输条件 2. 站场卸货线长度，起重能力和储存能力 3. 装载单个货物的最大尺寸、质量的限制	1. 选择运输方式 2. 制订运输计划
2	公路	1. 主要材料产地至工地的公路等级、路面构造、路宽及完好情况，允许最大载重量，途经桥涵等级、允许最大尺寸、最大载重 2. 当地专业运输机构及附近村镇能提供的装卸、运输能力（t/km）、汽车、畜力、人力车的数量及运输效率，运费、装卸费 3. 当地有无汽车修配厂、修配能力和至工地距离	
3	水运	1. 货源、工地至邻近河流、码头渡口的距离，道路情况 2. 洪水、平水、枯水期时，通航的最大船只及吨位，取得船只的可能性 3. 码头装卸能力、最大起重量，增设码头的可能性 4. 渡口的渡船能力：同时可载汽车、马车数，每日次数，能为施工提供能力 5. 运费、渡口费、装卸费	

4）水、电、蒸汽条件的调查。水、电和蒸汽是施工不可缺少的条件，资料来源主要是当地城市建设、电业、电信等管理部门和建设单位。主要用作选用施工用水、用电和供蒸汽方式的依据，其调查内容见表4-5。

表4-5 水、电、蒸汽条件调查表

序号	项目	调查内容	调查目的
1	供排水	1. 工地用水与当地现有水源连接的可能性，可供水量、接管地点、管径、材料、埋深、水压、水质及水费，至工地距离，沿途地形、地物状况 2. 自选临时江河水源的水质、水量、取水方式、至工地距离，沿途地形地物状况，自选临时水井的位置、深度、管径、出水量和水质 3. 利用永久性排水设施的可能性，施工排水的去向、距离和坡度，有无洪水影响，防洪设施状况	1. 确定生活、生产供水方案 2. 确定工地排水方案和防洪设施 3. 拟订供排水设施的施工进度计划

(续)

序号	项目	调查内容	调查目的
2	供电	1. 当地电源位置、引入的可能性、可供电的容量、电压、导线截面和电费，引入方向、接线地点及其至工地距离、沿途地形、地貌状况 2. 建设单位和施工单位自有的发（变）电设备的型号、台数和容量 3. 利用邻近电讯设施的可能性，电话、电信局等至工地的距离，可能增设电信设备、线路的情况	1. 确定供电方案 2. 确定通信方案 3. 拟订供电、通信设施的施工进度计划
3	蒸汽等	1. 蒸汽来源，可供蒸汽量，接管地点、管径、埋深，至工地距离，沿途地形地貌状况、蒸汽价格 2. 建设、施工单位自有锅炉的型号、台数和能力，所需燃料及水质标准 3. 当地或建设单位可能提供的压缩空气、氧气的能力，至工地距离	1. 确定生产、生活用气的方案 2. 确定压缩空气、氧气的供应计划

5）参加施工的施工单位的调查和地方社会劳动力条件调查见表 4-6。

表 4-6 施工单位和地方社会劳动力调查表

序号	项目	调查内容	调查目的
1	工人	1. 工人的总数、各专业工种的人数、能投入本工程的人数 2. 专业分工及一专多能情况 3. 定额完成情况	1. 了解总、分包单位的技术管理水平 2. 选择分包单位 3. 为编制施工组织设计提供依据
2	管理人员	1. 管理人员总数、各种人员比例及其人数 2. 工程技术人员的人数，专业构成情况	
3	施工机械	1. 名称、型号、规格、台数及其新旧程度 2. 总装备程度：技术装备率和动力装备率 3. 拟增购的施工机械明细表	
4	施工经验	1. 历史上曾经施工过的主要工程项目 2. 习惯采用的施工方法，曾采用过的先进施工方法 3. 科研成果和技术更新情况	
5	主要指标	1. 劳动生产率指标：全员、建安劳动生产率 2. 质量指标：产品优良及合格率 3. 安全指标：安全事故频率 4. 降低成本指标：成本计划、实际降低率 5. 机械化施工程度 6. 机械设备完好率、利用率	
6	劳动力	当地能支援的劳动力人数、技术水平、来源和收费标准	拟订劳动力计划

（4）社会生活条件调查　生活设施的调查是为建立职工生活基地，为确定临时设施提供依据。其主要内容如下：

1)周围地区能为施工利用的房屋类型、面积、结构、位置、使用条件和满足施工需要的程度,附近主副食供应、医疗卫生、商业服务条件,公共交通、邮电条件,消防治安机构的支援能力,这些调查对于在新开拓地区的施工特别重要。

2)附近地区机关、居民、企业分布状况及作息时间、生活习惯和交通情况,施工时吊装、运输、打桩、用火等作业所产生的安全问题、防火问题,以及振动、噪声、粉尘、有害气体、垃圾、泥浆、运输散落物等对周围人们的影响及防护要求,工地内外绿化、文物古迹的保护要求等。

(5) 其他调查 如果涉及国际工程、国外施工项目,调查内容要更加广泛,如汇率、进出海关的程序与规则,项目所在国的法律、法规和政治经济形势,业主资信等情况都要进行详细的了解。

3. 编制实施性施工组织设计

为了使复杂的项目工程的各项工作在施工中得到合理安排,有条不紊地进行,必须做好施工的组织工作和计划安排,施工组织设计是根据设计文件、工程情况、施工期限及施工调查资料,拟订施工方案,内容包括各项工程的施工期限、施工顺序、施工方法、工地布置、技术措施、施工进度以及劳动力的调配,机器、材料和供应日期等。

由于市政工程生产的技术经济特点,工程没有一个通用定型的、一成不变的施工方法,所以,每个市政工程项目都需要分别确定施工组织方法,也就是分别编制施工组织设计作为组织和指导施工的重要依据。

📰 任务实施

任务描述　　　　　　任务实施参考答案

子任务1:针对石埠水厂一期配套主干管工程,该工程技术准备具体工作有:_____、_____、_____、_____。

子任务2:石埠水厂一期配套主干管工程在开展技术准备工作时,相关人员参加了图纸会审会议,并做了会议纪要。请问:

主持会议:( )。

参加会议:( )、( )、( )。

参加会议各方人员主要工作职责:( )、( )、( )、( )。

子任务3:"两算"是指:( )、( )。

施工企业签订工程承包合同的重要依据是:_____。

施工企业内部控制各项成本支出的依据是:_____。

模块四　认知工程施工准备

任务二　认知物资准备

任务描述

子任务1：请根据石埠水厂一期配套主干管工程概述（详见引导案例），指出该项目工程物资准备具体工作有哪些？

子任务2：请根据石埠水厂一期配套主干管工程概述（详见引导案例）和任务1物资准备具体工作，列举工程需要准备材料物资名称。

子任务3：石埠水厂一期配套主干管工程罗文大道段长度1000m，工程范围包括：城市主干道、地下管线、路基路面工程、绿化工程等。对于管道基坑开挖，项目部拟采用一定数量的CAT320挖掘机配备相应数量的自卸汽车进行施工，开挖土方约60000m^3，开挖计划时长30天。假设1台CAT320挖掘机工作效率为1000m^3/天，每辆自卸汽车一次能装20m^3，受运距制约每辆自卸汽车每天能拉10趟。请根据上述施工进度计划，计算所需CAT320挖掘机和自卸汽车的数量。

知识链接

材料、构（配）件、制品、机具和设备是保证施工顺利进行的物资基础，这些物资的准备工作必须在工程开工之前完成。根据各种物资的需要量进行，分别落实货源，安排运输和储备，使其满足连续施工的要求。

在落实货源环节，涉及供应商的选择和采购谈判，需谨记公平、透明、诚信的原则进行采购并严把质量关，避免不正当手段或腐败行为；在分配资源环节，需谨记社会资源的宝贵性，需要对时间、人力、资金进行科学合理分配并注意勤俭节约。

1. 物资准备工作的内容

物资准备工作主要包括材料的准备，构（配）件、制品的加工准备，施工机具的准备和生产工艺设备的准备。

1.1　材料的准备

材料的准备主要是根据施工预算进行分析，按照施工进度计划要求，按材料名称、规格、使用时间、材料储备定额和消耗定额进行汇总，编制出材料需要量计划，为组织备料、确定仓库、场地堆放所需的面积和组织运输等提供依据。

1.2　构（配）件、制品的加工准备

根据施工预算提供的构（配）件、制品的名称、规格、质量和消耗量，确定加工方案和供应渠道以及进场后的储存地点和方式，编制出其需要量计划，为组织运输、确定堆场面积等提供依据。

1.3　施工机具的准备

根据采用的施工方案，安排施工进度，确定施工机械的类型、数量和进场时间，确定施工机具的供应办法和进场后的存放地点和方式，编制工艺设备需要量计划，为组织运输、确定堆场面积提供依据。

1.4　生产工艺设备的准备

按照拟建工程生产工艺流程及工艺设备的布置图，提出工艺设备的名称、型号、生产能

力和需要量，确定分期分批进场时间和保管方式，编制工艺设备需要量计划，为组织运输、确定进场面积提供依据。

2. 物资准备工作的程序

物资准备工作的程序是搞好物资准备的重要手段，通常按如下程序进行。

1）根据施工预算、分部（分项）工程施工方法和施工进度的安排，拟订外拨材料、地方材料、构（配）件及制品、施工机具和工艺设备等物资的需要量计划。

2）根据各种物资需要量计划，组织货源，确定加工、供应地点和供应方式，签订物资供应合同。

3）根据各种物资的需要量计划和合同，拟订运输计划和运输方案。

4）按照施工总平面图的要求，组织物资按计划时间进场，在指定地点和规定方式进行储存或堆放。

物资准备工作程序如图 4-2 所示。

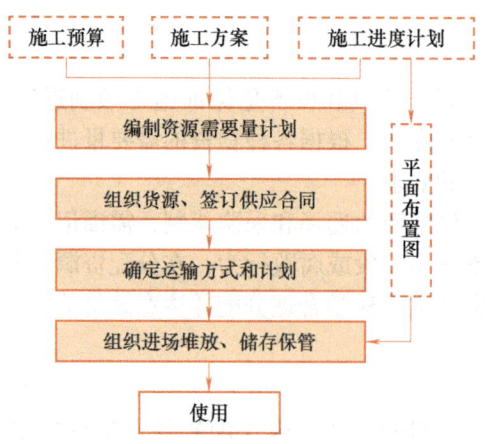

图 4-2 物资准备工作程序图

3. 物资准备工作的注意事项

1）无出厂合格证明或没有按规定进行复验的原材料、不合格的构（配）件，一律不得进场和使用。严格执行施工物资的进场检查验收制度，杜绝假冒伪劣产品进入施工现场。

2）施工过程中要注意查验各种材料、构（配）件的质量和使用情况，对不符合质量要求、与原试验检测品种不符或有怀疑的，应提出复试或化学检验的要求。

3）现场配制的混凝土、砂浆、防水材料、耐火材料、绝缘材料、保温隔热材料、防腐蚀材料、润滑材料以及各种掺合料、外加剂等，使用前均应由试验室确定原材料的规格和配合比，并制订出相应的操作方法和检验标准后方可使用。

4）进场的机械设备，必须进行开箱检查验收，产品的规格、型号、生产厂家和地点、出厂日期等，必须与设计要求完全一致。

📰 **任务实施**

任务描述

任务实施参考答案

子任务1：针对石埠水厂一期配套主干管工程，该工程物资准备具体工作有：（　　　　）、（　　　　）、（　　　　）（　　　　）。

子任务2：针对石埠水厂一期配套主干管工程概述和任务1物资准备具体工作，请列举工程需要准备材料物资名称：

材料：_____。
构（配）件、制品：_____。
施工机具：_____。
生产工艺设备：_____。
请编制材料计划表：

子任务3：针对石埠水厂一期配套主干管工程罗文大道段工程：
CAT320挖掘机的数量：（　　　　）。
自卸汽车的数量：（　　　　）。

任务三　认知组织准备

📝 **任务描述**

已知石埠水厂一期配套主干管工程概述（详见引导案例）。为有效按时按质完成施工任务，公司决定将石埠水厂一期配套主干管工程罗文大道段1000m劳务工作外包给××市政公司承建，假如你是××市政公司员工，准备参与石埠水厂一期配套主干管工程罗文大道段建设，请完成下列任务：

子任务1：请根据石埠水厂一期配套主干管工程概述（详见引导案例），该工程组织准备需要做哪些工作？

子任务2：请根据石埠水厂一期配套主干管工程罗文大道段的规模组建项目经理部，配备相应的人员。

子任务3：对新进场的劳务工人需要进行安全技术三级交底，请问是哪三级？

知识链接

劳动组织准备包括建立拟建工程项目的领导机构；建立精干的施工队伍；组织劳动力进场、妥善安排各种教育、做好职工的生活后勤保障准备；向施工队伍、工人进行施工组织设计、计划和技术交底；建立健全各项管理制度。

1. 建立拟建工程项目的领导机构

建立拟建工程项目的领导机构应遵循以下原则：根据拟建工程项目的规模、结构特点和复杂程度，确定拟建工程项目施工的领导机构人选和名额；坚持合理分工与密切协作相结合；把有施工经验、有创新精神、有工作效率的人选入领导机构；从施工项目管理的总目标出发，因目标设事，因事设机构、定编制，按编制设岗位、定人员，以职责定制度、授权力。对一般的单位工程，可配置项目经理、技术员、质量员、材料员、安全员、定额统计员、会计各一名即可；对于大型的单位工程，项目经理可配副职，技术员、质量员、材料员和安全员的人数均应适当增加。组织机构设置的程序如图4-3所示。

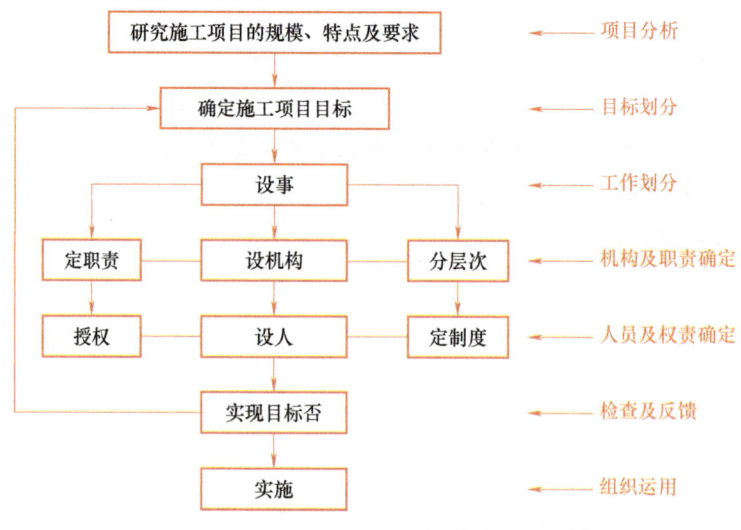

图4-3 组织机构设置程序图

2. 建立精干的施工队伍

施工队伍的建立要认真考虑专业、工程的合理配合，技工、普工的比例要满足合理的劳动组织，专业工种工人要持证上岗，要符合流水施工组织方式的要求，确定建立施工队伍要坚持合理、精干高效的原则；人员配置要从严控制二、三线管理人员，力求一专多能、一人多职，同时制定出该工程的劳动力需要量计划。施工队伍主要有基本、专业和外包施工队伍三种类型。

1）基本施工队伍是施工企业组织施工生产的主力，应根据工程的特点、施工方法和流水施工的要求恰当地选择劳动组织形式。土建工程施工一般采用混合施工班组较好，其特点是：人员配备少，工人以本工种为主，兼做其他工作，施工过程之间搭接比较紧凑，劳动效率高，也便于组织流水施工。

2）专业施工队伍主要用来承担机械化施工的土方工程、吊装工程、钢筋气压焊施工和大型单位工程内部的机电安装、消防、空调、通信系统等设备安装工程，也可将这些专业性较强的工程外包给其他专业施工单位来完成。

3）外包施工队伍主要用来弥补施工企业劳动力的不足。随着建筑市场的开放、用工制度的改革和施工企业的"精兵简政"，施工企业仅靠自己的施工力量来完成施工任务已远远不能满足需要，因而将越来越多地依靠组织外包施工队伍来共同完成施工任务。外包施工队伍大致有3种形式：独立承担单位工程施工、承担分部分项工程施工和参与施工单位施工队伍施工，前两种形式居多。

施工经验证明，无论采用哪种形式的施工队伍，都应遵循施工队伍和劳动力相对稳定的原则，以利于保证工程质量和提高劳动效率。

3. 组织劳动力进场、妥善安排各种教育、做好职工的生活后勤保障准备

施工前，企业要对施工队伍进行劳动纪律、施工质量及安全教育，注意文明施工，而且还要做好职工、技术人员的培训工作，使之达到标准后再上岗操作。此外，还要特别重视职工的生活后勤服务保障准备，要修建必要的临时房屋，解决职工居住、文化生活、医疗卫生和生活供应之用，在不断提高职工物质文化生活水平同时，也要注意改善工人的劳动条件，如照明、取暖、防雨（雪）、通风、降温等，重视职工身体健康，这也是稳定职工队伍，保障施工顺利进行的基本因素。

4. 向施工队伍、工人进行施工组织设计、计划和技术交底

施工组织设计、计划和技术交底的目的是把拟建工程的设计内容、施工计划和施工技术等要求，详尽地向施工队伍和工人讲解交代。这是落实计划和技术责任制的有效办法。

施工组织设计、计划和技术交底的时间在单位工程或分部（分项）工程开工前及时进行，以保证工程严格地按照设计图纸、施工组织设计、安全操作规程和施工验收规范等要求进行施工。

施工组织设计、计划和技术交底的内容有：工程的施工进度计划、月（旬）作业计划；施工组织设计，尤其是施工工艺、质量标准、安全技术措施、降低成本措施和施工验收规范的要求；新结构、新材料、新技术和新工艺的实施方案和保证措施；图纸会审中所确定的有关部门的设计变更和技术核定等事项。交底工作应该按照管理系统逐级进行，由上而下直到工人队伍。交底的方式有书面形式、口头形式和现场示范形式等。

工人队伍接受施工组织设计、计划和技术交底后，要组织其成员进行认真的分析研究，弄清关键部位、质量标准、安全措施和操作要领。必要时应进行示范，并明确任务及做好分工协作，同时建立健全岗位责任制和保证措施。

5. 建立健全各项管理制度

工地的各项管理制度是否建立健全，直接影响到施工活动的顺利进行。有章不循的后果是严重的，而无章可循则更为危险。为此必须建立健全工地的各项管理制度：工程质量检查与验收制度；工程技术档案管理制度；材料（构件、配件、制品）的检查验收制度；技术责任制度；施工图纸学习与会审制度；技术交底制度；职工考勤、考核制度；工地及班组经济核算制度；材料出入库制度；安全操作制度；机具使用保养制度。

任务实施

任务描述

任务实施参考答案

子任务1：针对石埠水厂一期配套主干管工程，该工程组织准备工作包括：（　　）、（　　）、（　　）、（　　）、（　　）。

子任务2：针对石埠水厂一期配套主干管工程罗文大道段的规模组建项目经理部，应配备人员有：项目经理1人、（　　）、（　　）、（　　）、（　　）、（　　）。

子任务3：对新进场的劳务工人需要进行安全技术三级交底，包括：

第一级：_____。

第二级：_____。

第三级：_____。

任务四　认知现场准备

任务描述

南宁市西乡塘区大唐三路项目有2座中桥，桥梁上部构造采用预制的预应力混凝土小箱梁。为有效按时按质完成施工任务，项目部建造了临时设施：制梁场，请完成下列任务：

子任务1：项目部在桥梁开工前进行了现场准备，该项目的现场准备工作包括哪些？

子任务2：画出制梁场的平面图，要求必须设置有：拌和设备、办公楼、砂石堆料场、制作（梁）场、存梁场、钢筋加工场、施工便道、进出口等。

子任务3：项目建设需要大量的混凝土，因此项目部决定自行建设水泥混凝土搅拌厂站，请问水泥混凝土搅拌厂站设置有哪些要求？

现场准备

季节性施工准备

知识链接

施工现场是参加施工的全体人员为优质、安全、低成本和高速度完成施工任务而进行工作的活动空间；施工现场准备工作是为拟建工程施工创造有利的施工条件和物质保证的基础。做好施工现场准备工作需要具备安全与风险防范意识，具备环保与可持续发展意识。其主要内容包括：拆除障碍物，做好"三通一平"；做好施工场地的控制网测量与放线；搭设临时设施；安装调试施工机具，做好材料、构（配）件等的存放工作；做好冬（雨）期施工安排；设置消防、保安设施和机构。

1. 拆除障碍物，做好"三通一平"

在市政工程的用地范围内，拆除施工范围内的一切地上、地下妨碍施工的障碍物和把施工道路、水电管网接通到施工现场的"场外三通"工作，通常是由建设单位来完成，但有时也委托施工单位完成。如果工程的规模较大，这一工作可分阶段进行，保证在第一期开工的工程用地范围内先完成，再依次进行其他的。除了以上"三通"外，有些小区开发建设中，还要求有"热通（供蒸汽）""气通（供煤气）""话通（通电话）"等。

（1）平整施工场地 施工现场的平整工作是按总平面图中确定的进行的。首先通过测量，计算出挖土及填土的数量，设计土方调配方案，组织人力或机械进行平整工作。

如拟建场地内有旧建筑物，则须拆迁房屋。同时要清理地面上的各种障碍物（图4-4），如树根等。还要特别注意地下管道、电缆等情况，对它们必须采取可靠的拆除或保护措施。

图4-4 拆除障碍物

（2）修通道路 施工现场的道路是组织大量物资进场的运输动脉，为了保证建筑材料、机械、设备和构件早日进场，必须先修通主要干道及必要的临时性道路。为了节省工程费用，应尽可能利用已有的道路或结合正式工程的永久性道路。为使施工时不损坏路面和加快修路速度，可以先做路基，施工完毕后再做路面，如图4-5所示。

（3）水通 施工现场的水通包括给水和排水两个方面。施工用水包括生产

图4-5 施工便道

与生活用水，其布置应按施工总平面图的规划进行安排。施工给水设施应尽量利用永久性给水线路。临时管线的铺设，既要满足生产用水点的需要和使用方便，又要尽量缩短管线。施工现场的排水也是十分重要的，尤其雨期，排水有问题会影响施工的顺利进行。因此，要做好有组织的排水工作。

（4）电通　根据各种施工机械用电量及照明用电量，计算选择配电变压器，并与供电部门联系，按施工组织设计的要求，架设好连接电力干线的工地内外临时供电线路及通信线路；应注意对建筑红线内及现场周围不准拆迁的电线、电缆加以妥善保护。此外，还应考虑到因供电系统供电不足或不能供电时，为满足施工工地的连续供电要求，使用备用发电机。

2. 交接桩及施工定线

施工单位中标以后，应及时会同设计、勘察单位进行交接桩工作。交接桩时，主要交接控制桩的坐标、水准基点桩的高程、线路的起始桩、直线转点桩、交点桩及其护桩，曲线及缓和曲线的终点桩、大型中线桩、隧道进出口桩等。交接桩一定要有经各方签字的书面材料存档，如图4-6所示。

图4-6　交接桩

3. 做好施工场地的测量控制网

按照设计单位提供的工程总平面图和城市规划部门给定的建筑红线桩或控制轴线桩及标准水准点进行测量放线，在施工现场范围内建立平面控制网、标高控制网，并对其桩位进行保护；同时还要测定出建（构）筑物的定位轴线、其他轴线及开挖线等，并对其桩位进行保护，以作为施工的依据。其工作的进行，一般是在土方开挖之前，在施工场地内设置坐标控制网和高程控制点来实现的，这些网点的设置应视工程范围的大小和控制的精度而定。测量放线是确定拟建工程的平面位置和标高的关键环节，施测中必须认真负责、确保精度、杜绝差错。为此，施测前应对测量仪器、钢尺等进行检验校正，并了解设计意图，熟悉并校核施工图，制定测量放线方案，按照设计单位提供的总平面图及给定的永久性经纬坐标控制网和水准控制基桩，进行施工测量，设置施工测量控制网。同时对规划部门给定的红线桩或控制轴线桩和水准点进行校核，如发现问题，应提请建设单位迅速处理，如图4-7所示。

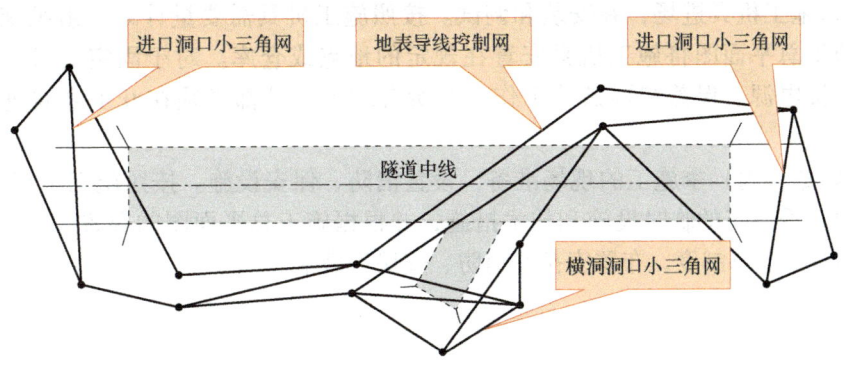

图 4-7 测量控制网的布设

4. 临时设施的搭设

为了施工方便和安全，对于指定的施工用地的周界，应用围挡围起来，围挡的形式和材料应符合所在地管理部门的有关规定和要求。在主要出入口处设明标牌，标明工程名称、施工单位、工地负责人等。施工现场所需的各种生产、办公、生活、福利等临时设施，均应报请规划、市政、消防、交通、环保等有关部门审查批准，并按施工平面图中确定的位置、尺寸搭设，不得乱搭乱建，如图 4-8 所示。

图 4-8 临时活动板房

此外，在考虑施工现场临时设施的搭设时，应尽量利用原有建筑物，尽可能减少临时设施的数量，以便节约用地并节省投资。

除上述准备工作外，还应做好以下现场准备工作：

1）做好施工现场的补充勘探。对施工现场做补充勘探的目的是进一步寻找枯井、防空洞、古墓、地下管道、暗沟和枯树根以及其他问题坑等，以便准确地探清其位置，及时地拟定处理方案。

2）做好材料、构（配）件的现场储存和堆放。应按照材料及构（配）件的需要量计划组织进场，并应按施工平面图规定的地点和范围进行储存和堆放。

3）组织施工机具进场，并安装和调试。按照施工机具需要量计划，组织施工机具进场，根据施工总平面图将施工机具安置在规定的地点或仓库。对于固定的机具要进行就位、搭棚、接电源、保养和调试等工作。对所有施工机具都必须在开工之间进行检查和试运转。

4）做好冬（雨）季施工的现场准备，设置消防、保安设施。按照施工组织设计要求，落实冬（雨）季施工的临时设施和技术措施，并根据施工总平面图的布置，建立消防、安保等机构和有关规章制度，布置安排好消防、安保等措施。

 任务实施

任务描述

任务实施参考答案

子任务1：项目部在桥梁开工前进行了现场准备，该项目的现场准备工作包括：（　　　）、（　　　）、（　　　）、（　　　）。

子任务2：画出梁场的平面图，要求必须设置有：拌和设备、办公楼、砂石堆料场、制梁场、存梁场，钢筋加工场、施工便道，进出口等。

梁场的平面图：

子任务3：项目建设需要大量的混凝土，因此项目部决定自行建设水泥混凝土搅拌厂站，水泥混凝土搅拌厂站设置要求：（　　　　　　　　）、（　　　　　　　　）、（　　　　　　　　）、（　　　　　　　　）、（　　　　　　　　）。

 评价反馈

一、自我评价

根据本模块的学习目标，运用所学知识，完成"自我测试"，进行自我评测，并将评测结果填入表4-7。

自我测试

表4-7 自我评测表

班级：		组号：		姓名：		学号：	
模块四 认知工程施工准备							
题号	自测题1		自测题2	自测题3		自测题4	自测题5
满分	10		10	10		10	10
得分							
题号	自测题6		自测题7	自测题8		自测题9	自测题10
满分	10		10	10		10	10
得分							
合计							

二、小组评价（表4-8）

表4-8 小组评价表

班级：		组号：		姓名：		学号：	
模块四 认知工程施工准备							
评价内容	查阅规范等资料能力		任务完成质量	任务完成效率	团队合作	职业素养	创新意识
	10分		30分	20分	10分	10分	20分
任务一 认知技术准备							
任务二 认知物资准备							
任务三 认知组织准备							
任务四 认知现场准备							
得分							

组长签名： 日期：

注：本模块共设置4个任务，得分取4个任务的平均值。

三、教师评价（表4-9）

表4-9 教师评价表

班级：		组号：	姓名：		学号：	
模块四　认知工程施工准备							
评价内容		分值	评价依据		得分	备注
过程评价 （60分）	认知技术准备	15	了解审查施工图纸的依据，掌握审查设计图纸的程序和施工图纸会审的重点内容，具备施工图纸会审能力			
	认知物资准备	15	了解物资准备的工作内容，具备物资准备工作的能力			
	认知组织准备	15	了解组织机构设置程序，熟悉施工组织设计、计划和技术交底的内容，具备劳动组织准备的能力			
	认知现场准备	15	了解施工现场准备的内容，具备施工现场准备的能力			
成果评价 （40分）	成果质量	15	成果符合题干要求，符合行业和规范要求			
	成果展示	10	能够准备表达、汇报工作成果			
	在小组中所起的作用	10	积极参与团队工作，主动完成所分配的任务			
	成果创新	5	成果有自己的见解，独特新颖			
合计							
教师签名：			日期：			

知识拓展

通过前面的学习，我们知道施工准备工作有：技术准备、物资准备、组织准备、现场准备等，大型项目除了上述的准备工作外还有什么工作需要准备？

思考1：高速公路路基施工前常需要进行试验路段选择和实施，该项内容是否属于施工准备工作？

思考2：市政项目开工前需要申请一些证件，如施工许可证，该证一般由谁申请？

模块五

控制施工项目实施过程

知识图谱

本模块你需要完成"控制施工进度、管理施工质量、控制施工成本、管理施工安全与现场环境"四个学习任务,知识图谱如图 5-1 所示。

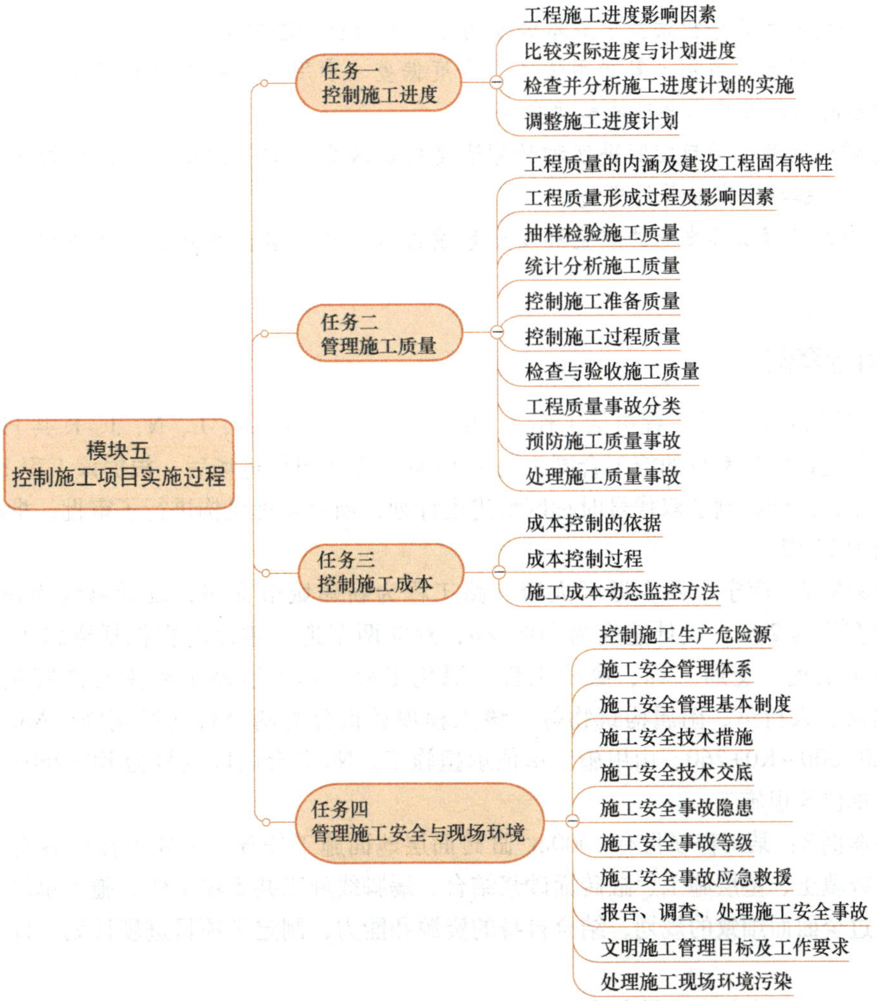

```
模块五
控制施工项目实施过程
├── 任务一 控制施工进度
│   ├── 工程施工进度影响因素
│   ├── 比较实际进度与计划进度
│   ├── 检查并分析施工进度计划的实施
│   └── 调整施工进度计划
├── 任务二 管理施工质量
│   ├── 工程质量的内涵及建设工程固有特性
│   ├── 工程质量形成过程及影响因素
│   ├── 抽样检验施工质量
│   ├── 统计分析施工质量
│   ├── 控制施工准备质量
│   ├── 控制施工过程质量
│   ├── 检查与验收施工质量
│   ├── 工程质量事故分类
│   ├── 预防施工质量事故
│   └── 处理施工质量事故
├── 任务三 控制施工成本
│   ├── 成本控制的依据
│   ├── 成本控制过程
│   └── 施工成本动态监控方法
└── 任务四 管理施工安全与现场环境
    ├── 控制施工生产危险源
    ├── 施工安全管理体系
    ├── 施工安全管理基本制度
    ├── 施工安全技术措施
    ├── 施工安全技术交底
    ├── 施工安全事故隐患
    ├── 施工安全事故等级
    ├── 施工安全事故应急救援
    ├── 报告、调查、处理施工安全事故
    ├── 文明施工管理目标及工作要求
    └── 处理施工现场环境污染
```

图 5-1 知识图谱(控制施工项目实施过程)

学习目标

素质目标

1. 培养学生坚定拥护中国共产党领导和中国特色社会主义制度，以习近平新时代中国特色社会主义思想为指导，践行社会主义核心价值观。

2. 培养学生认真负责、精益求精的职业素养，热爱职业、履行职业准则和行为规范的意识。

3. 培养学生成本意识、质量意识、安全意识、环保意识。

知识目标

1. 掌握施工项目成本控制、进度控制、质量管理、施工安全管理和现场环境管理等相关知识。

2. 掌握绿色生产、环境保护、安全消防、文明生产等相关知识。

3. 掌握工程质量事故和安全事故的分类标准，熟悉工程事故处理程序及处理方法。

能力目标

1. 能够运用因素分析法找出成本偏差的原因并给出合理的解决方案。

2. 能够运用赢得值法计算费用偏差、进度偏差、费用绩效指数及进度绩效指数等，找出出现偏差的原因并给出合理的解决方法。

3. 能够运用施工项目实际进度和计划进度的比较方法进行进度检验，分析产生偏差的原因，并给出解决进度偏差的措施。

4. 能够对工程实际发生的质量和安全事故进行分类，结合事故处理程序和方法合理解决事故。

引导案例

引导案例1：某市政工程包括工作A、B、C、D、E、G、H、L、N、J、K共11项工作。施工单位与建设单位签订的施工合同工期为16周。施工单位进场后，根据该工程11项工作的逻辑关系，详细编制了双代号时标网络进度计划，项目监理机构进行了审批，批准的施工进度计划为16周。

引导案例2：南宁市西乡塘区大唐三路工程为新建城市支路，设计路线为东西走向，道路红线宽度为20m，设计速度为20km/h，双向两车道，建设内容包括道路工程、桥梁工程、排水工程、交通工程、照明工程、绿化工程。其中道路工程主要内容包括路基、基层、面层、人行道、附属构筑物等。该工程项目拟分为两个合同段实施，No.1合同段桩号为K0+000~K0+260，由甲施工单位承担施工。No.2合同段桩号为K0+260~K0+510，由乙施工单位承担施工。

引导案例3：某工程项目有2000m²缸砖面层地面施工任务。主要工作内容有：平整场地、室内夯填土、垫层施工、缸砖面砂浆结合、踢脚线施工共5项工作，施工单位在接到任务后，经过全面而细致的规划，结合自身的资源和能力，制定了项目进度计划，计划工期为6个月。

引导案例4：某市政工程为城市主干路，设计速度为40km/h，双向八车道，建设内容包括道路工程、桥梁工程、排水工程、交通工程、照明工程、绿化工程。甲施工单位为该市政工程的总承包单位，乙施工单位分包了排水工程的基坑支护及土方开挖工程，部分基坑开挖深度为7m。

任务一　控制施工进度

📋 任务描述

在引导案例1中，该市政工程施工到第4周时，项目经理部组织技术人员进行进度检查发现：该市政工程发生了设计图纸局部修改、异常恶劣的气候、发现地下文物等3个事件（详见任务实施），请你根据任务实施中发生的3个事件，完成以下任务：

子任务1：在该市政工程的双代号时标网络计划图中绘制出实际进度前锋线。

子任务2：分别判断3个事件对该市政工程工期的影响。

📖 知识链接

确定施工进度目标并编制科学合理的进度计划是实现施工进度控制的首要前提。但在工程实施过程中，由于外部环境条件变化及自身组织管理水平的影响，可能会造成实际进度与计划进度有偏差。如果进度偏差得不到及时纠正，势必会影响工程进度总目标的实现。为此，在施工进度计划执行过程中，必须采取有效手段对进度计划实施过程进行监测，以便及时发现问题，并运用行之有效的进度计划调整方法来解决问题。

工程进度控制管理

1. 工程施工进度影响因素

影响施工进度的不利因素有很多，如人为因素，技术因素，设备、材料及构（配）件因素，施工机具因素，资金因素，水文、地质与气象因素，以及其他自然与社会环境等方面的因素。其中，人为因素是最大的干扰因素。从产生根源来看，有的来源于建设单位、勘察设计单位、工程监理单位及材料、设备供应单位；有的来源于有关协作单位和社会；有的来源于各种自然条件；也有的来源于施工单位自身。在工程施工过程中，常见影响因素如下。

1.1　相关单位影响

1）建设单位原因。如建设单位使用要求改变而进行设计变更；应提供的施工场地条件不能及时提供或所提供的场地不能满足正常施工需要；建设资金不到位，不能及时向施工单位支付工程款等。

2）勘察设计单位原因。如勘察资料不准确，特别是地质资料错误或遗漏；设计内容不完善，规范应用不当，设计有缺陷或错误；设计方案的可施工性差或设计考虑不周；施工图纸供应不及时、不配套或出现重大差错等。

3）工程监理单位原因。如工程监理指令延迟发布或有误，施工进度协调工作不力，进场材料、设备质量检查或已完工程质量检查验收不及时等。

4）材料、设备供应单位原因。如材料、设备及构（配）件等供应有差错，品种、规格、质量、数量、时间不能满足施工需要等。

1.2 有关协作部门及社会环境影响

1）有关协作部门原因。如有关协作部门协作配合不够或支持力度不够等。

2）社会环境原因。如其他单位临近工程的施工干扰；节假日交通、市容整顿限制；临时停水、停电、断路的影响；以及在国外因法律及制度变化、经济制裁、战争、骚乱、罢工、企业倒闭，汇率浮动或通货膨胀等。

1.3 自然条件影响

如复杂的工程地质条件，不明的水文气象条件，地下埋藏文物的保护、处理，洪水、地震、台风等不可抗力等。

1.4 施工单位自身因素影响

1）施工技术因素。如施工方案、施工工艺或施工安全措施不当；特殊材料及新材料的不合理使用；施工设备不配套，选型失当或有故障；不成熟的技术应用等。

2）组织管理因素。如向有关部门提出各种申请审批手续的延误；合同签订时遗漏条款、表达失当；计划安排不周密，组织协调不力，导致停工待料、相关作业脱节；指挥不力，使各专业、各施工过程之间交接配合不顺畅等。

2. 比较实际进度与计划进度

实际进度与计划进度比较是施工进度控制的主要环节。常用的比较方法有：横道图比较法、S曲线比较法和前锋线比较法等。

2.1 横道图比较法

横道图比较法是一种基于横道计划的进度比较方法。由于横道计划应用的广泛性，从而使横道图比较法成为最常用的实际进度与计划进度比较方法。在施工进度计划执行过程中，只需将检查收集的实际进度数据加工整理后直接以横道线形式平行绘制于原计划横道线下方，即可形象直观地反映各项工作的实际进度、计划进度及其偏差情况。

例如，某基础工程计划施工进度及截至第9周末实际进度如图5-2所示。其中，粗实线表示各项工作的计划进度，双细线表示相应工作的实际进度。

工作名称	持续时间/周	施工进度安排/周
		1 2 3 4 5 6 7 8 9 10 11 12 13 14 15 16
挖土方	6	
作垫层	3	
支模板	4	
绑钢筋	5	
浇筑混凝土	4	
回填土	5	

图例：计划进度：▬，实际进度：═

图5-2 某基础工程计划施工进度及截至第9周末实际进度

从图5-2中实际进度与计划进度的比较可以看出：截至第9周末，挖土方和作垫层两项工作已完成；支模板工作的实际进度比计划进度拖后25%；绑钢筋工作按计划应完成60%

的工作量，但实际只完成20%。

需要说明的是，图5-2所表达的比较方法仅适用于施工进度计划中各项工作都是匀速进展的情况，即每项工作在单位时间内完成的任务量都相等的情况。施工进度计划中各项工作不是匀速进展时，则需要对每项工作在不同时间段的实际进度与计划进度进行比较。

2.2 S曲线比较法

从整个工程实际进展全过程来看，单位时间投入的资源量通常是在开始和结束时较少，中间阶段较多。相应地，单位时间完成的任务量也呈同样变化规律。这样，随工程进展累计完成的任务量曲线形状就会像英文字母"S"，S曲线因此而得名。

S曲线比较法是指以横坐标表示时间，纵坐标表示累计完成工程任务量的实际进度与计划进度比较方法。采用S曲线比较法，可在同一坐标系中表示整个工程在不同时点计划累计任务量、实际累计完成任务量及其偏差情况。某工程S曲线比较图如图5-3所示。

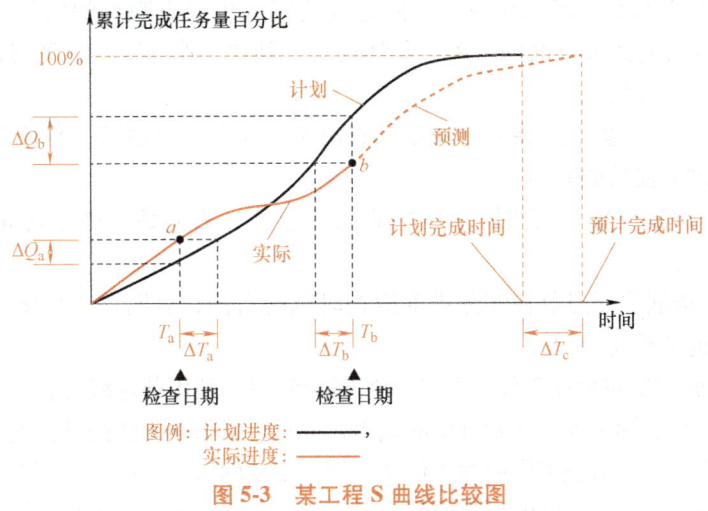

图5-3　某工程S曲线比较图

利用S曲线法进行实际进度与计划进度比较，可以获得以下信息：

1）工程实际进展状况。若工程实际进展点落在计划S曲线左侧（图5-3中的a点），表明此时实际进度超前；若工程实际进展点落在计划S曲线右侧（图5-3中的b点），表明此时实际进度拖后；若工程实际进展点正好落在计划S曲线上，则表示此时实际进度与计划进度一致。

2）工程实际进度超前或拖后的时间。在S曲线比较图中可以直接读出实际进度超前或拖后的时间。例如在图5-3中，ΔT_a表示该工程在T_a时刻实际进度超前的时间；ΔT_b表示该工程在T_b时刻实际进度拖后的时间。

3）工程实际超额完成或拖欠的任务量。在S曲线比较图中也可直接读出实际超额完成或拖欠的任务量。例如在图5-3中，ΔQ_a表示该工程在T_a时刻超额完成的任务量；ΔQ_b表示该工程在T_b时刻实际拖欠的任务量。

4）后期工程进度预测。若后期工程仍按原计划速度进行，则可作出后期工程计划S曲线，如图5-3中虚线所示，从而可依此预计工期拖延ΔT_c。

2.3 前锋线比较法

前锋线比较法是指在时标网络计划中通过绘制实际进度前锋线进行实际进度与计划进度比较的方法。所谓实际进度前锋线，是指在施工进度时标网络计划中，从实际进度检查时刻的时标点出发，用点划线依次将各项工作实际进展位置点连接而成的折线。

（1）实际进度前锋线的绘制　实际进度前锋线通常应从时标网络计划图上方时间坐标的实际进度检查时刻开始绘制，依次连接相邻工作的实际进展位置点，最后与时标网络计划图下方坐标的实际进度检查时刻相连接。

工作实际进展位置点的标定有以下两种方法：

1）按照工作已完任务量比例进行标定。假设施工进度计划中各项工作均为匀速进展，根据实际进度检查时刻各项工作已完任务量占其计划完成总任务量的比例，在工作箭线上从左至右按相同比例标定其实际进展位置点。

2）按尚需作业时间进行标定。当某些工作的持续时间难以按实物工程量来计算而只能凭经验估算时，可以先估算出实际进度检查时刻到该工作全部完成尚需作业的时间，然后在工作箭线上从右向左逆向标定其实际进展位置点。

（2）实际进度与计划进度的比较　实际进度前锋线可以直观反映实际进度检查时刻有关工作实际进度与计划进度之间的关系。具体而言，某项工作的实际进度与计划进度之间的关系可能存在以下三种情况：

1）工作实际进展位置点落在实际进度检查时刻的左侧，表明该工作实际进度拖后，两者之差即为实际进度拖后的时间。

2）工作实际进展位置点与实际进度检查时刻重合，表明该工作实际进度与计划进度一致。

3）工作实际进展位置点落在实际进度检查时刻的右侧，表明该工作实际进度超前，两者之差即为实际进度超前的时间。

（3）实际进度偏差对后续工作及总工期的影响分析　利用前锋线比较法，不仅可以分析施工进度计划中工作实际进度与计划进度的偏差，而且可以根据工作的自由时差和总时差进一步分析预测工作进度偏差对该工作后续工作及工程总工期的影响。因此，前锋线比较法既适用于工作实际进度与计划进度之间的局部比较，又可用来分析预测工程项目整体进度状况。

某工程施工进度时标网络计划如图 5-4 所示。该计划执行到第 6 周末检查实际进度时发现，工作 A 和工作 B 已全部完成，工作 D、工作 E 分别完成计划任务量的 20% 和 50%，工作 C 尚需 4 周完成，试用前锋线比较法分析工作实际进度偏差及其对后续工作及总工期的影响。

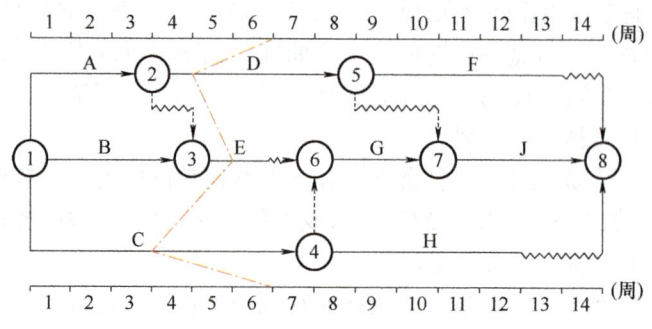

图 5-4　某工程施工进度时标网络计划

根据第 6 周末实际进度检查结果绘制实际进度前锋线如图 5-4 中点划线所示。通过分析实际进度前锋线可获得以下信息：

1）工作 D 实际进度拖后 2 周，将使其后续工作 F 的最早开始时间推迟 2 周，并使总工期延长 1 周。

2）工作 E 实际进度拖后 1 周，既不影响其后续工作的正常进行，也不影响总工期。

3）工作 C 实际进度拖后 3 周，将使其后续工作 G、工作 H、工作 J 的最早开始时间推迟 3 周。而且，由于工作 C 为关键工作，其实际进度拖后 3 周将会使总工期延长 3 周。

综上所述，若不采取措施加快后续工作施工进度，该工程总工期将延长 3 周。

3. 检查并分析施工进度计划的实施

在施工进度计划实施过程中，应经常地、定期地对进度计划执行情况进行动态监测，并进行实际进度与计划进度的比较分析，以便发现问题，及时采取措施调整计划。施工进度监测和调整的系统过程如图 5-5 所示。

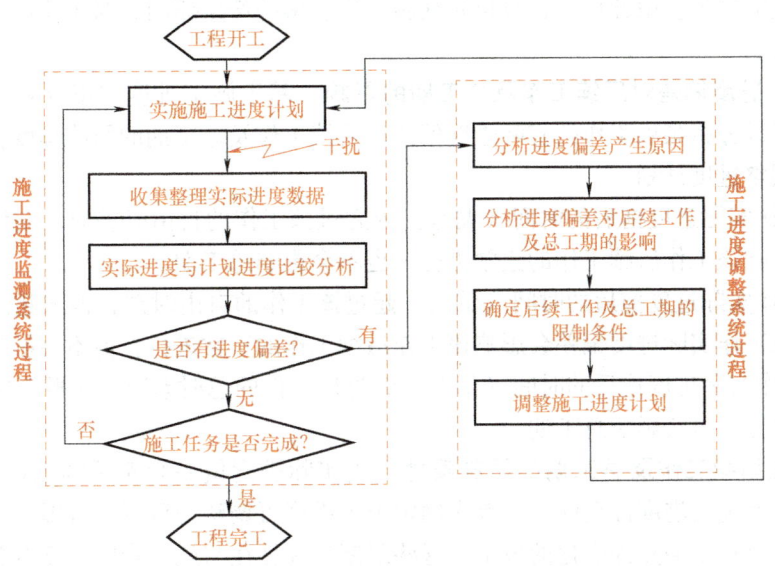

图 5-5　施工进度监测和调整的系统过程

3.1　施工进度监测系统过程

（1）收集整理实际进度数据　在施工进度计划执行过程中，需要通过跟踪检查进度计划执行情况收集反映工程实际进度的有关数据，这些实际进度数据是分析施工进度和调整施工进度计划的直接依据。施工进度管理人员可通过施工进度报表和现场实地检查等方式收集实际进度数据，此外，施工进度协调会议也是收集实际进度数据的主要方式。收集到的实际进度数据需要进行加工处理，形成与计划进度具有可比性的数据。

（2）实际进度与计划进度比较分析　将工程实际进度数据与计划进度数据进行比较，可以确定实际施工进展状况与计划目标的偏差。通常可采用横道图比较法、S 曲线比较法或前锋线比较法分析实际进度与计划进度，从而得出实际进度比计划进度超前、拖后或一致的结论，从而为施工进度计划调整提供依据。

3.2　施工进度调整系统过程

在施工进度监测过程中，一旦发现实际进度偏离计划进度，即出现进度偏差时，就需要分析进度偏差产生原因及进度偏差对后续工作和总工期的影响，然后在此基础上判断是否有必要采取措施调整进度计划，以确保施工进度目标的实现。

（1）分析进度偏差产生原因　　通过实际进度与计划进度的比较分析，发现有进度偏差时，首先需要分析产生进度偏差的原因，以便后续采取措施予以纠偏。造成施工进度偏差的原因有多种，但可分为两大类：一类属于施工单位自身原因；另一类属于施工单位以外原因，如建设单位延迟提供施工场地、施工图纸等，以及出现不可抗力原因等。

如因施工单位自身原因造成施工进度拖后而延长工期，属于工期延误，由此造成的一切损失由施工单位承担。施工单位需要采取赶工措施加快施工进度。同时，建设单位还可按合同约定对施工单位施行误期违约罚款。如因建设单位或不可抗力原因造成施工进度拖后而有可能延长工期，施工单位则有权要求延长合同工期。一旦确认属于非施工单位原因造成工期延长，不仅项目监理机构要批准工程延期，而且施工单位还可能提出费用索赔以弥补因建设单位原因造成的损失。由此可见，分析判断施工进度偏差产生原因，对于建设单位和施工单位都十分重要。

（2）分析进度偏差对后续工作及总工期的影响　　基于施工进度网络计划，利用自有时差和总时差可以分析某项工作的实际进度偏差对后续工作及总工期的影响程度，以确定是否应采取措施调整进度计划。

1）当工作实际进度拖后的时间（偏差）未超过该工作的自由时差时，则该工作实际进度偏差既不影响该工作后续工作的正常进行，也不会影响总工期。

2）当工作实际进度拖后的时间（偏差）超过该工作的自由时差，但未超过该工作的总时差时，则该工作实际进度偏差会影响该工作后续工作的正常进行，但不会影响总工期。

3）当工作实际进度拖后的时间（偏差）超过该工作的总时差时，则既影响该工作后续工作的正常进行，也会影响总工期。

（3）确定后续工作及总工期的限制条件　　当实际进度偏差影响后续工作及总工期时，在采取措施调整施工进度计划前，应首先确定施工进度可调整的范围，也即关键节点、后续工作限制条件及总工期允许变化的范围。这些限制条件往往与施工合同条款有关，需要认真分析后确定。

（4）调整施工进度计划　　应以后续工作及总工期的限制条件为依据，选取适宜的方法调整施工进度计划。然后按调整后的施工进度计划实施，确保施工进度目标得以实现。

4. 调整施工进度计划

当工程实际进度偏差影响到后续工作、总工期而需要调整施工进度计划时，调整方法主要有两种：一是通过压缩某些工作的持续时间来缩短工期；二是通过改变某些工作的逻辑关系来缩短工期。在实际工作中，可根据具体情况选用上述方法或综合应用上述方法调整施工进度计划。

4.1 压缩某些工作的持续时间

这种调整方法的特点是不改变施工进度计划中工作之间的逻辑关系，通过采取增加资源投入、提高劳动生产效率等措施，来缩短某些工作的持续时间，以达到加快施工进度、缩短工期的目的。这些被压缩持续时间的工作是位于关键线路和超过计划工期的非关键线路上的工作。同时，这些工作又是其持续时间可被压缩的工作。这种施工进度计划的调整通常可利用工程网络计划优化方法直接进行。

为压缩某些工作的持续时间，通常需要采取以下措施来达到目的：

1) 组织措施。如增加工作面，组织更多工作队伍；增加每天施工时间，采用加班或多班制施工方式；增加劳动力和施工机械数量等。

2) 技术措施。如改进施工工艺或施工技术，缩短工艺技术间歇时间；采用更先进的施工方式（如将现浇混凝土方案改为预制装配方案），减少施工过程数量；采用更先进的施工机械等。

3) 经济措施。如实行包干奖励；提高奖金数额；对所采取的技术措施给予相应经济补偿等。

4) 其他配套措施。如改善外部配合条件；改善施工作业环境；实施强有力的组织调度等。

4.2 改变某些工作间的逻辑关系

这种调整方法的特点是不改变施工进度计划中工作的持续时间，通过改变某些工作的开始时间和完成时间，来达到加快施工进度、缩短工期的目的。当施工进度计划中影响后续工作（后续工作的拖延有限制时）及总工期的工作之间逻辑关系允许改变时，可以通过改变其逻辑关系，将顺序作业的工作改为平行作业、搭接作业或分段组织流水作业等，均可有效缩短工期。

当然，无论组织平行作业、搭接作业或分段组织流水作业，单位时间内的资源需求量均会增加。

任务实施

任务描述

任务实施参考答案

某市政工程的施工合同工期为16周，项目监理机构批准的施工进度计划如图5-6所示（时间单位：周）。各工作均按匀速施工。

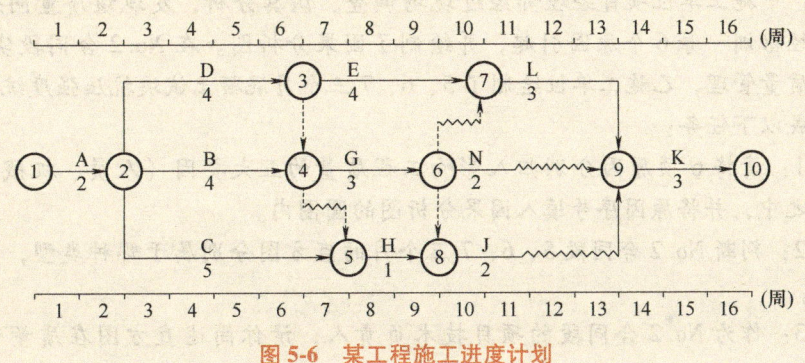

图5-6 某工程施工进度计划

工程施工到第 4 周时进行进度检查，发生如下事件：

事件 1：工作 A 已经完成，但由于设计图纸局部修改，实际完成的工程量为 840m³，工作持续时间未变。

事件 2：工作 B 施工时，遇到异常恶劣的气候，造成施工单位的施工机械损坏和施工人员窝工，实际只完成估算工程量的 25%。

事件 3：工作 C 为检验检测配合工作，只完成了估算工程量的 20%；施工中发现地下文物，导致工作 D 尚未开始。

根据上述工程基本情况和事件，试完成以下任务：

子任务 1：根据第 4 周末的检查结果，在图 5-6 上绘制实际进度前锋线。

子任务 2：分别判断 3 个事件对该市政工程工期的影响。

1）认真分析图 5-6，工作 B 拖后（　　）周，因工作 B 总时差为（　　）周，所以工作 B（　　）（是、否）影响工期。

2）工作 C 拖后（　　）周，因工作 C 总时差为（　　）周，所以工作 C（　　）（是、否）影响工期。

3）工作 D 拖后（　　）周，因工作 D 总时差为（　　）周，所以工作 D（　　）（是、否）影响工期。

4）综合判断，工作 B、工作 C、工作 D 出现的进度偏差影响工期（　　）周。

5）若施工单位在第 4 周末就工作 B、工作 C、工作 D 出现的进度偏差提出工程延期的要求，项目监理机构应批准工程延期多长（　　）周，为什么？

答：_____

_____

任务二　管理施工质量

任务描述

在引导案例 2 中，南宁市西乡塘区大唐三路工程分为两个合同段组织施工，其中甲施工单位承担 No.1 合同段，乙施工单位承担 No.2 合同段。在 No.1 合同段实施过程中，监理单位要求施工单位对工程质量加强管理，其中专业监理工程师发现已浇筑的钢筋混凝土工程出现质量问题，甲施工单位项目经理部经过现场调查、认真分析，发现该质量问题由"现场施工人员未经培训"等 6 个原因引起，并绘制了因果分析图。在 No.2 合同段实施过程中，为加强施工质量管理，乙施工单位绘制了 5、6、7 三个月混凝土试块抗压强度统计数据的直方图。试完成以下任务：

子任务 1：请将 6 项原因分别归入影响工程质量的五大要因（人员、机械、材料、方法、环境）之中，并将原因序号填入因果分析图的圆圈内。

子任务 2：判断 No.2 合同段 5、6、7 三个月的直方图分别属于哪种类型，并分别说明其形成原因。

子任务 3：作为 No.2 合同段的项目技术负责人，请你简述直方图在质量管理中有何用途。

> 知识链接

建设工程质量事关人民群众生命财产安全，直接影响工程的适用性、可靠性、耐久性和建设项目的投资效益。切实加强建设工程施工质量管理，完善质量保障体系，保证工程质量达到预期目标，不断提升建设工程品质，是建设工程施工管理的主要任务之一。

1. 工程质量的内涵及建设工程固有特性

1.1 建设工程项目质量控制的内涵

（1）质量 根据我国国家标准《质量管理体系 基础和术语》（GB/T 19000—2016）的定义，质量是指客体的一组固有特性满足要求的程度。

工程质量管理概述

（2）建设工程项目质量 建设工程项目质量是指建设工程固有特性满足相关标准规定和合同约定要求的程度。其质量特性主要体现在实用性、安全性、可靠性、经济合理性、美观性及与环境的协调性六个方面。

1.2 建设工程固有特性

建设工程项目从本质上说是一项拟建或在建的市政工程产品，它和一般产品具有同样的质量内涵，即其固有特性满足需要的程度。这些特性是指产品的实用性、安全性、可靠性、经济合理性、美观性及与环境的协调性等。由于市政工程产品一般是采用单件性筹划、设计和施工的生产组织方式，因此，其具体的质量特性指标是在各建设工程项目的策划、决策和设计过程中进行定义的。建设工程项目的基本质量特性如下：

（1）实用性 工程项目的功能性质量，主要表现为反映项目使用功能需求的一系列特性指标，如房屋建筑工程的平面空间布局、通风采光性能；工业建筑工程的生产能力和工艺流程；道路交通工程的路面等级、通行能力等。按照现代质量管理理念，功能性质量必须以顾客关注为焦点，满足顾客的需求或期望。

（2）安全性 市政工程产品不仅要满足使用功能和用途的要求，而且在正常的使用条件下应能达到安全可靠的标准，如建筑结构自身安全可靠，使用过程防腐蚀、防坠、防火、防盗、防辐射，以及设备系统运行与使用安全等。

（3）可靠性 可靠性质量必须在满足功能性质量需求的基础上，结合技术标准、规范（特别是强制性条文）的要求进行确定与实施。

（4）经济合理性 经济合理性是指工程在使用年限内所需费用（包括建造成本和使用成本）的大小。市政工程对经济合理性的要求，一是工程造价要低，二是使用维修费用要少。

（5）美观性 市政工程产品具有深刻的社会文化背景，历来人们都把具有某种特定历史文化内涵的市政工程产品视同艺术品。其个性的艺术效果，包括建筑造型、立面外观、文化内涵、时代表征以及装修装饰、色彩视觉等，不仅使用者关注，而且社会也关注；不仅现在关注，而且未来的人们也会关注和评价。工程项目艺术文化特性的质量来自于设计者的设计理念、创意和创新，以及施工者对设计意图的领会与精益施工。

（6）与环境的协调性 建设工程环境质量主要是指在项目建设与使用过程中对周边环境的影响，包括项目的规划布局、交通组织、绿化景观、节能环保及其与周边环境的协调性或适宜性。

2. 工程质量形成过程及影响因素

2.1 工程质量形成过程

建设工程投资决策和建设实施过程，就是工程质量的形成过程。由此可见，工程质量的形成过程是一个循序渐进的过程，这个过程就是工程建设序。建设工程投资决策和建设实施各阶段对工程质量有着不同程度的影响。要控制工程质量，就必须严格执行工程建设序，对建设工程投资决策和建设实施各阶段的质量进行严格控制。

工程质量管理因素分析

（1）工程投资决策 建设工程投资决策阶段主要是确定建设工程应达到的质量目标及水平。工程建设需要控制投资、质量和进度三大总体目标。要做到投资、质量、进度三者协调统一，达到业主最为满意的质量水平，应通过可行性研究和多方案论证来确定。因此，投资决策阶段是影响工程质量的关键阶段，要充分反映业主对质量的要求和意愿。在进行投资决策时，应从整个国民经济角度出发，根据国民经济发展的长期规划和资源条件，有效地控制投资建设规模，以确定最佳的投资方案、质量目标和建设周期。

（2）工程勘察设计 工程勘察设计是根据工程投资决策阶段已确定的质量目标和水平，通过工程勘察、设计使其具体化。工程设计在技术上是否可行、工艺是否先进、经济是否合理、设备是否配套、结构是否可靠等，都将决定着工程建成后的功能和使用价值。因此，工程勘察设计阶段是影响工程质量的决定性阶段。

（3）工程施工 工程施工阶段是根据合同约定、设计文件和图纸要求，通过施工形成工程实体。这一阶段直接影响工程的最终质量。因此，工程施工阶段是工程质量控制的关键阶段。

（4）工程竣工验收 工程竣工验收是对施工阶段的质量（施工质量）进行试车运转、检查评定，考核质量目标是否符合合同、设计文件的质量要求。这一阶段是工程建设向生产使用转移的必要环节，影响到工程能否最终形成生产能力，体现了工程质量水平的最终结果。

（5）工程保修 工程竣工验收合格后，在规定的保修期限内，因勘察、设计、施工、材料等原因造成的质量缺陷，由施工承包单位负责维修、返工或更换，由责任单位负责赔偿损失。工程质量保修制度对于促进工程建设各方加强质量管理，保护用户及消费者的合法权益起到重要的保障作用。

2.2 工程质量影响因素分析

影响工程质量的因素有很多，可归纳为人（Man）、工程材料（Material）、机械设备（Machine）、方法或工艺（Method）及环境（Environment）五大方面，即4M1E。

（1）人的影响 工程建设全过程都是通过人的工作来完成的。人包括工程建设的决策者、管理者、操作者。这些人员的质量意识、专业素质和能力，都会直接或间接地对工程质量产生不同程度的影响。人的影响是工程质量影响因素中可变性最大的因素。在工程质量管理中，人的因素起着决定性作用。

工程质量管理，应以控制人的因素为基本出发点。作为控制对象，人的工作应避免失误；作为控制动力，应充分调动人的积极性，发挥人的主导作用。

我国实行的职业资格证书制度及作业人员持证上岗制度，以及培育建筑产业工人队伍，从本质上讲，就是对从事施工活动的人员素质和能力进行必要的控制。

（2）工程材料的影响　工程材料是指构成工程实体的原材料、半成品、成品、构（配）件等。这些材料是构成工程实体的物质条件，是工程实体质量的基础。工程材料选用是否得当、质量是否经过检验、质量是否合格等，都会影响工程质量。加强材料质量控制，是控制工程质量的重要基础。

（3）机械设备的影响　机械设备可分为两类：一类是构成工程实体及配套的工艺设备和各类机具，如用于生产产品的设备、电梯、智能控制设备及暖通设备等，这些机械设备作为工程实体的一部分，其质量会直接影响工程质量；另一类是指施工机具，即施工过程中使用的各类机械设备，如垂直运输设备，各类操作工具、测量仪器和计量器具，各种施工安全设施等，是现代工程施工中不可缺少的工具。这些机械设备选型是否符合工程特点，性能是否先进和稳定，操作是否安全方便等，都会影响工程质量和施工安全。

（4）方法或工艺的影响　方法或工艺是指施工方法、施工工艺、施工方案和技术措施等。施工方案的合理性、施工方法或工艺的先进性、技术措施是否适当，均会对工程质量产生较大影响。在制订和审核施工方案和施工工艺时，必须结合工程施工实际，从技术、组织、经济等方面进行全面综合分析，确保施工方案技术上可行、经济上合理，且有利于提高工程质量水平。

（5）环境的影响　环境因素有很多，主要指自然环境、技术环境和管理环境。自然环境包括地质、水文、气象条件和周边建筑、地下障碍物及其他不可抗力等因素；技术环境包括施工所依据的规范、规程、设计图纸、质量评价标准等因素；管理环境包括质量检验制度、监控制度、质量管理制度等。环境因素对施工质量的影响具有复杂和多变的特点，且有些因素是人难以控制的。这就需要管理人员尽可能全面地了解可能影响工程质量的各种环境因素，采取相应的预防性控制措施，确保工程质量符合相关要求。

工程质量管理内容和方法

工程质量保证体系（1）

工程质量保证体系（2）

3. 工程质量管理体系

建设工程项目的实施，涉及业主、设计、施工、监理、供应等多方质量责任主体的活动，各方主体各自承担不同的质量责任和义务。为了有效地进行系统、全面的质量控制，必须由项目实施总负责单位，负责建设工程项目质量管理体系的建立和运行，实施质量目标控制。

3.1　建立工程质量管理体系的原则

工程质量管理体系的建立过程，实际上就是工程项目质量总目标的确定和分解过程，也是工程项目各参与方之间质量管理关系和管理责任的确立过程。为了保证工程质量管理体系的科学性和有效性，必须明确体系建立的原则、内容、程序和主体。

实践经验表明，工程质量管理体系的建立，遵循以下原则对于质量目标的规划、分解、实施、控制是非常重要的。

(1) 分层次规划原则 工程质量管理体系的分层次规划，是指项目管理的总组织者（建设单位或项目管理企业）和承担项目实施任务的各参与单位，分别进行不同层次和范围的建设工程项目质量管理体系规划。

(2) 目标分解原则 工程质量管理系统总目标的分解，是根据管理系统内工程项目的分解结构，将工程项目的建设标准和质量总体目标分解到各个责任主体，明示于合同条件，由各责任主体制订出相应的质量计划，确定其具体的控制方式和控制措施。

(3) 质量责任制原则 工程质量管理体系的建立，应按照《中华人民共和国建筑法》《建设工程质量管理条例》有关工程质量责任的规定，界定各方的质量责任范围和控制要求。

(4) 系统有效性原则 工程质量管理体系，应从实际出发，结合项目特点、合同结构和项目管理组织系统的构成情况，建立工程项目各参与方共同遵循的质量管理制度和控制措施，并形成有效的运行机制。

3.2 建立工程质量管理体系的程序

工程质量管理体系的建立过程，一般可按下列程序进行。

(1) 确立工程质量责任的网络架构 首先明确系统各层面的工程质量负责人，一般应包括承担项目实施任务的项目经理（或工程负责人）、总工程师，项目监理机构的总监理工程师、专业监理工程师等，以形成明确的工程质量责任者的关系网络架构。

(2) 制定工程质量管理制度 工程质量管理制度包括质量控制例会制度、协调制度、报告审批制度、质量验收制度和质量信息管理制度等。这些制度形成建设工程质量管理体系的管理文件或手册，作为承担建设工程项目实施任务各方主体共同遵循的管理依据。

(3) 分析工程质量管理界面 工程质量管理体系的质量责任界面，包括静态界面和动态界面。静态界面根据法律法规、合同条件、组织内部职能分工来确定。动态界面主要是指项目实施过程中设计单位之间、施工单位之间、设计与施工单位之间的衔接配合关系及其责任划分，必须通过分析研究，确定管理原则与协调方式。

(4) 编制工程质量计划 工程项目管理总组织者，负责主持编制建设工程项目总质量计划，并根据质量管理体系的要求，部署各质量责任主体编制与其承担任务范围相符合的质量计划，并按规定程序完成质量计划的审批，作为其实施自身工程质量控制的依据。

3.3 运行工程质量管理体系

工程质量管理体系的运行，实质上就是系统功能的发挥过程，也是质量活动职能和效果的管理过程。工程质量管理体系要有效地运行，还有赖于系统内部的运行环境和运行机制的完善。

(1) 运行环境 工程质量管理体系的运行环境，主要是指为系统运行提供支持的项目合同结构、质量管理资源配置、质量管理组织制度。

1) 项目合同结构。建设工程合同是联系建设工程项目各参与方的纽带，只有在项目合同结构合理、质量标准和责任条款明确，并严格进行履约管理的条件下，工程质量管理体系的运行才能成为各参与方的自觉行动。

2）质量管理组织制度。工程质量管理体系内部的各项管理制度和程序性文件的建立，为质量管理系统各个环节的运行，提供必要的行动指南、行为准则和评价基准，是系统有序运行的基本保证。

3）质量管理资源配置。质量管理资源配置，包括专职的工程技术人员和质量管理人员的配置；实施技术管理和质量管理所必需的设备、设施、器具等物质资源的配置。人员和资源的合理配置是质量控制体系得以运行的基础条件。

(2) 运行机制 工程质量管理体系的运行机制，是由一系列质量管理制度安排所形成的内在动力。运行机制是工程质量管理体系的生命，机制缺陷是造成系统运行无序、失效和失控的重要原因。因此，在系统内部的管理制度设计时，必须予以高度的重视，防止重要管理制度的缺失、制度本身的缺陷、制度之间的矛盾等现象出现，才能为系统的运行注入动力机制、约束机制、反馈机制和持续改进机制。

1）动力机制。动力机制是工程质量管理体系运行的核心机制，它来源于公正、公开、公平的竞争机制和利益机制的制度设计或安排。这是因为项目的实施过程是由多主体参与的价值增值链，只有保持合理的供方及分供方等各方关系，才能形成合力，是项目管理成功的重要保证。

2）约束机制。没有约束机制的管理体系是无法使工程质量处于受控状态的。约束机制取决于各质量责任主体内部的自我约束能力和外部的监控效力。约束能力表现为组织及个人的经营理念、质量意识、职业道德及技术能力的发挥；监控效力取决于项目实施主体外部对质量工作的推动和检查监督。两者相辅相成，构成质量控制过程的制衡关系。

3）反馈机制。运行状态和结果的信息反馈，是对工程质量管理系统的能力和运行效果进行评价，并为及时做出处置提供决策依据。因此，必须有相关的制度安排，保证质量信息反馈及时和准确，坚持质量管理者深入生产第一线，掌握第一手资料，才能形成有效的质量信息反馈机制。

4）持续改进机制。在项目实施的各个阶段，不同的层面、不同的范围和不同的质量责任主体之间，应用 PDCA 循环原理展开质量控制，同时注重抓好质量控制点的设置，加强重点控制和例外控制，并不断寻求改进机会、研究改进措施，才能保证建设工程项目质量控制系统的不断完善和持续改进，不断提高质量控制能力和控制水平。

4. 抽样检验施工质量

工程施工质量抽样检验的目的：一是判断工程施工质量是否合格；二是及时发现施工过程的不稳定性，以便及时采取措施加以纠正，使施工过程处于稳定状态。

4.1 抽样检验缘由

抽样检验是指从一批产品中抽取适当数量产品作为样本，对这些样本产品逐一进行检验，以此来判别整批产品是否符合标准和能否接收的过程。从理想角度考虑，为了获得100%的合格品，只有采用全数检验才有可能达到目的。但是，由于下列原因，工程实践中必须采用抽样检验方式。

1）**破坏性检验**，无法采取全数检验方式。例如，为了检验钢筋混凝土梁的极限承载力而进行破坏性检验，数据得到后，钢筋混凝土梁也被全部破坏。

2）全数检验有时会耗时很长，在经济上也未必合算。检验需要时间，有些会来不及逐一进行检验。检验也需要成本，对于那些检验费用高、本身价值又不大的产品而言，全数检验的必要性并不大。

3）采取全数检验方式，未必能绝对保证100%的合格品。经验表明，长时间重复性检验工作带来的疲劳，常会导致错检或漏检，检验效果并不理想。有时使用大量不熟练的检验人员进行全检，甚至不如使用少量熟练检验人员进行抽检效果好。

4.2 检验批

提供检验的一批产品称为检验批，检验批中所包含的单位产品的总数量称为批量，通常记作 N。检验批有稳定批和流动批两种形式。所谓稳定批，是指将产品整批存放在一起，即批中所有单位产品是同时提交检验的。所谓流动批，则是指检验批中的单位产品逐个从检验点通过，由检验人员直接进行检验。只要条件允许，最好采用稳定批形式，其优点是容易进行抽样检验。当一批产品体积大、检验批量大，需要较大储存场所时，需要采用流动批形式。此外，工序检查也可采用流动批形式。

（1）检验批构成 构成一批的所有单位产品，不应有本质差别，只能有随机波动。一个检验批应当是由生产条件基本相同、生产时间基本一致的同形式、同等级、同类型、同尺寸及同成分的单位产品所组成。构成检验批的上述条件通常很难同时得到满足，例如，在两条生产线上生产的轴承是否可划为同一批？如果都不能划作同一批，则检验批会增多，而每一检验批中的产品又会很少，从而使检验工作量加大。因此，只要生产处于稳定状态，还是应采用较大的检验批。

（2）批量 一批产品所包含的产品总数称为批量。批量大小没有统一规定。一般情况下，质量不太稳定的产品，以小批量为宜；质量很稳定的产品，批量可以取大些。但批量不能过大，批量过大，一旦误判，造成的损失也很大。

（3）批质量的衡量方法 衡量一批产品质量的方法主要有两种：计数方法和计量方法。

1）计数方法。计数方法有两种：

① 以批不合格品率为质量指标，也称为计件，计算公式见式（5-1）。

② 以批中每百单位产品的平均不合格数为质量指标，也称为计点，计算公式见式（5-2）。

$$批不合格品率 = \frac{批中不合格数}{批量} \times 100\% \tag{5-1}$$

$$每百单位产品平均不合格数 = \frac{批中不合格数}{批量} \times 100\% \tag{5-2}$$

2）计量方法。计量方法有三种：

① 以批中单位产品某个质量特性的平均值为质量指标。

② 以批不合格品率为质量指标。

③ 以批中单位产品某个质量特性的标准差为质量指标等。

4.3 随机抽样方法

抽样检验首先碰到的问题是如何抽取样本。由统计推断的含义可知，要想使样本数据能反映总体全貌，样本必须能够代表总体的质量特性，因此，样本数据的收集应建立在随机抽样基础上。由于人的主观因素作用，人工挑选取样不能反映整批产品的质量分布状态。例如，生产方可能会有意挑出一些质量好的样品供采购方选购；使用方可能会有意挑出一些质量差的样品来否定这批产品的实际质量，以迫使供货方降价。只有采用随机抽样，才能使抽取的样本代表总体（整批产品）。

随机抽样可分为简单随机抽样、系统随机抽样、分层随机抽样、分级随机抽样和整群随机抽样等。

（1）简单随机抽样 简单随机抽样就是排除人的主观因素，按以下方式逐个抽取样本单元的方法：第一样本单元从总体中所有 N 个抽样单元中随机抽取；第二个样本单元从剩下的 $(N-1)$ 个抽样单元中随机抽取……依此类推，直至抽取 n 个样本单元为止。在实际应用中，简单随机抽样常借助于随机数骰子或随机数表来进行。这种抽样方法广泛用于原材料、构（配）件进货检验和分项工程、分部工程、单位工程完工后检验。

（2）系统随机抽样 系统随机抽样是指将总体中的抽样单元按某种次序排列，在规定范围内随机抽取一个或一组初始单元，然后按一套规则确定其他样本单元的抽样方法。如每隔一定时间或空间抽取一个样本，其第一个样本是随机的，所以又称为机械随机抽样。用系统随机抽样得到的样本称为系统样本。这种方法主要用于工序质量检验。

（3）分层随机抽样 分层随机抽样是指将总体分割成互不重叠的子总体（层），在每层中独立地按给定的样本量进行简单随机抽样。例如，由不同班组生产的同一种产品组成一个批，在这种情况下，考虑各班组生产的产品质量可能会有波动，为了获得有代表性的样本，便可将整批产品按不同班组分成若干层。这样，可使同一层内的产品质量均匀整齐，然后在各层内再分别抽取样本。

（4）分级随机抽样 分级随机抽样是指第一级抽样从总体中抽取初级抽样单元，以后每一级抽样是在上一级抽样单元中抽取次一级的抽样单元。分级随机抽样一般用于总体很大的情况，例如，对批量很大的砖的抽样，就可以按二次抽样来进行。

（5）整群随机抽样 整群随机抽样是指将总体分成若干互不重叠的群，每个群由若干个体组成，从总体中随机抽取若干个群，抽出的群中的所有个体便组成样本。

4.4 抽样检验分类

（1）按检验目的不同分类 抽样检验可从不同角度划分为不同类型。按检验目的不同，抽样检验可分为监督检验和验收检验。

1）监督检验。监督检验是除生产方、用户外，受委托的第三方机构或政府部门为督促产品生产者或经销者切实履行自己在产品质量方面的义务和责任，以法律法规为依据而实施的检验。

2）验收检验。验收检验是指通过检查判断产品是否满足质量标准而进行的检验。验收检验的目的是把关，产品满足质量标准要求的，就予以接收；否则就拒收或另作处理。

由于监督检验与验收检验的条件和目的各不相同，因此在设计抽样方案时所采用的数学模型和参数也不会相同，切不可将验收抽样方案盲目地用于监督抽样。

（2）按产品质量特征不同分类 按产品质量特征不同，抽样检验可分为计数抽样检验和计量抽样检验。

1）计数抽样检验。如果在抽样检验中只是利用计数检验结果，即样本中不合格品个数，就称为计数抽样检验。例如，从包含 N 个产品的一批产品中随机选取 n 个产品，通过检验这 n 个产品，若不合格数不大于预先给定的数 C，则接收这批产品；否则，拒收这批产品。

2) 计量抽样检验。如果在抽样检验中只是利用计量检验结果，如样本均值或样本标准差等，就称为计量抽样检验。例如，从包含 N 个产品的一批产品中随机选取 n 个产品，测出这 n 个产品的某一质量特性值，该质量特性值的均值或标准差不大于预先给定的数值时，可判定这批产品检验通过；否则判定这批产品检验不通过。

计数抽样检验具有使用简便、运用范围广泛等优点；缺点是所需要的样本量较大，样本信息利用也不充分。计量抽样检验具有信息利用充分、需要的样本量较小等优点；缺点是使用程序较烦琐，适用范围较窄。

(3) 按抽取样本次数不同分类　按抽取样本次数不同，抽样检验可分为一次、二次、多次抽样检验。

1) 一次抽样检验（Single Sampling Inspection）。一次抽样检验是最简单的抽样检验，只需抽取样本一次，就可做出一批产品抽检合格与否的判断。一次抽样检验通常用 (N, n, C) 表示，即从批量为 N 的交验产品中随机抽取 n 件进行检验，并预先规定一个合格判定数 C，如果发现 n 件中有 d 件不合格品，当 $d \leq C$ 时，则判定该批产品合格，予以接收；当 $d > C$ 时，则判定该批产品不合格，予以拒收。一次抽样检验如图 5-7 所示。

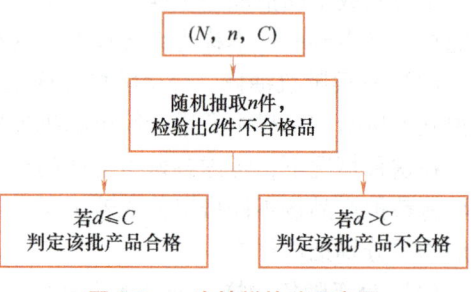

图 5-7　一次抽样检验示意图

2) 二次抽样检验（Double Sampling Inspection）。二次抽样检验也称双次抽样检验，是指先抽第一个样本（第一次抽样），若能做出抽检合格与否的判断，则检验工作终止；否则，再抽第二个样本，然后做出判断，即在检验批量为 N 的一批产品中，随机抽取 n_1 件产品进行检验。发现 n_1 中的不合格数为 d_1：若 $d_1 \leq C_1$，则判定该批产品合格，予以接收；若 $d_1 > C_2$，判定该批产品不合格，予以拒收。若 $C_1 < d_1 \leq C_2$，则不能判断，在同批产品中继续随机抽取第二个样本 n_2 件产品进行检验。若发现 n_2 中有 d_2 件不合格品，则根据 $d_1 + d_2$ 与 C_2 的比较做出如下判断：若 $d_1 + d_2 \leq C_2$，判定该批产品合格，予以接收；若 $d_1 + d_2 > C_2$，则判定该批产品不合格，予以拒收。二次抽样检验如图 5-8 所示。

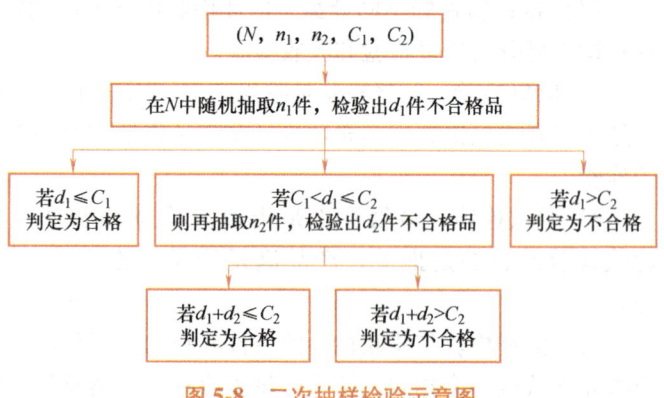

图 5-8　二次抽样检验示意图

3) 多次抽样检验　多次抽样检验与二次抽样检验类似。每次抽取一批产品进行检验，若能按判断规则做出抽查合格与否的判断，则检验工作终止；否则，再进行下一次抽检，如此循环，直至能做出抽检合格与否的判断为止。

(4) 按抽样方案是否可调整分类　按抽样方案是否可调整，抽样检验可分为调整型抽样检验和非调整型抽样检验。

1) 调整型抽样检验。主要是根据产品质量变化情况，按照预先确定的规则适当地调整抽样方案。一般情况下,当批质量处于正常情况时,采用正常抽样方案;当批质量变坏时,改用加严抽样方案;当批质量显著变好时,允许使用放宽抽样方案。调整型抽样检验是充分利用产品质量历史,在保证批质量的前提下,达到减少样本、降低检验费用的目的。

2)非调整型抽样检验。一般不利用产品的质量历史,使用中也没有调整规则,适用于对孤立批产品的检验。

(5) 按是否可组成批分类　按是否可组成批,抽样检验可分为逐批检验和连续抽样检验。

在大多数情况下,产品是以批的形式交付验收的。如果每一批都进行检验,就称为逐批检验。有些产品不能在形成批之后进行检验,而是在生产过程中进行检验,这就需要在重要工序设立固定检验点进行直接抽检,这称为连续抽样检验或流动批检验。

4.5　施工质量检验方法

施工质量检验可采用感观检验法、物理检验法、化学检验法和现场试验法等。

(1) 感观检验法　感观检验法是以施工规范和检验标准为依据,利用人体的视觉器官、听觉器官和触觉器官来检验施工质量情况。这类方法主要是根据质量要求,采用看、摸、敲、照等方法对检查对象进行检查。

1)所谓"看",就是根据质量标准要求进行外观检查,例如,结构表面是否有裂缝,混凝土振捣是否符合要求等。

2)所谓"摸",就是通过手感触摸进行检查鉴别。

3)所谓"敲",就是运用敲击方法进行声感检查,根据声音虚实、脆闷判断有无质量问题。

4)所谓"照",就是通过人工光源或反射光照射,仔细检查难以看清的部位。

感观检验法简便易行,判断速度快。在施工质量检验实际工作中,经常是由感观检验法发现问题后,再进一步通过其他检验方法来判断施工质量问题的程度和产生原因。因此,感观检验法是施工质量检验的重要方法。

(2) 物理检验法　物理检验法是指利用物理原理借助各种检测工具和仪器设备对施工质量进行检验的方法。物理检验法是一种在施工质量检验中被广泛应用的重要方法,包括度量检测法、电性能检测法、力学性能检测法和无损检测法等。

1)度量检测法。度量检测法是指利用工具和设备通过检测材料、构件、工程等的长度、质量、体积、密度等来判定工程质量情况。工程实践中常用的度量检测工具和设备有钢尺、卡尺、塞尺、水平仪、经纬仪、激光测距仪、超声波探测仪、赫兹密度仪、K30密实度检测车等。

2)电性能检测法。电性能检测法是指利用电工电子仪器和适当的测量方法来检测电器设备和材料性能的方法。工程建设中,这种方法常被用来检验电气安装工程中各种电器设备和材料的绝缘电阻值、避雷接地和保护接地的电阻值、电器设备的运转电流及电压值等。

随着电子工业的不断发展,电子检测仪器日新月异,用于电性能检测的电工电子仪器非常多,常用的检测仪器有绝缘电阻表、接地电阻表、电流表、电压表和万用表。其中,万用表一般是用来检测和校对电缆接线正确与否的。

3)力学性能检测法。力学性能检测法是指利用物理、力学专用仪器对工程材料、构件等力学性能进行检测的方法。工程建设中，力学性能检测项目一般是指钢材的抗拉、抗弯、抗剪和焊接性能；混凝土的抗压、抗渗性；水泥砂浆的抗压性能；砌块的抗压、抗拉、抗剪性能等。

由于力学性能检测所使用的专用仪器价格昂贵，专业技术性强，因此，这种检验通常是由施工现场抽取检验样品，送至有资质的工程质量检测机构进行检测。

4）无损检测法。无损检测法是指在不损坏被检物的前提下，对被检物内部或表面缺陷、性质、状态和结构进行检验的方法。常用的无损检测方法有射线探伤法、超声波探伤法等。此类方法常用来检测混凝土内部质量（如桩基础）和钢材焊接质量。无损检测法分类如图5-9所示。

在常规无损检测法中，超声波探伤法和射线探伤法主要用于探测被检物的内部缺陷；渗透探伤法仅用于探测被检物表面开口的缺陷；磁粉探伤法和电磁感应检测法用于探测被检物的表面和近表面缺陷。

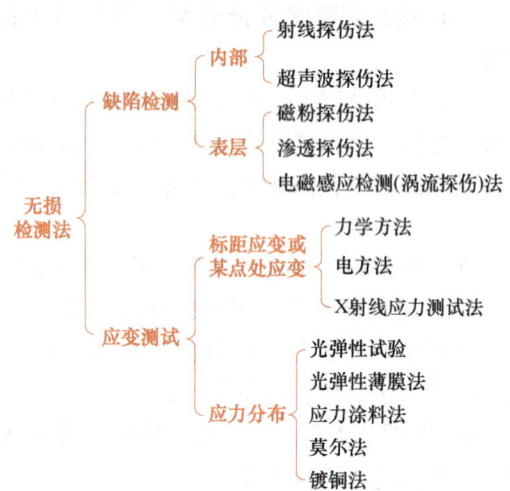

图5-9 无损检测法分类

(3) 化学检验法 化学检验法是指利用化学试剂和试验仪器对工程材料的化学成分及其含量进行测定的方法。这种方法常用来检测水泥、钢材的化学成分。

化学检验法可从不同角度进行分类。根据测定对象不同，化学检验法可分为无机分析和有机分析；根据试样用量不同，化学检验法可分为常量分析、半微量分析、微量分析和超微量分析；根据分析目的的不同，化学检验法可分为定性分析和定量分析。定性分析是测定未知物质含有哪些组分，定量分析是测定被测组分的含量。从目前施工质量检验工作内容看，多数为已知组分的定量分析。定量分析又分为常规化学分析和仪器分析两大类。

(4) 现场试验法 现场试验法是指直接在施工现场对工程构件、设备等进行试验的方法。常见的试验有：桩基础的静载试验、小应变试验；给水工程、供暖工程中的压力试验；设备安装工程中的设备试运行试验；电器安装工程中的电器设备动作试验等。

除上述试验方法外，还有很多其他试验检验方法，如高低温试验、湿热试验、防腐试验、防雷试验、密封试验、振动试验、老化试验等。

5. 统计分析施工质量

施工质量统计分析是在掌握大量工程质量检验数据的基础上，运用统计分析方法分析判断工程施工质量是否合格，发现施工过程的不稳定性，以便及时采取措施加以纠正，使施工过程处于稳定状态。

常用的施工质量统计分析方法有：分层法、调查表法、因果分析图法、排列图法、相关图法、直方图法和控制图法等。

5.1 分层法

分层法是指将调查收集的原始数据，根据不同的目的和要求，按某一性质进行分组整理的分析方法。每组称为一层，因此，分层法又称为分类法或分组法。分层的结果是使各层间数据的差异突显出来，在此基础上进行层间、层内的比较分析，可以更深入地发现和认识质量问题及其产生原因。

【例 5-1】 某钢结构工程焊接，由 A、B、C 三个焊工操作完成，焊条由甲、乙两家生产厂提供。施工过程中，共检测 60 个焊接点质量，其中有 24 个焊接点不合格，不合格率 40%，存在严重的质量问题。为此，通过分层分析，得到焊接操作者和焊条生产厂家产品不合格情况分别见表 5-1 和表 5-2。

表 5-1 焊接操作者不合格情况

操作者	合格	不合格	不合格率
A	15	7	31.8%
B	11	4	26.7%
C	11	12	52.2%
合计	37	23	38.3%

表 5-2 焊条生产厂家产品不合格情况

生产厂家	合格	不合格	不合格率
甲	17	11	39.3%
乙	20	12	37.5%
合计	37	23	38.3%

由表 5-1 和表 5-2 可以看出，焊工 B 的焊接质量较好，不合格率 26.7%；而无论是采用甲或乙生产厂的焊条，不合格率都比较高且两者相差不大。为了找出问题所在，需要进一步进行综合分层分析。考虑两种因素共同影响的焊接质量综合分层分析结果见表 5-3。

表 5-3 焊接质量综合分层分析结果

操作者	焊接质量	甲生产厂		乙生产厂		合计	
		焊接点	不合格率	焊接点	不合格率	焊接点	不合格率
A	不合格	7	70%	0	0	7	31.8%
	合格	3		12		15	
B	不合格	0	0	4	44.4%	4	26.7%
	合格	6		5		11	
C	不合格	4	33.3%	8	72.7%	12	52.2%
	合格	8		3		11	
合计	不合格	11	39.3%	12	37.5%	23	38.3%
	合格	17		20		37	

从表 5-3 可知，焊接质量与焊工的操作手法有直接关系。在使用甲生产厂的焊条时，应采用焊工 B 的操作方法为好；在使用乙生产厂的焊条时，应采用焊工 A 的操作方法为好，

这样会使焊接合格率大大提高。

分层法是工程质量统计分析中的一种基本方法。排列图法、直方图法、控制图法、相关图法等统计方法通常需要与分层法配合使用，常常是首先利用分层法将原始数据分组后，再应用其他统计分析方法进行分析。

5.2 调查表法

调查表法又称调查分析法、检查表法，是指利用专门设计的统计表对工程质量数据进行收集和整理，并粗略地进行原因分析的一种方法。

根据使用目的的不同，采用的调查表有：工序分布检查表、缺陷位置检查表、不良项目检查表、不良原因检查表等。检查表的形式繁多，也可根据数据收集的需要自行设计调查表。表 5-4 是预制混凝土板外观质量问题调查表。

表 5-4 预制混凝土板外观质量问题调查表

构件名称		预制混凝土板		生产班组		
日生产总数			生产日期		检查时间	
检查方式				检查人员		
检查项目名称	检查记录					合计
露筋						
蜂窝						
孔洞						
裂缝						
其他						
总计						

调查表法往往会与分层法结合起来应用，可以更好、更快地找出问题的原因，以便采取改进措施。

5.3 因果分析图法

因果分析图又称为质量特性因果图、鱼刺图或树枝图，是一种反映质量特性与质量缺陷产生原因之间关系的图形工具，可用来分析、追溯质量缺陷产生的最根本原因。

工程施工过程中，发生质量缺陷的原因不外乎人、材料、机械、方法、环境五大方面，即"4M1E"，在每一方面原因中，有可能包含若干中原因、小原因和更小的原因。在进行因果分析时，先将影响产品质量的主要特性作为"结果"，将影响质量特性的"4M1E"作为因素，然后连续追究"因素为什么发生波动"，从大原因中追出中原因、小原因，直至追出关键的具体因素，详细到便于采取针对性措施为止。图 5-10 为混凝土强度不合格的因果分析图。

应用因果分析图法进行质量特性因果分析时，应注意以下几点：

1）一个质量特性或一个质量问题使用一张图分析。
2）通常采用 QC 小组活动的方式进行，集思广益，共同分析。
3）必要时可邀请 QC 小组以外的有关人员参与，广泛听取意见。
4）分析时要充分发表意见，层层深入，排除所有可能的原因。
5）在充分分析的基础上，由各参与人员采用投票或其他方式，从中选择 1~5 项多数人达成共识的最主要原因。

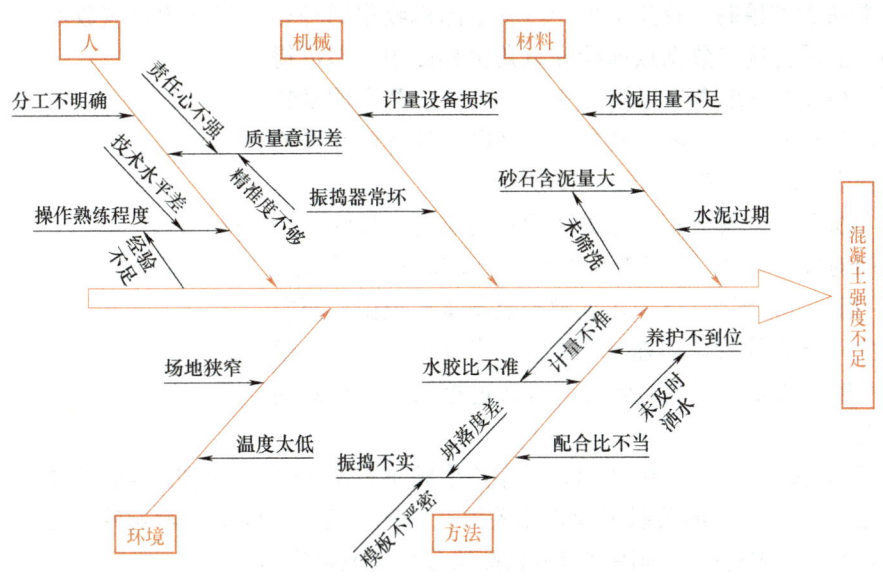

图 5-10　混凝土强度不合格的因果分析图

5.4　排列图法

排列图法又称主次因素分析法或帕累托图法，是用来分析影响质量主次因素的有效方法。如图 5-11 所示，排列图由两个纵坐标、一个横坐标、若干个连起来的直方形和一条曲线组成。左侧纵坐标是频数或件数，右侧纵坐标是累计频率；横坐标表示影响质量的各个因素（或项目），按影响程度大小从左至右排列。直方图形的高度表示影响因素的影响大小，将其累计频率（百分数）点连成一条折线，即为帕累托曲线。

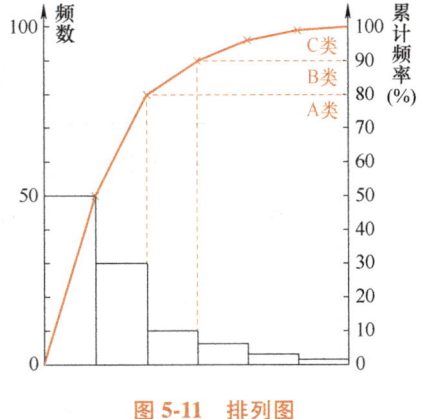

图 5-11　排列图

在实际应用中，一般将累计频率在 0~80% 范围内的因素定为 A 类因素，即主要因素；累计频率在 80%~90% 范围内的因素定为 B 类因素，即次要因素；累计频率在 90%~100% 范围内的因素定为 C 类因素，即一般因素。A 类因素是需要加强控制、重点管理的对象；对 B 类因素可按常规管理；对 C 类因素则可放宽管理，以利于将主要精力放在改善 A 类因素上。

5.5　相关图法

相关图又称为散布图，相关图法是用来观察分析两种质量数据之间相关关系的图形方法。在生产过程中，质量特性与影响因素都是变量，这些变量之间有的存在确定性关系，即根据一个变量可准确地算出另一个变量值，如碳素钢中含碳量与硬度的关系。还有些变量之间虽然存在一定的因果关系，但彼此却无确定性的对应关系，这种关系称为相关关系。通过绘制散布图，计算相关系数等，可分析研究两个变量之间是否存在相关关系，以及这种关系的密切程度，进而对相关程度密切的两个变量，通过对其中一个变量的观察控制，去估计控制另一个变量的数值，以达到控制工程质量的目的。

（1）相关图的绘制 首先从生产过程中随机收集两种相关变量的对应数据（一般不少于 30 个），然后将这些数据点描绘在直角坐标图中，即可得到相关图。相关图中纵横坐标均为变量，可以是两个质量特性，也可以是两个影响因素，最常用的是以质量特性和影响因素为纵横坐标的相关图，如图 5-12 所示。

（2）相关图的观察分析 相关图中点的集合，反映了两种数据之间的散布状况。几种典型的相关图如图 5-13 所示。

1）正相关。如图 5-13a 所示，散布点基本形成由左至右向上变化的一条直线带，即随 x 增加，y 值也相应增加，说明 x 与 y 有较强的制约关系。此时，可通过控制 x 而有效地控制 y 的变化。

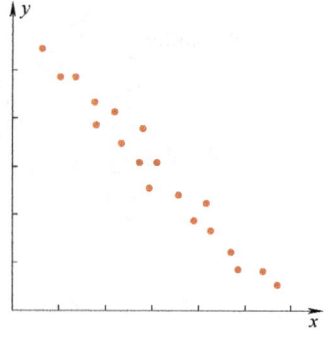

图 5-12 相关图

2）弱正相关。如图 5-13b 所示，散布点形成向上较分散的直线带。随 x 值的增加，y 值也有增加趋势，但 x、y 的关系不像正相关那么明确。说明 y 除受 x 影响外，还受其他更重要的因素影响。需要进一步利用因果分析图法分析其他影响因素。

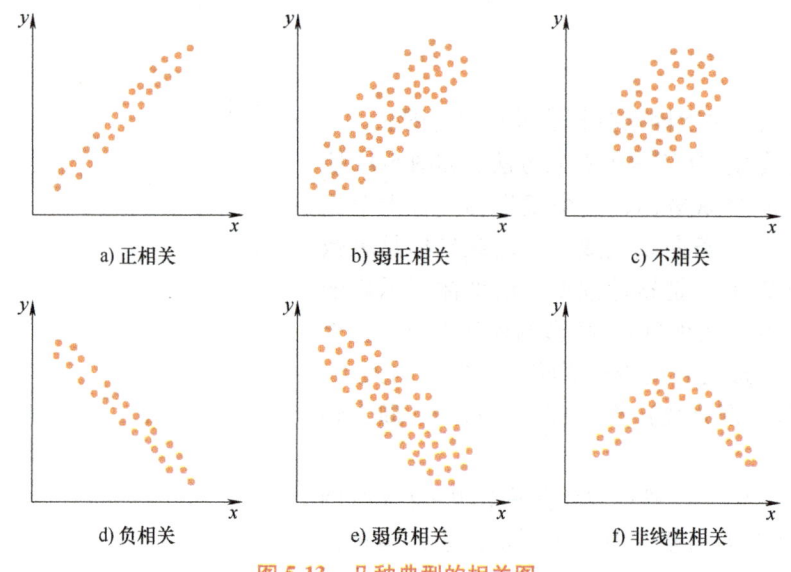

图 5-13 几种典型的相关图

3）不相关。如图 5-13c 所示，散布点形成一团或平行于 x 轴的直线带。说明 x 变化不会引起 y 的变化或其变化无规律，分析质量原因时可排除 x 因素。

4）负相关。如图 5-13d 所示，散布点形成由左向右向下的一条直线带，说明 x 对 y 的影响与正相关恰恰相反。

5）弱负相关。如图 5-13e 所示，散布点形成由左至右向下分布的较分散的直线带。说明 x 与 y 的相关关系较弱，且变化趋势相反，应考虑寻找影响 y 的其他更重要的因素。

6）非线性相关。如图 5-13f 所示，散布点呈一曲线带，即在一定范围内 x 增加，y 也增加；超过这个范围后，x 增加，y 则有下降趋势，或改变变动的斜率呈曲线形态。

5.6 直方图法

直方图又称频数分布直方图，直方图法是用来反映产品质量数据分布状态和波动规律的统计分析方法。直方图法的主要用途是：判断工序的稳定性；推断工序质量规格标准的满足程度；分析不同因素对质量的影响；计算工序能力等。

（1）直方图的绘制步骤

1）收集整理数据。将抽样检查得到的一批（一般不小于100个，如确实达不到，至少也应大于50个）质量数据按大小分成若干组，在坐标图上画出以组距为底、以每组频数为高的一系列矩形图形。

【例5-2】 某混凝土主体结构工程施工过程中，经检测得到C30混凝土抗压强度数据见表5-5。

表5-5 混凝土抗压强度数据

序号	抗压强度数值/(N/mm²)					最大值/(N/mm²)	最小值/(N/mm²)
1	37.2	33.7	36.1	33.8	31.6	37.2	31.6
2	35.8	34.1	36.5	33.4	39.2	39.2	33.4
3	39.9	32.8	37.8	32.4	37.8	39.9	32.8
4	39.2	33.2	35.2	33.2	40.5	39.2	33.2
5	39.8	34.7	41.3	34.4	38.5	41.3	34.4
6	38.9	35.5	40.8	35.6	39.5	40.8	35.5
7	42.3	42.2	37.6	41.8	36.4	42.3	36.4
8	36.6	38.2	36.9	38.4	39.6	39.6	36.6
9	46.4	42.8	38.0	43.2	38.3	46.4	38.0
10	36.4	37.6	38.5	37.9	38.7	38.7	36.4
11	39.8	35.9	39.2	37.5	37.8	39.8	35.9
12	43.2	42.3	37.8	38.2	36.4	43.2	36.4
13	42.1	39.2	36.5	38.4	35.9	42.1	35.9

2）计算极差 R。极差 R 是质量数据中最大值与最小值之差。

表5-5中，$X_{max}=46.4$（N/mm²），$X_{min}=31.6$（N/mm²）。

则：$R=X_{max}-X_{min}=46.4-31.6=14.8$（N/mm²）

3）对数据分组，确定组距和组界。

①确定组数 k。组数的多少应根据数据总量来确定。组数过少，会掩盖数据分布规律；组数过多，数据分布过于零乱，不能显示出总体分布状况。数据分组参考值见表5-6。

表5-6 数据分组参考值

数据总数 n	分组数 k
<50	5~7
50~100	6~10
100~250	7~12
>250	10~20

例5-2中取 $k=8$。

② 确定组距 h。组距是组与组之间的间隔，也即一个组的范围。各组距应相等。例5-2中，$h=R/k=14.8/8=1.85≈2$（N/mm²）

组数、组距的确定应结合极差综合考虑，并进行适当调整。数值尽量取整，使分组结果能包括全部数据，同时也便于计算分析。

③ 确定组界。

例5-2中，第一组下界限值=$X_{min}-h/2=31.6-2/2=30.6$（N/mm²），第一组上界限值=第一组下界限值+$h$=30.6+2=32.6（N/mm²）。

第二组下界限值=第一组上界限值=32.6（N/mm²），第二组上界限值=32.6+2=34.6（N/mm²）。

依此类推，最后一组的界限值为44.6~46.6（N/mm²），分组结果覆盖了全部数据。

4）编制数据频数统计表。

例5-2中，混凝土抗压强度数据频数统计表见表5-7。

表5-7 混凝土抗压强度数据频数统计表

组号	组限	频数	组号	组限	频数
1	30.6~32.6	2	5	38.6~40.6	12
2	32.6~34.6	8	6	40.6~42.6	7
3	34.6~36.6	14	7	42.6~44.6	3
4	36.6~38.6	18	8	44.6~46.6	1
			合计		65

（2）绘制频数分布直方图 混凝土抗压强度数据分布直方图如图5-14所示。

（3）直方图的观察分析

1）观察直方图形状，判断产品质量状况。将直方图分布状态与正态分布图进行对比，可分析判断产品质量状况。常见的直方图形状如图5-15所示。

① 正常型。如图5-15a所示，正常型直方图基本符合正态分布规律，其形状特征为中间高、两侧低，左右接近对称。表示工序处于稳定状态，只存在随机误差。

② 折齿型。如图5-15b所示，折齿型直方图是由于分组不当或组距确定不当而造成的。

③ 左（或右）缓坡型。如图5-15c所示，左（或右）缓坡型直方图主要是由于操作中对上限（或下限）控制太严造成的。

④ 孤岛型。如图5-15d所示，孤岛型直方图是因原材料发生变化，或短时间内工人操作不熟练造成的。

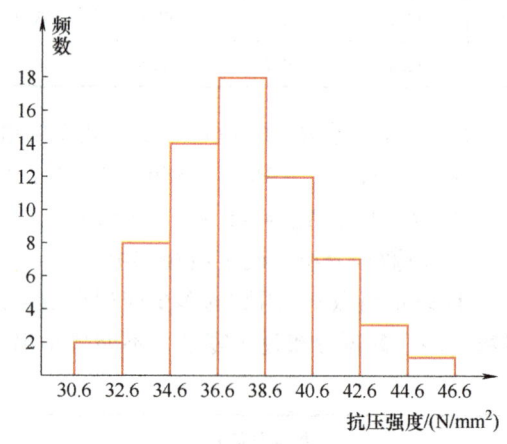

图5-14 混凝土抗压强度数据分布直方图

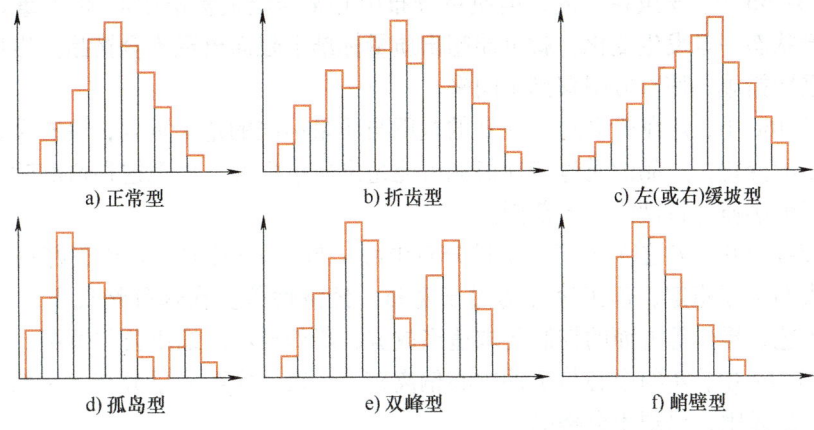

图 5-15 常见的直方图形状

⑤ 双峰型。如图 5-15e 所示，双峰型直方图往往是因取样时混批所致，如将两台设备、两种不同施工方法的产品混在一起或在两个不同批量中取样等。

⑥ 峭壁型。如图 5-15f 所示，峭壁型直方图通常是因数据收集不正常，可能有意识地去掉下限以下的数据，或是在检测过程中某种人为因素造成的。

除图 5-15a 外，其他几种直方图都是非正态分布，表示工艺过程中有异常原因，工序处于失控状态。为此，应及时查明原因，采取措施，消除误差，使工序保持稳定。

2）将直方图与质量标准比较，判断实际生产能力。在观察分析直方图整体形状的同时，还可将直方图与质量标准对比，借以判断工序对标准的适应能力和改善余地。直方图分布范围与质量标准的比较如图 5-16 所示。

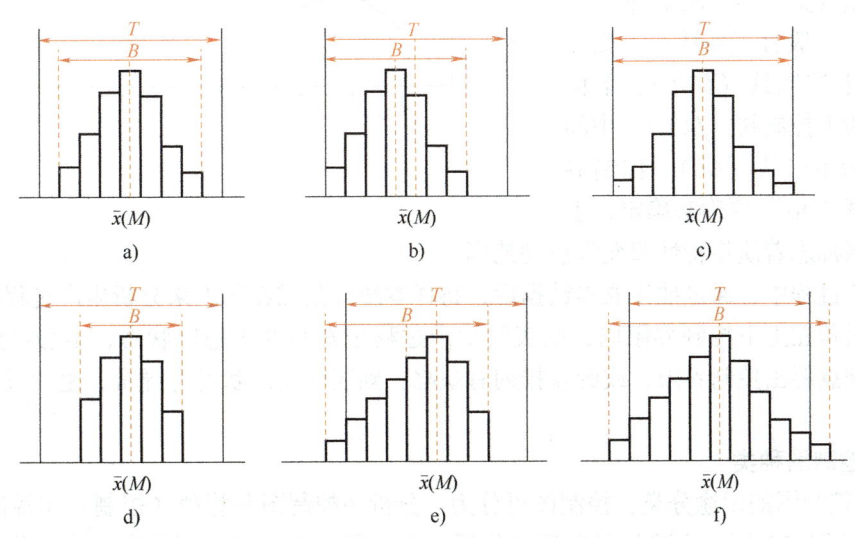

图 5-16 直方图分布范围与质量标准的比较

B—质量特性（如混凝土强度、尺寸）的实际分布范围　T—质量标准的范围

① 在图 5-16a 中，B 在 T 中间，质量分布中心 $\bar{x}$ 与质量标准中心 M 正好重合，两侧还有一定余量，表明工序质量稳定，不会出废品。

② 在图 5-16b 中，B 虽在 T 内，但质量分布中心 $\bar{x}$ 与质量标准中心 M 不重合，偏向一侧。如果生产状态一旦发生变化，就可能超出质量标准下限而出现不合格品。出现这种情况时，应及时采取措施，使直方图移到中间来。

③ 在图 5-16c 中，B 在 T 中间，且 B 的范围与质量标准的范围重合，没有余量。生产过程一旦发生小的变化，产品的质量特性值就可能超出质量标准。出现这种情况时，必须立即采取措施，以缩小质量特性的分布范围。

④ 在图 5-16d 中，B 在 T 中间，质量分布中心 $\bar{x}$ 与质量标准中心 M 正好重合，但两侧余量太大。表明工序稳定，但工序能力过于宽裕，经济性差。在这种情况下，可以对原材料、设备、工艺、操作等方面的控制要求适当放宽，降低成本或缩小公差范围。

⑤ 在图 5-16e 中，B 的中心与 T 的中心偏离较大，表示实际质量分布过于偏离质量标准中心，已经单边超限，出现不合格品。

⑥ 在图 5-16f 中，质量分布范围已超出质量标准的上、下界限，表明工序能力太小，必然出现不合格品。此时，应提高工序能力，使工序质量符合标准要求。

5.7 控制图法

控制图又称为管理图，是一种在直角坐标系内画有控制界限，描述生产过程中产品质量波动状态的图形。利用控制图分析质量波动原因，判明生产过程是否处于稳定状态的方法，称为控制图法。

（1）控制图基本形式　控制图基本形式如图 5-17 所示。控制图的横坐标通常表示按时间顺序抽样的样本编号，纵坐标表示质量特性值或其统计量（如样本平均值等）。

控制图一般有三条线：上面一条虚线为上控制线（UCL），下面一条虚线为下控制线（LCL），中间一条实线为中心线（CL）。控制界限一般根据"3σ"原理来确定，上下控制界限标志着质量特性值允许波动范围。

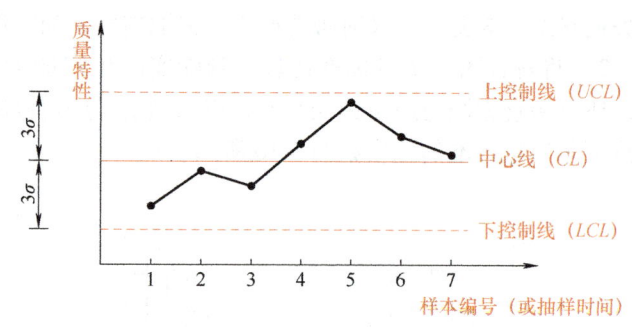

图 5-17　控制图基本形式

在生产过程中，通过抽样取得数据后，将样本统计量描在图上来分析生产过程状态。如果圆点随机落在上下控制界限内，则表明生产过程正常并处于稳定状态，不会产生不合格品；如果圆点超出控制界限，或圆点排列有缺陷，则表明生产状况有异常，生产过程处于失控状态。

（2）控制图种类

1）按控制图的用途分类，控制图可分为：分析用控制图和管理（控制）用控制图。

① 分析用控制图，主要是用来调查分析生产过程是否处于控制状态。绘制分析用控制图时，一般需连续抽取 20~25 组样本数据，计算控制界限。

② 管理（控制）用控制图，主要用来控制生产过程，使之经常保持在稳定状态。当根据分析用控制图判明生产过程处于稳定状态时，一般是将分析用控制图的控制界限延长作为管理（控制）用控制图的控制界限，并按一定的时间间隔取样、计算、描点，根据圆点分

布情况判断生产过程是否有异常原因影响。

2）按质量数据特点分类，控制图可分为：计量值控制图和计数值控制图。

① 计量值控制图，主要适用于质量特性属于计量值的控制，如时间、长度、重量、强度、成分等连续型变量。计量值性质的质量特性值服从正态分布规律。采用的计量值控制图有：均值控制图（$\bar{x}$ 控制图）、极差控制图（R 控制图）、均值—极差控制图（$\bar{x}\text{-}R$ 控制图）、中位数—极差控制图（$\bar{X}\text{-}R$ 控制图）、单值—移动极差控制图（$\bar{x}\text{-}R_s$ 控制图，用于对每一个产品都进行检验）。

② 计数值控制图，通常用于控制质量数据中的计数值，如不合格品数、疵点数、单位面积上的疵点数等离散型变量。根据计数值的不同又可分为：p 控制图（不合格率控制图）、p_n 控制图（不合格品数控制图）、c 控制图（缺陷数控制图）、u 控制图（单位缺陷数控制图）。

（3）控制图的观察分析

分析用控制图中的圆点同时满足以下两个条件时，可以认为生产过程基本上处于稳定状态：

1）连续 25 点中没有一点在界限外或连续 35 点中最多一点在界限外或连续 100 点中最多 2 点在界限外。

2）控制界限内的圆点随机排列且没有缺陷。

如果控制图中的圆点分布不满足上述条件时，说明生产过程发生了异常变化。有异常现象的圆点分布如图 5-18 所示。属于生产过程有异常的情形有：

① 连续 7 点或更多点在中心线同一侧，如图 5-18a 所示。

② 连续 7 点或更多点呈上升或下降趋势，如图 5-18b 所示。

③ 连续 11 点中至少有 10 点在中心线同一侧，如图 5-18c 所示。

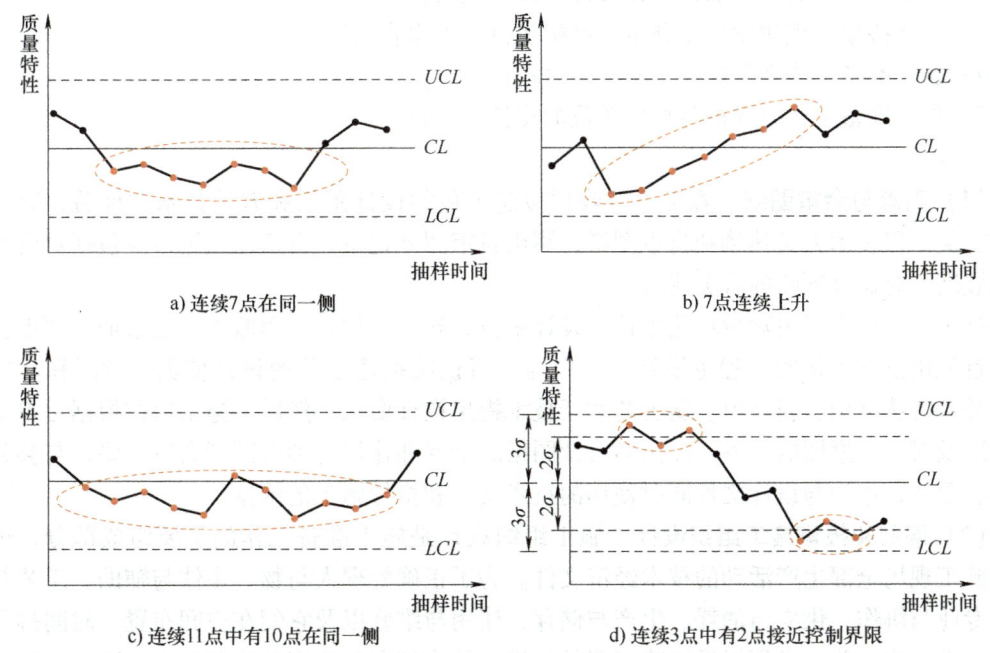

图 5-18　有异常现象的圆点分布

④ 连续 14 点中至少有 12 点在中心线同一侧。
⑤ 连续 17 点中至少有 14 点在中心线同一侧。
⑥ 连续 20 点中至少有 16 点在中心线同一侧。
⑦ 连续 3 点中至少有 2 点和连续 7 点中至少有 3 点落在二倍标准差与三倍标准差控制界限之间，如图 5-18d 所示。
⑧ 圆点呈周期性变化，如图 5-19 所示。

如果生产过程处于稳定状态，则把分析用控制图转为管理（控制）用控制图。分析用控制图是静态的，而管理（控制）用控制图是动态的。随着生产过程的进展，通过抽样取得的质量数据点描在控制图上，随时观察圆点的变化。如果圆点落在控制界限外或界限上，即判断生产过程异常；圆点即使在控制界限内，也应随时观察其有无缺陷，以便对生产过程正常与否做出判断。

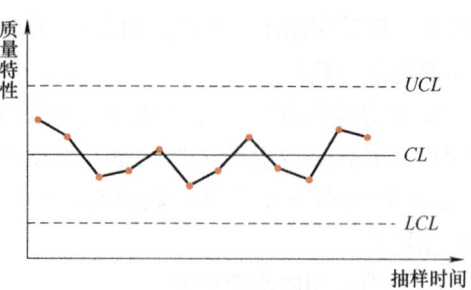

图 5-19　圆点呈周期性变化

6. 控制施工准备质量

施工准备是指为了保证工程顺利开工和施工活动正常进行而必须提前做的一切准备工作。施工准备不仅要在施工前进行，而且贯穿于整个施工过程。只有做好施工准备，才能取得良好的施工效果。

6.1　施工准备工作基本要求

1）施工准备工作应有组织、有计划、分阶段、有步骤地进行。
2）要建立严格的施工准备工作责任制及相应的检查制度。
3）要坚持按工程建设程序办事，严格执行开工报告制度。
4）施工准备工作必须贯穿于施工全过程。
5）施工准备工作要取得各相关单位的支持与配合。

6.2　施工技术准备

（1）熟悉与会审图纸　施工单位收到拟建工程的设计图纸和有关技术文件后，应尽快组织有关工程技术人员熟悉和自审图纸，写出自审图纸记录。自审图纸记录应包括对设计图纸的疑问和对设计图纸的有关建议。

施工图会审会议由建设单位主持，设计单位、施工单位、工程监理单位参加。图纸会审时，首先由设计单位的工程主设计人员向与会者说明拟建工程的设计依据、意图和功能要求，并对特殊结构、新材料、新工艺和新技术提出设计要求。然后，施工单位根据自审图纸记录以及对设计意图的了解，提出对设计图纸的疑问和建议，形成图纸会审纪要，与会各方会签、盖章，作为与设计文件同时使用的技术文件和指导施工的依据。

（2）编制和报审施工组织设计　施工组织设计是施工准备工作的重要组成部分，也是指导施工现场全部生产活动的技术经济文件。为了正确处理人与物、主体与辅助、工艺与设备、专业与协作、供应与消耗、生产与储存、使用与维修以及它们在空间布置、时间排列之间的关系，施工单位必须根据拟建工程的规模、结构特点和建设单位要求，在调查分析的基础上，编制能够切实指导工程全部施工活动的施工组织设计。

施工单位在完成施工组织设计的编制及内部审批工作后，报请项目监理机构审查，由总监理工程师审核签认。项目监理机构审查批准的施工组织设计应报送建设单位。施工单位应按审查批准的施工组织设计文件组织施工。

6.3 施工现场准备

(1) 测量控制网的控制 施工测量质量的好坏直接决定工程的定位和标高是否正确，并且制约施工过程有关工序的质量。因此，施工单位在工程开工前必须做好施工测量工作。

1）按照工程总平面图及给定的永久性经纬坐标控制网和水准控制基桩，进行施工测量，设置永久性经纬坐标桩、水准基桩和建立场区工程测量控制网。

2）在测量放线时，应校验校正全站仪、经纬仪、水准仪、钢尺等测量仪器；编制切实可行的测量方案，包括平面控制、标高控制、沉降观测和竣工测量等工作。

3）工程定位放线，一般通过设计图中平面控制轴线来确定工程（建筑物）位置，测定并经自检合格后提交有关部门和建设单位或监理人员验线，以保证定位的准确性。沿红线的建设工程放线后，还要由城市规划部门验线，以防止建设工程压红线或超红线，为正常顺利地施工创造条件。

(2) 施工平面布置的控制 建设单位按照合同约定并结合施工的实际需要，事先划定并提供施工用地和现场临时设施用地的范围，协调平衡和审批各施工单位的施工平面布置方案。

施工单位应根据批准的施工平面布置图和施工进度计划的安排，科学合理地使用施工场地，正确布置施工机械设备和其他临时设施，维护现场施工道路畅通，合理控制材料的进场与堆放，保证充足的水电供应，保持良好的防洪排涝能力。

项目监理机构要检查施工现场平面布置是否合理，是否有利于保证施工的正常、顺利地进行，是否有利于保证质量，特别要对场区的道路、防洪排水、器材存放、给水及供电、混凝土供应及主要垂直运输机械设备布置等方面进行重点检查与控制。

6.4 材料、构（配）件质量控制

为了保证工程质量，施工单位应从以下几方面做好材料、构（配）件质量控制。

(1) 材料、构（配）件需要量计划 材料准备主要是根据施工预算，并根据施工进度计划要求，按材料名称、规格、使用时的材料消耗定额和储备定额进行汇总，编制各类材料的需要量计划，为组织备料，确定仓库、场地堆放所需的面积和组织运输等提供依据。

构（配）件、制品的加工准备，应根据施工预算提供的构（配）件、制品的名称、规格、质量和消耗量，确定加工方案和供应渠道及进场后的储存地点和方式，编制构（配）件、制品需要量计划，为组织运输、确定堆场面积等提供依据。

(2) 材料、构（配）件采购订货 工程建设所需的材料、半成品、构（配）件等都将构成永久性工程的组成部分，其质量好坏将直接影响未来的工程质量。因此，需要事先对其质量进行严格控制。

1）施工单位应编制合理的材料采购供应计划。

2）对于半成品或构（配）件，应按设计文件和图纸要求采购订货，质量应满足有关标准和设计要求，交货期应满足施工及安装进度安排需要。

3）建立合格供应商的资格审查制度，优选材料的生产商或销售代理商；大宗的器材或

材料的采购应当实行招标采购的方式。

4）供货商应提供质量文件，用以表明其提供的货物能够完全达到需方提出的质量要求。

(3) 进场材料、构（配）件检验

1）工程采用的主要材料、半成品、成品、构（配）件、器具和设备应进行进场检验。涉及安全、节能、环境保护和主要使用功能的重要材料、产品应按各专业相关规定进行复验，并应经项目监理机构检查认可。

2）对涉及结构安全、节能、环境保护和主要使用功能的试块、试件及材料，应按规定进行见证检验。见证检验应在建设单位或者项目监理机构的监督下现场取样、封样、送检，检测试样应具有真实性和代表性。

3）进口产品应符合合同规定的质量要求，并附有中文说明书和商检证明，经进场验收合格后方可使用。

4）施工现场的材料、半成品、成品、构（配）件、器具和设备，在运输和储存时应采取确保其质量和性能不受影响的储存及防护措施。

5）装配式混凝土预制件的原材料质量、钢筋加工和连接的力学性能、混凝土强度、构件结构性能、装饰材料、保温材料及拉结件的质量等均应根据国家现行有关标准进行检查和检验，并应严格遵守操作规程和做好质量检验记录。混凝土预制构件出厂时的混凝土强度不得低于设计混凝土强度等级值的75%。

(4) 材料、构（配）件的现场储存和使用　施工单位必须加强材料、构（配）件进场后的存储和使用管理。对于材料、半成品、构（配）件等，应当根据其特点、特性及对防潮、防晒、防锈、防腐蚀、通风、隔热、温度、湿度等方面的不同要求，安排适宜的存放条件，以保证其存放质量。对于按要求存放的材料，施工单位现场材料管理人员应每隔一定时间检查一次，随时掌握材料、构（配）件的存放质量情况。在材料、器材等使用前，也应对其质量再次检查确认后，方可使用。经检查质量不符合要求的，不准使用或降低等级使用。

6.5　施工机械配置的控制

施工机械设备的选择，要考虑其技术性能、工作效率、可靠性及维修难易程度、能源消耗，以及安全、灵活等因素，要满足施工生产的实际需求。还要考虑所选择的施工机械设备对施工质量的影响及保证质量的程度。其质量控制主要围绕施工机械设备的选型、机械设备性能参数的确定、机械设备数量、使用操作等方面进行。

7. 控制施工过程质量

施工过程质量控制是指对工程实体质量形成过程的控制。就整个施工过程而言，可按事前、事中、事后进行控制。

7.1　作业技术准备状态的控制

作业技术准备状态是指在正式开展施工作业前，各项施工准备工作是否按预先计划的安排落实到位的状况，包括配置的人员、材料、机具、施工环境、通风、照明、安全设施等。作业技术准备状态的控制，应着重抓好以下环节的工作。

(1) 质量控制点的设置　质量控制点是指为保证作业过程质量而确定的重点控制对象、关键部位或薄弱环节。设置质量控制点是保证施工质量达到质量要求的必要前提。

施工单位在工程施工前，应根据施工过程质量控制的要求，列出质量控制点明细表，表中详细地列出各质量控制点的名称或控制内容、检验标准及方法等，在此基础上实施质量预控。

1）质量控制点的设置原则。可作为质量控制点的对象涉及面广，可能是技术要求高、施工难度大的结构部位，也可能是影响质量的关键工序、操作或某一环节。下列对象应设置为质量控制点：

① 施工过程中的关键工序或环节及隐蔽工程，例如，预应力结构的张拉工序、钢筋混凝土结构中的钢筋架立等。

② 施工中的薄弱环节或质量不稳定的工序、部位或对象，例如，地下防水层施工等。

③ 对后续工程施工或对后续工序质量或安全有重大影响的工序、部位或对象，例如，预应力结构中的预应力钢筋质量、模板的支撑与固定等。

④ 采用新技术、新工艺、新材料的部位或环节。

⑤ 施工无足够把握、施工条件困难或技术难度大的工序或环节，例如，复杂曲线模板的放样等。

显然，是否设置为质量控制点，主要视其对质量特性影响的大小、可能造成的危害程度及质量保证难度大小而定。

2）质量控制点的监控对象。质量控制点中重点控制的对象主要包括以下几方面：

① 人的行为。对某些操作或工序，应以人为重点控制对象，例如，高空作业、高温作业、水下作业、危险作业等，对人的身体素质或心理应有相应要求；技术难度大或精度要求高的作业，如复杂模板放样、精密仪器设备安装，以及大型重型构件吊装等，对人的操作能力和技术水平均有较高的要求。为此，应从人的生理、心理、技术能力等方面进行控制。

② 材料质量与性能。这是直接影响工程质量的重要因素，在某些工程中应作为控制重点。例如，钢结构工程中使用的高强度螺栓、某些特殊焊接使用的焊条，都应重点控制。又如水泥质量是直接影响混凝土工程质量的关键因素，施工中就应对进场的水泥质量进行重点控制，必须检查核对其出厂合格证，并按要求进行强度和安定性复试等。

③ 施工方法与关键操作。某些直接影响工程质量的关键操作应作为控制重点，如预应力混凝土结构中钢筋的张拉过程及张拉力控制，是建立预应力值和保证预应力构件质量的关键过程。同时，那些易对工程质量产生重大影响的施工方法，也应列为控制重点，如装配式建筑构件吊装过程中的稳定问题。

④ 施工技术参数。如混凝土的外加剂掺量、水胶比、坍落度、抗压强度、回填土含水量、防水混凝土抗渗等级、大体积混凝土内外温差及混凝土冬期施工受冻临界强度、装配式混凝土预制构件出厂时的强度等技术参数，都属于应重点控制的质量参数与指标。

⑤ 施工顺序。对于某些工序之间必须严格控制施工的先后顺序，例如，对冷拉钢筋应当先焊接后冷拉，否则会失去冷强。屋架的安装固定，应采取对角同时施焊方法，否则会由于焊接应力导致校正好的屋架发生倾斜。

⑥ 技术间歇。有些工序之间必须留有必要的技术间歇时间，例如，砌筑与抹灰之间，应在墙体砌筑后留 6~10d 时间，让墙体充分沉陷、稳定、干燥后再抹灰；抹灰层干燥后，才能喷刷乳胶漆。混凝土浇筑与模板拆除之间，应保证混凝土有一定的硬化时间，达到规定的拆模强度后方可拆除等。

⑦ 易发生质量通病的施工过程。例如，混凝土工程的蜂窝、麻面、空洞，墙、地面、屋面防水工程渗水、漏水、空鼓、起砂、裂缝等，都与工序操作有关，均应事先研究对策，提出预防措施。

⑧ 新技术、新材料及新工艺的应用。由于缺乏经验，施工时应将其作为重点进行控制。

⑨ 产品质量不稳定和不合格率较高的工序应列为重点，认真分析、严格控制。

⑩ 特殊地基或特种结构。对于湿陷性黄土、膨胀土、红黏土等特殊土地基的处理，以及大跨度结构、高耸结构等技术难度较大的施工环节和重要部位，均应予以特别重视。

（2）作业技术交底控制 施工单位做好技术交底，是取得好的施工质量的条件之一。为此，每一分项工程开始实施前均要进行交底。为做好技术交底，应由项目技术人员编制技术交底书，并经项目技术负责人批准。

技术交底书的内容主要包括：施工方法、质量要求和验收标准、施工过程中需注意的问题、可能出现意外情况的应急方案等。

技术交底要紧紧围绕工作任务展开，交底中要明确做什么、谁来做、如何做、作业标准和要求、什么时间完成等。

关键部位或技术难度大、施工复杂的检验批，在分项工程施工前，施工单位的技术交底书（或作业指导书）要报项目监理机构。经项目监理机构审查后，如技术交底书不能保证作业活动的质量要求，施工单位要进行修改补充。没有做好技术交底的工序或分项工程，不得进入正式实施。

（3）进场材料、构（配）件质量控制

1) 凡运到施工现场的原材料、半成品或构（配）件，必须附有产品出厂合格证及技术说明书。施工单位按规定要求进行检验的检验报告或试验报告，经项目监理机构审查并确认其质量合格后，方准进场。

2) 进口材料设备的检查、验收，应会同国家商检部门进行。如在检验中发现质量问题或数量不符合规定要求时，应取得供货方及商检人员签署的商务记录，在规定的索赔期内进行索赔。

3) 材料构（配）件存放条件的控制。质量合格的材料、构（配）件进场后，到其使用或安装时通常要经过一定的时间间隔。在此时间内，如果对材料的存放、保管不良，可能会导致质量状况的恶化，如损伤、变质、损坏，甚至不能使用。因此，施工单位要做好材料、半成品、构（配）件的存放、保管、巡查等工作。

4) 对于某些当地材料及现场配制的制品，施工单位事先要进行试验，达到要求的标准方准施工。除应达到规定的力学强度等指标外，还应注意材料的化学成分对工程质量的影响，充分考虑到施工现场加工条件与设计、试验条件不同而可能导致的材料或半成品质量差异。

（4）作业环境状态控制

1) 施工作业环境控制。作业环境条件主要是指水电供应、施工照明、安全防护设备、施工场地空间条件和通道、交通运输和道路条件等。施工单位要对施工作业环境条件做好预先安排并准备妥当。当确认其准备可靠、有效后，方准许进行施工作业。

2) 施工质量管理环境控制。施工质量管理环境主要是指施工单位的质量管理体系和质量控制自检系统是否处于良好状态；项目管理组织结构、管理制度、检测制度、检测标准、人员配备等方面是否完善和明确；质量责任制是否落实。项目监理机构要对施工单位施工质量管理环境进行检查并督促其落实，这是保证施工作业效果的重要前提。

3）现场自然环境条件控制。施工单位对于未来施工期间，可能出现的对施工作业质量有不利影响的自然环境条件，要有充分的认识并做好充足的准备和制定有效的预防措施与对策，以保证工程质量。例如，对严寒季节的防冻；夏季的防高温；高地下水位情况下基坑施工的排水或细砂地基防止流砂；施工场地的防洪与排水；风浪对水上打桩或沉箱施工质量影响的防范等。

(5) 进场施工机械设备性能及工作状态控制　施工现场作业机械设备的技术性能及工作状态，对施工质量有着重要影响。

1）施工机械设备的进场检查。施工机械设备进场前，施工单位应向项目监理机构报送进场设备清单，列出进场机械设备的型号、规格、数量、技术性能（技术参数）、设备状况、进场时间等。施工机械设备进场后，项目监理机构需要根据施工单位报送的清单进行现场核对，核对是否与施工组织设计中所列的内容相符。

2）机械设备工作状态的检查。施工单位要检查进场施工机械的使用、保养记录，判断其工作状况。对重要的工程机械，如推土机等，施工单位应在现场进行复验，以保证投入作业的机械设备状态良好。

施工单位还应经常了解施工作业中机械设备的工作状况，防止带故障运行。一旦发现问题，必须及时修理，以保持良好的作业状态。

3）特殊设备安全运行的审核。对于现场使用的塔式起重机及有特殊安全要求的设备，在投入使用前，必须经当地劳动安全部门鉴定，符合要求并办好相关手续后方可投入使用。

4）大型临时设备的检查。在大型工程项目施工中，施工单位经常会在现场组装大型临时设备，如轨道式起重机、悬灌施工中的挂篮、吊索塔架、缆索起重机等。这些设备在使用前，施工单位必须取得本单位上级安全主管部门的审查批准，办好相关手续后，经项目监理机构批准后方可投入使用。

(6) 施工测量及计量器具性能、精度的控制　施工测量开始前，施工单位应向项目监理机构提交测量仪器的型号、技术指标、精度等级，以及法定计量部门的标定证明，测量工的上岗证明，经项目监理机构审核确认后，方可进行正式测量作业。在作业过程中应经常检查、了解计量仪器、测量设备的性能、精度，使其处于良好状态。

(7) 施工现场劳动组织及作业人员上岗资格的控制　劳动组织涉及从事作业活动的操作者及管理者，以及相应的各种制度。施工现场从事作业活动的操作者数量必须满足作业需要，相应工种配置能保证作业有序连续进行，不能因人员数量及工种配置不合理而造成停顿；作业活动的负责人（包括技术负责人）、专职质检人员、安全员、与作业活动有关的测量人员、材料员、试验员必须在岗。各种相关制度要健全：如各类人员的岗位职责；作业活动现场的安全、消防规定；作业活动中的环保规定；实验室及现场试验检测的有关规定；紧急情况的应急处理规定等。

从事特殊作业的人员（如电焊工、电工、起重工、架子工、爆破工）必须持证上岗。

7.2　作业技术活动过程质量控制

工程施工质量是在施工过程中形成的，而不是最后检验出来的。施工过程是由一系列相互联系与制约的作业活动所构成的，因此，保证作业活动的效果与质量是施工过程质量控制的基础。

（1）施工单位"三检"制度　施工单位是施工质量的直接实施者和责任者。施工单位必须有整套的制度及工作程序，即"三检制度"：作业活动结束后，作业者必须自检；不同工序交接，相关人员必须进行交接检查；施工单位专职质检员的专检。要具有相应的试验设备及检测仪器，配备数量满足需要的专职质检人员及试验检测人员。

项目监理机构的质量检查与验收，是对施工单位作业活动质量的复核与确认；项目监理机构的检查决不能代替施工单位的自检。而且，项目监理机构的检查必须是在施工单位自检并确认合格的基础上进行的。专职质检员未检查或检查不合格的不能报项目监理机构。不符合上述规定的，项目监理机构一律拒绝进行检查。

（2）技术复核工作　凡涉及施工作业技术活动基准和依据的技术工作，都应该严格进行专人负责的复核性检查，以避免基准失误给整个工程质量带来难以补救的或全局性的危害。例如，工程的定位、轴线、标高，预留孔洞的位置和尺寸，预埋件，管线坡度，混凝土配合比，变电、配电位置，高低压进出口方向，送电方向等。技术复核是施工单位应履行的技术工作责任，其复核结果应报送项目监理机构复验确认后，才能进行后续相关工序施工。

（3）见证取样、送检　施工单位在对工程施工中使用的材料、半成品、构（配）件进行现场取样、工序活动效果检查时，由监理人员进行全程见证。

施工单位在对进场材料、试块、试件、钢筋接头等实施见证取样前，要通知负责见证取样的监理人员。在监理人员现场监督下，施工单位按相关规范要求，完成材料、试块、试件等的取样过程。完成取样后，施工单位将送检样品装入运输箱，由监理人员加封。不能装入运输箱中的试件，如钢筋样品、钢筋接头，则贴上专用加封标志，然后送往实验室。

（4）工程变更控制　施工过程中，由于工程勘察设计原因，或由于外界自然条件的变化，以及施工工艺方面的限制，建设单位要求改变等，均会涉及工程变更。做好工程变更控制工作，也是作业过程质量控制的一项重要内容。

工程变更要求可能来自建设单位、设计单位或施工单位。为确保工程质量，不同情况下，工程变更的实施，设计图纸的澄清、修改有不同的工作程序。

1）施工单位的变更要求及处理。在施工过程中，施工单位提出的工程变更要求主要有下列两种情况：

① 技术修改。施工单位根据施工现场具体条件和自身的技术、经验和施工设备等条件，在不改变原设计图纸和技术文件的前提下，提出对设计图纸和技术文件进行某些技术上的修改。例如，对某种规格的钢筋进行代换、对基坑开挖边坡的修改等。在此情形下，施工单位应向项目监理机构提交"工程变更单"，说明要求修改的内容及原因或理由，并附图纸和有关文件。

技术修改会议通常可由专业监理工程师组织，施工单位和设计单位代表参加，经各方同意后签字并形成纪要，作为工程变更单附件，经总监理工程师批准后实施。

② 工程变更。工程变更是指施工期间，对于设计单位在设计图纸和设计文件中所表达的设计标准状态的改变和修改。在此情形下，施工单位要将变更的问题填入"工程变更单"，送交项目监理机构。总监理工程师根据施工单位的申请，经与设计、建设、施工单位研究并做出变更决定后，签发"工程变更单"，并附设计单位提出的变更设计图纸。施工单位签收后按变更后的图纸施工。

如果工程变更涉及结构主体及安全，该工程变更还要按有关规定报送施工图原审查单位进行审查，否则变更不能实施。

2）设计单位提出变更的处理。设计单位提出的变更按以下程序处理：

① 设计单位先将"设计变更通知"及有关附件报送建设单位。

② 建设单位会同项目监理机构、施工单位对设计单位提交的"设计变更通知"进行研究。必要时，设计单位需进一步提供资料，以便对变更做出决定。

③ 总监理工程师签发"工程变更单"，并将设计单位提交的"设计变更通知"作为工程变更单附件。施工单位按照变更后并经审图机构审查的施工图进行施工。

3）建设单位（项目监理机构）要求变更的处理。建设单位或项目监理机构提出的变更按以下程序处理：

① 建设单位将变更要求及建议通知设计单位。

② 设计单位对工程变更要求进行研究，并分析建设单位或项目监理机构提出的建议或解决方案（如果有的话），并将工程变更方案提交建设单位。

③ 项目监理机构对工程变更费用及工期影响进行评估，并在此基础上组织建设单位、施工单位等共同协商确定工程变更费用及工期变化，会签"工程变更单"。

④ 施工单位按"工程变更单"的要求组织施工。

（5）质量记录资料 质量记录资料是施工单位进行工程施工或安装期间，实施质量控制活动的记录，还包括项目监理机构对这些质量控制活动的意见及施工单位对这些意见的答复。质量记录资料详细记录了工程施工阶段质量控制活动的全过程。因此，质量记录资料不仅在工程施工期间对工程质量控制有重要作用，而且在工程竣工和投入运行后，对于查询和了解工程建设质量情况及工程维修和管理也能提供大量有用的资料和信息。

7.3 作业技术活动结果控制

作业活动结果泛指作业工序的产出品、分项分部工程的已完施工及已完准备交验的单位工程等。作业技术活动结果控制是施工过程中间产品及最终产品质量控制的方式，只有作业活动的中间产品质量都符合要求，才能保证最终工程的质量。作业技术活动结果控制的主要内容包括以下几方面。

（1）工序质量检验 工程施工过程是由一系列相互关联、相互制约的工序所构成的，工序质量是基础，直接影响工程项目整体质量。工序质量的检验就是利用一定的方法和手段，对工序操作及其完成产品的质量进行实际而及时的测定、查看和检查，并将所测得的结果与该工序的操作规程及形成质量特性的技术标准进行比较，从而判断是否合格或是否优良。

工序质量检验也是对工序活动效果进行评价，主要包括以下内容：

1）标准具体化。标准具体化就是把设计要求、技术标准、工艺操作规程等转换成具体而明确的质量要求，并在质量检验中正确执行这些技术法规。

2）度量。度量是指对工程或产品的质量特性进行检测度量。其中包括检查人员的感观度量、机械器具的测量和仪表仪器的测试，以及化验与分析等。通过度量，提出工程或产品质量特征值的数据报告。

3）比较。比较是指将度量出来的质量特征值与该工程或产品的质量技术标准进行比较，判断有何差异。

4）判定。判定是指根据比较结果来判断工程或产品质量是否符合规程、标准要求，并做出结论。判定要用事实、数据说话，防止主观、片面，真正做到以事实、数据为依据，以标准、规范为准绳。

5）处理。处理是指根据判定结果，对质量合格与优良的工程或产品予以认证；对不合格的工程或产品，则要寻找原因，采取对策措施，予以调整纠偏或返工。

6）记录。记录要贯穿于整个质量检验全过程，把度量出来的质量特征值完整、准确、及时地记录下来，以供统计、分析、判定、审核和备查。

在工程施工过程中，施工管理人员要坚持做到：上道工序不合格，不准进入下道工序施工；不合格的材料、构（配）件、半成品不准进入施工现场且不允许使用；已经进场的不合格品应及时做出标识、记录，指定专人看管，避免用错，并限期清理出现场；不合格的工序或工程产品，不予计价。

（2）隐蔽工程验收　隐蔽工程验收是指将被后续工程施工所隐蔽的分项、分部工程，在隐蔽前所进行的检查验收。隐蔽工程验收是对一些已完分项、分部工程质量的最后一道检查。由于检查对象将要被其他工程覆盖，给以后的检查整改造成障碍，故显得尤为重要，隐蔽工程验收是质量控制的一个关键环节。

隐蔽工程施工完毕，施工单位按有关技术规程、规范、施工图纸进行自检。自检合格后，填写"隐蔽工程报验申请表"，并附隐蔽工程检查记录及有关证明材料，报送项目监理机构。

项目监理机构收到报验申请后，对质量证明资料进行审查，并在合同规定的时间内到现场检查（检测或核查），施工单位的专职质检员及相关施工人员随同。

经项目监理机构现场检查确认质量符合隐蔽要求，在"隐蔽工程报验申请表"上签字确认，准予施工单位隐蔽、覆盖，进入下一道工序施工。

如经现场检查发现隐蔽工程质量不合格，项目监理机构签发"不合格项目通知"，指令施工单位整改，整改后自检合格再报项目监理机构复查。

（3）工序交接验收　工序交接验收是作业活动中的一种必要的技术停顿，是作业方式转换及作业活动效果的中间确认。上道工序应满足下道工序的施工条件和要求，对相关专业工序之间也是如此。通过工序交接验收，使各工序之间和相关专业工程之间形成一个有机整体。

8. 检查与验收施工质量

8.1　施工质量验收一般规定

（1）施工质量验收层次　施工质量验收应包括单位工程、分部工程、分项工程和检验批施工质量验收，并应符合下列规定：

1）检验批应根据施工组织、质量控制和专业验收需要，按工程量、楼层、施工段划分，检验批抽样数量应符合有关专业验收标准的规定。

2）分项工程应根据工种、材料、施工工艺、设备类别划分。

3）分部工程应根据专业性质、工程部位划分。

4）单位工程应为具备独立使用功能的建筑物或构筑物。

工程施工前，应由施工单位制定单位工程、分部工程、分项工程和检验批的划分方案，并应由项目监理机构审核、建设单位确认后实施。

（2）工程文件资料管理要求

1）应建立工程质量信息公示制度。工程竣工验收合格后，建设单位应在建（构）筑物的明显位置设置有关工程质量责任主体的永久性标牌。

2）工程文件资料的形成和积累应随工程建设进度同步形成，并应纳入工程建设管理各个环节和有关人员的职责范围。

8.2 施工质量验收要求

1）工程施工质量应符合国家现行强制性工程建设标准规定，并应符合工程勘察设计文件要求和合同约定。

2）检验批质量应按主控项目和一般项目验收，并应符合下列规定：

① 主控项目和一般项目的确定应符合国家现行强制性工程建设标准和现行相关标准的规定。

② 主控项目的质量经抽样检验应全部合格。

③ 一般项目的质量应符合国家现行相关标准的规定。

④ 应具有完整的施工操作依据和质量验收记录。

3）当检验批施工质量不符合验收标准时，应按下列规定进行处理：

① 经返工或返修的检验批，应重新进行验收。

② 经有资质的检测机构检测能够达到设计要求的检验批，应予以验收。

③ 经有资质的检测机构检测达不到设计要求，但经原设计单位核算认可能够满足安全和使用功能的检验批，应予以验收。

4）分项工程质量验收合格，应符合下列规定：

① 所含检验批的质量应验收合格。

② 所含检验批的质量验收记录应完整、真实。

5）分部工程质量验收合格，应符合下列规定：

① 所含分项工程的质量应验收合格。

② 质量控制资料应完整、真实。

③ 有关安全、节能、环境保护和主要使用功能的抽样检验结果应符合要求。

④ 观感质量应符合要求。

6）单位工程质量验收合格，应符合下列规定：

① 所含分部工程的质量应全部验收合格。

② 质量控制资料应完整、真实。

③ 所含分部工程中有关安全、节能、环境保护和主要使用功能的检验资料应完整。

④ 主要使用功能的抽查结果应符合国家现行强制性工程建设标准规定。

⑤ 观感质量应符合要求。

7）当经返修或加固处理的分项工程、分部工程，确认能够满足安全及使用功能要求时，应按技术处理方案和协商文件的要求予以验收。

8）经返修或加固处理仍不能满足安全或重要使用功能要求的分部工程及单位工程，严禁验收。

8.3 施工质量验收组织

1）检验批应由专业监理工程师组织施工单位项目专业质量检查员、专业工长等进行验收。

2）分项工程应由专业监理工程师组织施工单位项目专业技术负责人等进行验收。

3）分部工程应由总监理工程师组织施工单位项目负责人和项目技术负责人等进行验收。勘察、设计单位项目负责人和施工单位技术、质量部门负责人应参加地基与基础分部工程的验收，设计单位项目负责人和施工单位技术、质量部门负责人应参加主体结构、节能分部工程的验收。

4）单位工程完工后，各相关单位应按下列要求进行工程竣工验收：

① 勘察单位应编制勘察工程质量检查报告，按规定程序审批后向建设单位提交。

② 设计单位应对设计文件及施工过程的设计变更进行检查，并应编制设计工程质量检查报告，按规定程序审批后向建设单位提交。

③ 施工单位应自检合格，并应编制工程竣工报告，按规定程序审批后向建设单位提交。

④ 项目监理机构应在施工单位自检合格后组织工程竣工预验收，预验收合格后应编制工程质量评估报告，按规定程序审批后向建设单位提交。

⑤ 建设单位应在竣工预验收合格后组织监理、施工、设计、勘察等单位项目负责人进行工程竣工验收。

8.4 工程质量保修

1）对于建筑工程，施工单位应编制工程使用说明书。工程使用说明书应包括下列内容：

① 工程概况。

② 工程设计合理使用年限、性能指标及保修期限。

③ 主体结构位置示意图、房屋上下水布置示意图、房屋电气线路布置示意图及复杂设备的使用说明。

④ 使用维护注意事项。

2）建设单位应建立工程质量回访和质量投诉处理机制。施工单位应履行工程质量保修义务，并应与建设单位签署施工质量保修书，施工质量保修书中应明确保修范围、保修期限和保修责任。

3）当工程在保修期内出现一般质量缺陷时，建设单位应向施工单位发出保修通知，施工单位应进行现场勘察、制定保修方案，并及时进行修复。

4）当工程在保修期内出现涉及结构安全或影响使用功能的严重质量缺陷时，应由原设计单位或相应资质等级的设计单位提出保修设计方案，施工单位实施保修。保修完成后，工程应符合原设计要求。

5）建设单位、施工单位或受委托的其他单位在保修期内应明确保修和质量投诉受理部门、人员及联系方式，并建立相关工作记录文件。

9. 工程质量事故分类

施工质量事故影响因素多且复杂，具有突发性、难以预测、多发性、后果严重等特点，有的施工质量事故还会对工程使用和维护产生长期影响。施工质量事故可从不同角度进行分类。

9.1 按事故造成后果分类

按事故造成后果，施工质量事故可分为未遂事故和已遂事故。

1) 未遂事故。出现了质量问题，经及时采取措施，未造成经济损失、延误工期或其他不良后果，均属于未遂事故。

2) 已遂事故。凡出现不符合质量标准或设计要求，造成经济损失、工期延误或其他不良后果，均属于已遂事故。

9.2 按事故责任分类

按事故责任，施工质量事故可分为指导责任事故和操作责任事故。

1) 指导责任事故。工程施工过程中，由于指导或领导失误而造成的质量事故，如工程负责人不按规范规程组织施工、盲目赶工、强令他人违章作业、降低工程质量标准等造成的质量事故。

2) 操作责任事故。工程施工过程中，由于操作人员违规操作造成的质量事故，如土方工程中不按规定的填土含水率和碾压遍数施工；浇筑混凝土时随意加水；工序操作中不按操作规程进行操作等原因造成的质量事故。

9.3 按事故产生原因分类

1) 因技术原因引发的质量事故。其指在工程实施过程中，由于设计、施工技术上的失误而造成的质量事故，主要包括：结构设计计算错误；地质情况估计错误；盲目采用技术上不成熟、实际应用中未得到充分验证的新技术；采用不适宜的施工方法或工艺等引发的质量事故。

2) 因管理原因引发的质量事故。其指由于管理不完善或失误而引发的质量事故，主要包括：施工单位的质量管理体系不完善；质量检验制度不严密，质量控制不严；质量管理措施落实不力；检测仪器设备管理不善而失准；进料检验不严格等引发的质量事故。

3) 社会、经济原因引发的质量事故。其指由于社会、经济因素及社会上存在的弊端和不良风气引起建设中的错误行为，导致出现质量事故。

9.4 按事故严重程度分类

按照住房和城乡建设部《关于做好房屋建筑和市政基础设施工程质量事故报告和调查处理工作的通知》（建质〔2010〕111号），施工质量事故分为以下4个等级：

1) 特别重大事故，是指造成30人及以上死亡，或者100人及以上重伤，或者1亿元及以上直接经济损失的事故。

2) 重大事故，是指造成10人及以上30人以下死亡，或者50人及以上100人以下重伤，或者5000万元及以上1亿元以下直接经济损失的事故。

3) 较大事故，是指造成3人及以上10人以下死亡，或者10人及以上50人以下重伤，或者1000万元及以上5000万元以下直接经济损失的事故。

4) 一般事故，是指造成3人以下死亡，或者10人以下重伤，或者100万元及以上1000万元以下直接经济损失的事故。

事实上，上述施工质量事故等级划分标准与《生产安全事故报告和调查处理条例》规定的生产安全事故等级划分标准相同。

10. 预防施工质量事故

施工质量控制应坚持"预防为主"的原则，事先对影响施工质量的各种因素加以控制，而不是消极被动地等出现质量问题再进行处理。

工程事故的预防与处理

10.1 施工质量事故的成因分析

施工质量事故的表现形式千差万别,类型多种多样,例如,结构倒塌、不均匀或超量沉降、变形开裂、强度不足、断面尺寸偏差过大等。但究其原因,归纳起来主要有以下几方面。

(1) 违背工程建设基本规律

1) 违反工程建设程序。工程建设程序是工程建设客观规律的反映,但有些工程不按工程建设程序进行,例如,未经可行性研究、不做调查分析就拍板定案;未搞清工程地质、水文情况等条件就仓促开工;边设计、边施工,任意修改设计,不按图纸施工;工程竣工不进行试车运行,未经验收就交付使用等,这些常常是导致工程质量事故的重要原因。

2) 违反有关法规和工程合同规定。例如,无证设计、无证施工、越级设计、越级施工,工程招标投标中不公平竞争,超低价中标,违法转包或分包,擅自修改设计,不按图纸施工等。

(2) 工程地质勘察失误或地基处理失误

1) 工程地质勘察失误。未认真进行地质勘察或勘探时钻孔深度、间距范围不符合规定要求,地质勘察报告不详细、不准确,不能全面反映地基实际情况等,使得地下情况不清,或对基岩起伏、土层分布误判,或未查清地下软土层、墓穴、孔洞等。这些均会导致采用不恰当或错误的基础方案,造成地基不均匀沉降、失稳,使上部结构或墙体开裂、破坏,或引发建筑物倾斜、倒塌等质量事故。

2) 地基处理失误。对软弱土、杂填土、冲填土、湿陷性黄土、膨胀土、红黏土、熔岩、土洞、岩层出露不均匀地基未进行处理或处理不当,也是导致重大质量事故的原因。

(3) 设计计算失误 盲目套用图纸,采用不正确的结构方案,计算简图与实际受力情况不符,荷载取值过小,内力分析有误,沉降缝或变形缝设置不当,悬挑结构未进行抗倾覆验算以及计算错误等,都是引发质量事故的隐患。

(4) 材料构(配)件不合格 钢筋物理、力学性能不良会导致钢筋混凝土结构产生裂缝或脆性破坏;集料中的活性氧化硅会导致碱集料反应,使混凝土产生裂缝;水泥安定性不良,会造成混凝土爆裂;预制构件断面尺寸不足,支撑锚固长度不足,未可靠建立预应力值,漏放或少放钢筋,板面开裂等,均可能出现断裂、坍塌事故。

(5) 施工与管理失控 施工与管理失控是造成质量事故的常见原因,主要表现在以下几方面:

1) 未经设计单位同意,擅自修改设计或不按图施工。例如,将铰接做成刚接,将简支梁做成连续梁,用光圆钢筋代替螺纹钢筋等,导致结构破坏;挡土墙不按图设滤水层、排水孔,导致压力增大,墙体破坏或倾覆。

2) 图纸未经会审即仓促施工;或不熟悉图纸,盲目施工。

3) 不按有关施工规范和操作规程施工。例如,浇筑混凝土时振捣不良,造成薄弱部位;砖砌体包心砌筑,上下通缝,灰浆不均匀、不饱满等,均能导致砖墙或砖柱破坏。

4) 不懂装懂,蛮干施工。例如,将钢筋混凝土预制梁倒置吊装;将悬挑结构钢筋放在受压区等,均会导致结构破坏,造成严重后果。

5) 管理混乱,施工方案考虑不周,施工顺序错误,技术交底不清,违章作业,疏于检查、验收等,均可能导致质量事故。

（6）自然条件影响　温度、湿度、日照、雷电、大风、暴雨或其他不可抗力都可能成为施工质量事故的诱因。

10.2　施工质量事故预防措施

1）坚持按工程建设程序办事。严格遵循和坚持按工程建设程序办事是提高工程建设质量和经济效果的必要保证。要做好项目建设前期的可行性论证，杜绝未经深入的调查分析和科学论证就盲目拍板定案；要彻底搞清工程地质水文条件方可开工；杜绝无证设计、无图施工；禁止任意修改设计和不按图纸施工；工程竣工不进行试车运转、不经验收不得交付使用。

2）做好必要的技术复核、技术核定工作。

① 技术复核。对工程实施全过程中的关键过程、关键工序和特殊过程及容易发生质量问题的部位进行技术复核，是保证工程质量、满足设计要求和合同规定的重要手段。例如，图纸会审或设计交底，工程定位引测点的复测，钢筋混凝土结构中钢筋的安装位置、规格、数量、连接及锚固情况的复核等，都属于技术复核的工作内容。

② 技术核定。技术核定是指为顺利完成工程施工，由施工单位出具，涉及合理施工措施（方案、方法、工艺、措施）等技术事宜，并经建设单位和有关单位共同核定的凭证。

3）严格把好建筑材料及制品的质量关，从编制材料需求计划、采购订货、进场验收、质量复验、存储和使用等环节，严格控制建筑材料及制品的质量，防止不合格或是变质、损坏的材料和制品用到工程中。

4）加强质量培训教育，提高全员质量意识。以技能实践教育为主，理论知识教育为辅，利用各种机会，采用多种形式对施工单位各层次人员进行分期分批培训教育，未参加培训或培训不合格人员不得上岗作业，以此提高全员质量意识。

5）加强施工过程组织管理。施工人员要熟悉图纸，对工程的难点和关键工序、关键部位，应编制专项施工方案并严格执行；施工作业必须按照图纸和施工验收规范、操作规程进行；施工技术措施要正确，施工顺序不可搞错；脚手架和楼面不可超载堆放构件和材料；要严格按照制度进行质量检查和验收。

6）做好应对不利施工条件和各种灾害的预案。要根据当地气象资料的分析和预测，事先针对可能出现的风、雨、雪、高温、严寒、雷电等不利施工条件，制定相应的施工技术措施；还要对不可预见的人为事故和严重自然灾害做好应急预案，并有相应的人力、物力储备。

7）加强施工安全与环境管理。施工安全和环境事故通常会连带发生质量事故，加强施工安全与环境管理，也是预防施工质量事故的主要措施。

11. 处理施工质量事故

11.1　施工质量事故处理要求及依据

（1）施工质量事故处理基本要求

1）事故处理要达到安全可靠、不留隐患、满足生产和使用要求、施工方便、经济合理的目的。

2）要重视消除造成质量事故的原因，注意综合治理。

3）要合理确定处理范围和正确选择处理的时机和方法。

4）要加强事故处理的检查验收工作，认真复查事故处理的实际情况。

5）要确保事故处理期间的安全。

（2）施工质量事故处理依据

1）法律法规及政策。《中华人民共和国建筑法》《建设工程质量管理条例》《中华人民共和国安全生产法》《关于做好房屋建筑和市政基础设施工程质量事故报告和调查处理工作的通知》（建质〔2010〕111号）等相关法律法规及政策，明确了施工质量事故的处理程序和责任分工。

2）合同文件。工程施工单位与建设单位签订的施工合同中，通常会约定施工质量事故处理的具体责任和赔偿方式等内容。

3）工程建设标准。工程施工需要遵守的国家标准、行业标准、地方标准及团体标准等，对施工质量提出了具体要求，也规定了相应的责任和处理方式。

4）企业内部管理制度。施工单位内部应建立相应的质量管理制度，规范施工过程和质量管理，明确各级管理人员和操作人员的职责和义务。

11.2 施工质量事故处理程序

（1）事故报告

1）工程质量事故发生后，事故现场有关人员应当立即向本单位负责人报告；单位负责人接到报告后，应于1h内向事故发生地县级以上人民政府住房和城乡建设主管部门及有关部门报告。

情况紧急时，事故现场有关人员可直接向事故发生地县级以上人民政府住房和城乡建设主管部门报告。

2）住房和城乡建设主管部门接到事故报告后，应当依照下列规定上报事故情况，并同时通知公安、监察机关等有关部门。

① 较大、重大及特别重大事故逐级上报至国务院住房和城乡建设主管部门，一般事故逐级上报至省级人民政府住房和城乡建设主管部门，必要时可以越级上报事故情况。

② 住房和城乡建设主管部门上报事故情况，应当同时报告本级人民政府；国务院住房和城乡建设主管部门接到重大和特别重大事故的报告后，应当立即报告国务院。

③ 住房和城乡建设主管部门逐级上报事故情况时，每级上报时间不得超过2h。

④ 事故报告后出现新情况，以及事故发生之日起30日内伤亡人数发生变化的，应当及时补报。

3）事故报告的内容。事故报应包括下列内容：

① 事故发生单位概况。

② 事故发生的时间、地点以及事故现场情况。

③ 事故的简要经过。

④ 事故已经造成或者可能造成的伤亡人数（包括下落不明的人数）和初步估计的直接经济损失。

⑤ 已经采取的措施。

⑥ 其他应当报告的情况。

（2）事故调查

1）事故调查组及其职责。工程质量事故调查组由事故发生地的市级、县级以上住房和城乡建设主管部门或国务院有关主管部门组织成立。特别重大事故由国务院或国务院授权的有关部门组织事故调查组进行调查。

重大事故、较大事故、一般事故分别由事故发生地省级人民政府、设区的市级人民政府、县级人民政府负责调查。省级人民政府、设区的市级人民政府、县级人民政府可以直接组织事故调查组进行调查，也可以授权或委托有关部门组织事故调查组进行调查。

未造成人员伤亡的一般事故，县级人民政府也可以委托事故发生单位组织事故调查组进行调查。

根据事故的具体情况，事故调查组由有关人民政府、应急管理部门、负有安全生产监督管理职责的有关部门、监察机关、公安机关以及工会派人组成，并应当邀请人民检察院派人参加。事故调查组可以聘请有关专家参与调查。事故调查组履行下列职责：

① 查明事故发生的经过、原因、人员伤亡情况及直接经济损失。
② 认定事故的性质和事故责任。
③ 提出对事故责任者的处理建议。
④ 结事故教训，提出防范和整改措施。
⑤ 提交事故调查报告。

2）事故调查报告。事故调查报告应包括下列内容：

① 事故发生单位概况。
② 事故发生经过和事故救援情况。
③ 事故造成的人员伤亡和直接经济损失。
④ 事故发生的原因和事故性质。
⑤ 事故责任的认定和事故责任者的处理建议。
⑥ 事故防范和整改措施。

事故调查报告应当附具有关证据材料，如有关质量检测报告和技术分析文件。事故调查组成员应当在事故调查报告上签名。

3）事故原因分析。事故原因分析一般按以下步骤进行：

① 收集事故信息。了解事故的详细情况，包括时间、地点、受影响的产品或服务、受影响的客户等。
② 确定受影响的因素。了解事故所涉及的所有因素，如人员、设备、材料、环境和管理等。
③ 制定分析计划。制定详细的分析计划，包括使用的方法和工具，以及需要的资源和时间。
④ 进行原因分析。使用适当的工具和方法，如调查表法、排列图法、因果分析图法、控制图法等，确定导致质量事故发生的根本原因。

事故原因分析要建立在事故情况调查的基础上，应避免情况不明就主观推断事故原因。特别是对涉及勘察、设计、施工、材料和管理等方面的质量事故，往往事故的原因错综复杂。因此，必须对调查得到的数据、资料进行仔细的分析，去伪存真，找出造成事故的真正原因和主要原因。

(3) 事故处理

1）事故责任者处理。政府主管部门应依据有关人民政府对事故调查报告的批复和有关法律法规规定，对事故相关责任者实施行政处罚，对事故负有责任的建设、勘察、设计、施工、监理等单位和施工图审查、质量检测等有关单位分别给予罚款、停业整顿、降低资质等级、吊销资质证书其中一项或多项处罚，对事故负有责任的注册执业人员分别给予罚款、停止执业、吊销执业资格证书、终身不予注册其中一项或多项处罚。

2）事故技术处理方案。事故单位在接到事故调查组提出的技术处理意见后，在正确地分析和判断事故原因的基础上，并广泛听取专家及有关方面的意见建议，经科学论证，完成事故技术处理方案。质量事故技术处理方案，一般应委托原设计单位提出；由其他单位提供的技术处理方案，应经原设计单位同意签认。技术处理方案的制定，应征求建设单位意见。技术处理方案必须依据充分，应在质量事故的部位、原因全部查清的基础上，必要时，应委托工程质量检测机构进行质量鉴定或请专家论证，以确保技术处理方案可靠、可行，保证结构安全和使用功能。

3）工程质量缺陷及事故处理的基本方法。

① 返修处理。当工程某些部分的质量虽未达到规范、标准或设计规定的要求，存在一定缺陷，但经过返修后可以达到要求的质量标准，又不影响使用功能或外观要求时，可采取返修处理的方法。例如，某些混凝土结构表面出现蜂窝、麻面，经调查分析，该部位经返修处理后，不会影响其使用及外观；对混凝土结构局部出现的损伤，如结构受撞击、局部未振实、冻害、火灾、酸类腐蚀、碱集料反应等，当这些损伤仅仅在结构的表面或局部，不影响其使用和外观，可进行返修处理。再如，对混凝土结构出现的裂缝，经分析研究后如果不影响结构的安全和使用时，也可采取返修处理。当裂缝宽度不大于 0.2mm 时，可采用表面密封法；当裂缝宽度大于 0.3mm 时，可采用嵌缝密闭法；当裂缝较深时，则应采取灌浆修补的方法。

② 加固处理。加固处理主要是针对危及承载力的质量缺陷的处理。通过对缺陷的加固处理，使建筑结构恢复或提高承载力，重新满足结构安全性及可靠性的要求，使结构能继续使用或改作其他用途。混凝土结构常用的加固方法有：增大截面加固法、外包角钢加固法、粘钢加固法、增设支点加固法、增设剪力墙加固法和预应力加固法等。

③ 返工处理。当工程质量缺陷经过返修处理后仍不能满足规定的质量标准要求，或不具备补救可能性，则必须实行返工处理。例如，某防洪堤坝填筑压实后，其压实土的干密度未达到规定值，经核算将影响土体的稳定且不满足抗渗能力的要求，须挖除不合格土，重新填筑，进行返工处理；某公路桥梁工程预应力按规定张拉系数为 1.3，而实际仅为 0.8，属严重的质量缺陷，也无法返修，只能返工处理。再如，某工厂设备基础的混凝土浇筑时掺入木质素磺酸钙减水剂，因施工管理不善，掺量多于规定的 7 倍，导致混凝土坍落度大于 180mm，石子下沉，混凝土结构不均匀，浇筑后 5 天仍未凝固硬化，28 天的混凝土实际强度不到规定强度的 32%，不得不返工重浇。

④ 限制使用。当工程质量缺陷按返修方法处理后无法保证达到规定的使用要求和安全要求，而又无法返工处理的情况下，不得已时可做出结构卸荷或减荷以及限制使用的决定。

⑤ 不做处理。某些工程质量问题虽然达不到规定的要求或标准，但其情况不严重，对工程或结构的使用及安全影响很小，经过分析论证、法定检测单位鉴定和设计单位等认可后，可不做专门处理。一般可不做专门处理的情况有以下几种：

- 不影响结构安全、生产工艺和使用要求的质量缺陷。例如，有的工业建筑物出现放线定位偏差，且严重超过规范规定，若要纠正会造成重大经济损失，但经分析论证，其偏差不影响生产工艺和正常使用，在外观上也无明显影响，可不做处理。再如，某些部位的混凝土表面裂缝，经检查分析，属于表面养护不够的干缩微裂，不影响使用和外观，也可不做处理。

- 下一道工序可以弥补的质量缺陷。例如，混凝土结构表面的轻微麻面，可通过后续的抹灰、刮涂、喷涂等弥补，也可不做处理。再如，混凝土现浇楼面的平整度偏差达到10mm，但由于后续垫层和面层的施工可以弥补，所以也可不做处理。
- 法定检测单位鉴定合格的工程。例如，某检验批混凝土试块强度值不满足规范要求，强度不足，但经法定检测单位对混凝土实体进行实际检测后，其实际强度达到规范要求和设计要求时，可不做处理。对经检测未达到要求值，但相差不多，经分析论证，只要使用前经再次检测达到设计强度，也可不做处理，但应严格控制施工荷载。
- 出现质量缺陷的工程，经检测鉴定达不到设计要求，但经原设计单位核算，仍能满足结构安全和使用功能的。例如，某一结构构件截面尺寸不足，或材料强度不足，影响结构承载力，但按实际情况进行复核验算后仍能满足设计要求的承载力时，可不进行专门处理。这种做法实际上是挖掘设计潜力或降低设计的安全系数，应谨慎处理。

⑥ 报废处理。出现质量事故的工程，通过分析或试验，采取上述处理方法后仍不能满足规定的质量要求或标准，则必须予以报废处理。

（4）事故处理的鉴定验收 质量事故的处理是否达到预期目的，是否仍留有隐患，应通过检查鉴定和验收做出确认。事故处理的质量检查鉴定，应严格按施工验收规范和相关质量标准的规定进行。必要时，还应通过实际测量、试验和仪表检测等方法获取必要的数据，以便准确地对事故处理结果做出鉴定，最终形成结论。

（5）提交处理报告 事故处理结束后，还必须向主管部门和相关单位提交事故处理报告，其内容包括：事故调查报告，事故原因分析，事故处理依据，事故处理方案、方法及技术措施，处理过程中的各种原始记录资料，检查验收记录，事故处理结论等。

📋 任务实施

任务描述

任务实施参考答案

南宁市西乡塘区大唐三路工程为新建城市支路，设计路线为东西走向，道路红线宽度为20m，设计速度为20km/h，双向两车道，建设内容包括道路工程、桥梁工程、排水工程、交通工程、照明工程、绿化工程。其中道路工程主要内容包括路基、基层、面层、人行道、附属构筑物等。

根据建设需要和现场条件，南宁市西乡塘区大唐三路工程实施桩号为K0+000~K0+510，由于道路在桩号K0+239.3处和K0+444.3处与河道相交，因此设置中桥2座。

该工程项目拟分为两个合同段实施，No.1合同段桩号为K0+000~K0+260，由甲施工单位承担施工。No.2合同段桩号为K0+260~K0+510，由乙施工单位承担施工。

工程实施过程中发生以下事件：

事件1：在 No.1 合同段施工过程中，专业监理工程师发现已浇筑的钢筋混凝土工程出现质量问题。经分析，有下列原因：①现场施工人员未经培训；②混凝土浇筑顺序不当；③振捣器性能不稳定；④雨天进行钢筋焊接；⑤施工场地狭窄；⑥钢筋锈蚀严重。钢筋混凝土质量问题因果分析图如图5-20所示。

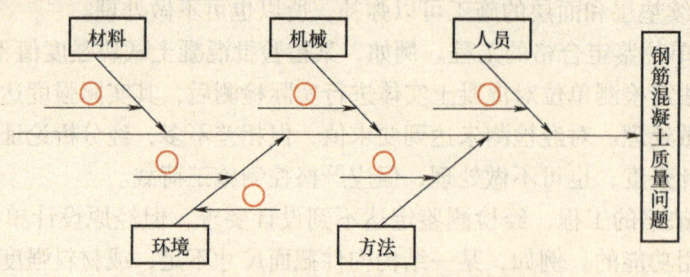

图 5-20　钢筋混凝土质量问题因果分析图

事件2：在 No.2 合同段施工过程中，5、6、7 三个月混凝土试块抗压强度统计数据的直方图如图5-21所示。

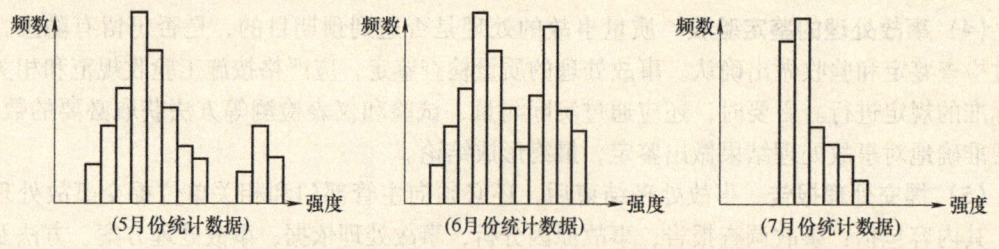

图 5-21　No.2 合同段 5、6、7 三个月混凝土强度统计直方图

根据上述工程基本情况和事件，试完成以下任务：

子任务1：请将事件1中6项原因对应的序号分别填入图5-20中。

子任务2：根据所学知识，试判断 No.2 合同段 5、6、7 三个月的直方图分别属于哪种类型，并分别说明其形成原因。

1）5月份的直方图属（　　　　　），其形成原因是：_____
_____。

2）6月份的直方图属（　　　　　），其形成原因是：_____
_____。

3）7月份的直方图属（　　　　　），其形成原因是：_____
_____。

子任务3：作为 No.2 合同段的项目技术负责人，请你简述直方图在质量管理中有何用途？

答：_____
_____
_____。

任务三　控制施工成本

任务描述

引导案例 3 中，该工程进行了 3 个月以后，项目经理部发现某些工作项目实际已完成的工作量及实际单价与原计划有偏差，请完成以下任务：

子任务 1：请你计算出并用表格法列出该工程从开工至第 3 个月末时各工作的计划工作预算费用（BCWS）、已完工作预算费用（BCWP）、已完工作实际费用（ACWP），并分析费用局部偏差值、费用绩效指数（CPI）、进度局部偏差值、进度绩效指数（SPI），以及费用累计偏差和进度累计偏差。

子任务 2：用横道图法表明各项工作的进展以及偏差情况，分析并在图上标明其偏差情况。

子任务 3：已知各工作项目在 3 个月内均是以匀速、等值进行的。请你用曲线法表明该项施工任务总的计划和实际进展情况，标明其费用及进度偏差情况。

知识链接

施工成本控制是指在工程施工过程中，对影响施工成本的各项要素，即施工生产所耗费的人力、物力和各项费用开支，采取一定措施进行监督和分析，及时预防、发现和纠正偏差，保证施工成本目标实现的过程。

工程成本管理

1. 成本控制的依据

项目管理机构实施成本控制的依据包括：合同文件、成本计划、进度报告、工程变更与索赔资料、各种资源的市场信息。

1.1　合同文件

成本控制要以合同为依据，围绕降低工程成本这个目标，从预算收入和实际成本两方面，研究节约成本、增加收益的有效途径，以求获得最大的经济效益。

1.2　成本计划

成本计划是根据项目的具体情况制定的成本控制方案，既包括预定的具体成本控制目标，又包括实现控制目标的措施和规划，是成本控制的指导文件。

1.3　进度报告

进度报告提供了对应时间节点的工程实际完成量，工程成本实际支出情况等重要信息。成本控制工作正是通过实际情况与成本计划相比较，找出二者之间的差别，分析偏差产生的原因，从而采取措施改进以后的工作。此外，进度报告还有助于管理者及时发现工程实施中存在的隐患，并在可能造成重大损失之前采取有效措施，尽量避免损失。

1.4　工程变更与索赔资料

在项目的实施过程中，由于各方面的原因，工程变更与索赔是很难避免的。工程变更一般包括设计变更、进度计划变更、施工条件变更、技术规范与标准变更、施工次序变更、工程量变更等。一旦出现变更，工程量、工期、成本都有可能发生变化，从而使得成本控制工作变得更加复杂和困难。因此，成本管理人员应当通过对变更与索赔中各类数据的计算、分析，及时掌握变更情况，包括已发生工程量、将要发生工程量、工期是否拖延、支付情况等重要信息，判断变更与索赔可能带来的成本增减。

1.5 各种资源的市场信息

根据各种资源的市场价格信息和项目的实施情况，计算项目的成本偏差，估计成本的发展趋势。

2. 成本控制过程

施工成本控制过程可分为两类：一是管理行为控制过程；二是指标控制过程。管理行为控制是对施工成本全过程控制的基础，指标控制则是成本控制的重点。两个过程既相对独立又相互联系，既相互补充又相互制约。

2.1 管理行为控制程序

管理行为控制的目的是确保每个岗位人员在成本管理过程中的管理行为符合事先确定的程序和方法的要求。从这个意义上讲，首先要清楚企业建立的成本管理体系是否能对成本形成的过程进行有效的控制，其次要考察体系是否处在有效的运行状态。管理行为控制程序就是为规范项目成本的管理行为而制定的约束和激励体系，内容如下：

(1) 建立项目成本管理体系的评审组织和评审程序 成本管理体系的建立不同于质量管理体系，质量管理体系反映的是企业的质量保证能力，由社会有关组织进行评审和认证；成本管理体系的建立是企业自身生存发展的需要，没有社会组织来评审和认证。因此企业必须建立项目成本管理体系的评审组织和评审程序，定期进行评审和总结，持续改进。

(2) 建立项目成本管理体系运行的评审组织和评审程序 项目成本管理体系的运行是一个逐步推行的渐进过程。一个企业的各分公司、项目管理机构的运行质量往往是不平衡的。因此，必须建立专门的常设组织，依照程序定期地进行检查和评审，发现问题，总结经验，以保证成本管理体系的保持和持续改进。

(3) 目标考核，定期检查 管理程序文件应明确每个岗位人员在成本管理中的职责，确定每个岗位人员的管理行为，如应提供的报表、提供的时间和原始数据的质量要求等。要把每个岗位人员是否按要求去履行职责作为一个目标来考核。为了方便检查，应将考核指标具体化，并设专人定期或不定期地检查。

(4) 制定对策，纠正偏差 对管理工作进行检查的目的是保证管理工作按预定的程序和标准进行，从而保证项目成本管理能够达到预期的目的。因此，对检查中发现的问题，要及时进行分析，然后根据不同的情况，及时采取对策。

2.2 指标控制程序

能否达到成本目标，是成本控制成功的关键。对各岗位人员的成本管理行为进行控制，就是为了保证成本目标的实现。施工成本指标控制程序如图 5-22 所示。

1) 确定成本管理分层目标。在工程开工之初，项目管理机构应根据责任成本确定项目的成本管理目标，并根据工程进度计划确定月度成本计划目标。

2) 采集成本数据，监测成本形成过程。在施工过程中要定期收集反映成本支出情况的数据，并将实际发生情况与目标计划进行对比，从而保证有效控制成本的整个形成过程。

3) 找出偏差，分析原因。施工过程是一个多工种、多方位立体交叉作业的复杂活动，成本的发生和形成是很难按预定的目标进行的，因此，需要及时分析偏差产生的原因，分清是客观因素（如市场调价）还是人为因素（如管理行为失控）导致的偏差。

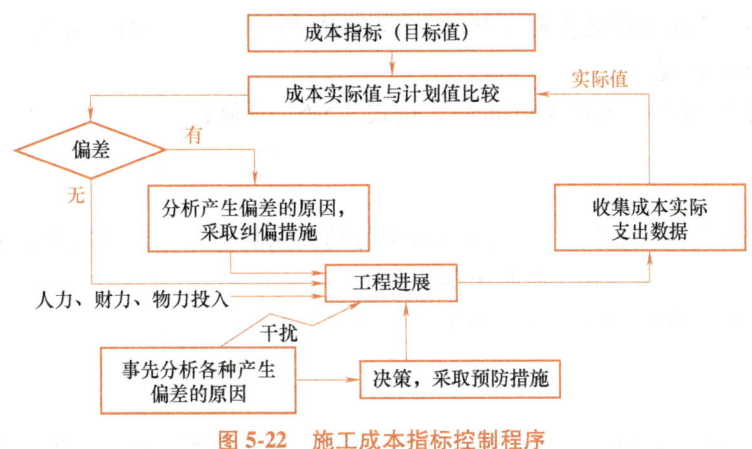

图 5-22 施工成本指标控制程序

4）制定对策，纠正偏差。过程控制的目的在于不断纠正成本形成过程中的偏差，保证成本项目的发生是在预定范围之内。针对产生偏差的原因及时制定对策并予以纠正。

5）调整改进成本管理方法。以成本指标考核管理行为，以管理行为保证成本指标。

管理行为和成本指标的控制过程是对项目成本进行控制的主要内容，两个过程相互交叉、相互制约又相互联系。只有把成本指标的控制过程和管理行为的控制过程相结合，才能保证成本管理工作有序、富有成效地进行。

3. 施工成本动态监控方法

在工程施工阶段，施工单位要进行实际成本（费用）与计划成本（费用）的动态比较，分析成本（费用）偏差产生的原因，并采取有效措施控制成本（费用）偏差。常用挣值法进行项目费用、进度综合控制。

3.1 挣值法的三个基本参数

挣值法的三个基本参数是：已完工作预算费用、计划工作预算费用和已完工作实际费用。

1）已完工作预算费用。已完工作预算费用 $BCWP$（Budgeted Cost for Work Performed）是指在工程开工后的某一时刻已经完成的工程（或部分工程），以批准认可的预算为标准所需要的费用总额。由于发包人根据此值为施工承包单位完成的工程量支付相应费用，也就是施工承包单位获得（挣得）的金额，故称为赢得值或挣值。其值按式（5-3）计算：

$$已完工作预算费用(BCWP)=\sum(已完工作量\times 预算单价) \quad (5-3)$$

2）计划工作预算费用。计划工作预算费用 $BCWS$（Budgeted Cost for Work Scheduled）是指根据进度计划，在某一时刻应完成的工程（或部分工程），以预算为标准所需要的费用总额。除非合同有变更，否则，计划工程预算费用在工程实施过程中应保持不变。其值按式（5-4）计算：

$$计划工作预算费用(BCWS)=\sum(计划工作量\times 预算单价) \quad (5-4)$$

3）已完工作实际费用。已完工作实际费用 $ACWP$（Actual Cost for Work Performed）是指截至某一时刻，已完成工程（或部分工程）实际所花费的费用。其值按式（5-5）计算：

$$已完工作实际费用(ACWP)=\sum(已完工作量\times 实际单价) \quad (5-5)$$

3.2 赢得值法的四个评价指标

基于上述三个参数，可以确定四个评价指标：费用偏差（CV）、进度偏差（SV）、费用绩效指数（CPI）和进度绩效指数（SPI）。这些指标都是时间的函数，有助于定量评估项目的费用和进度执行情况。

1）费用偏差（CV）（Cost Variance），按式（5-6）计算：

$$\text{费用偏差}(CV) = \text{已完工作预算费用}(BCWP) - \text{已完工作实际费用}(ACWP)$$
$$= \text{已完工作量} \times \text{预算单价} - \text{已完工作量} \times \text{实际单价} \tag{5-6}$$

当费用偏差 CV 为负值时，即表示项目运行超出预算费用；当费用偏差 CV 为正值时，表示项目运行节支，实际费用没有超出预算费用。

2）进度偏差（SV）（Schedule Variance），按式（5-7）计算：

$$\text{进度偏差}(SV) = \text{已完工作预算费用}(BCWP) - \text{计划工作预算费用}(BCWS)$$
$$= \text{已完工作量} \times \text{预算单价} - \text{计划工作量} \times \text{预算单价} \tag{5-7}$$

当进度偏差 SV 为负值时，表示进度延误，即实际进度落后于计划进度。当进度偏差 SV 为正值时，表示进度提前，即实际进度快于计划进度。

3）费用绩效指数（CPI），按式（5-8）计算：

$$\text{费用绩效指数}(CPI) = \text{已完工作预算费用}(BCWP) / \text{已完工作实际费用}(ACWP)$$
$$= (\text{已完工作量} \times \text{预算单价}) / (\text{已完工作量} \times \text{实际单价}) \tag{5-8}$$

当费用绩效指数（CPI）<1 时，表示超支，即实际费用高于预算费用；当费用绩效指数（CPI）>1 时，表示节支，即实际费用低于预算费用。CPI=1 时，表示收支平衡。

4）进度绩效指数（SPI），按式（5-9）计算：

$$\text{进度绩效指数}(SPI) = \text{已完工作预算费用}(BCWP) / \text{计划工作预算费用}(BCWS)$$
$$= (\text{已完工作量} \times \text{预算单价}) / (\text{计划工作量} \times \text{预算单价}) \tag{5-9}$$

当进度绩效指数（SPI）<1 时，表明实际进度拖后；当进度绩效指数（SPI）>1 时，表明实际进度提前。SPI=1 时，表明实际进度正常。

费用（进度）偏差反映的是绝对偏差，结果很直观，有助于成本管理人员了解项目费用（进度）出现偏差的绝对数额，并依此采取一定措施，制定或调整费用支出（进度实施）计划。但绝对偏差有其不容忽视的局限性。如同样是 10 万元的费用偏差，对于总费用 1000 万元的项目和总费用 1 亿元的项目而言，其严重性显然是不同的。因此，费用（进度）偏差仅适合于对同一项目进行偏差分析。费用（进度）绩效指数反映的是相对偏差，它不受项目层次的限制，也不受项目实施时间的限制，因而在同一项目和不同项目比较中均可采用。

在项目费用、进度综合控制中引入挣值法，可以克服以往进度、费用分开控制的缺点，即当发现费用超支时，很难直接判断是由于费用超出预算，还是由于进度提前导致的。相反，当发现费用低于预算时，也很难直接判断是由于费用节省，还是由于进度拖延导致的。而引入挣值法即可定量地判断进度、费用的执行效果。

3.3 成本偏差的表达方法

成本偏差可采用不同的表达方法，常用的有横道图法、表格法和曲线法。

1）横道图法。采用横道图法表达施工成本偏差，是指用不同的横道标识已完工作预算费用（BCWP）、计划工作预算费用（BCWS）和已完工作实际费用（ACWP），横道的长度与其金额成正比。施工成本偏差的横道图法如图 5-23 所示。

横道图法能够形象、直观、准确地表达费用的绝对偏差，而且能直观地表明费用偏差的严重性。但这种方法反映的信息量少，一般在项目中的较高管理层应用。

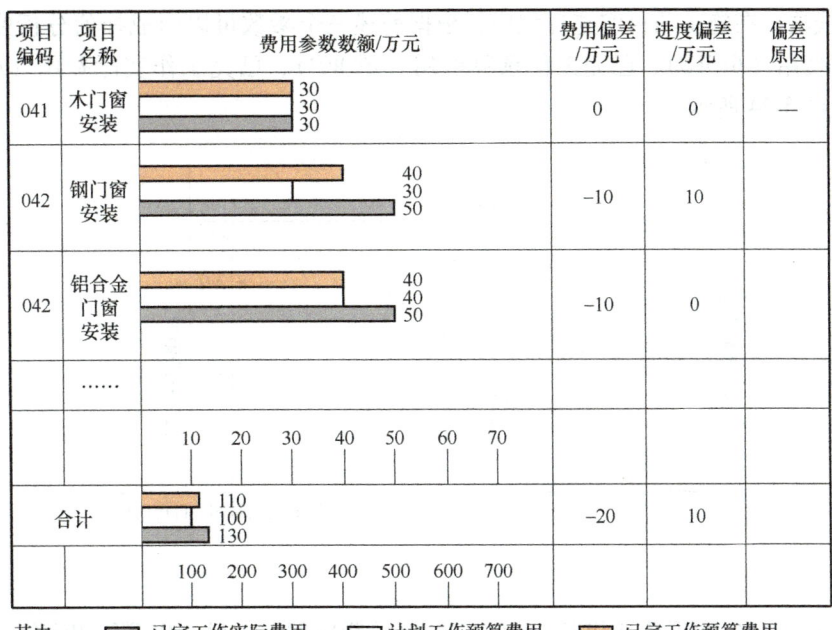

图 5-23 施工成本偏差的横道图法

2）表格法。表格法是指将项目编号、名称，各费用参数及费用偏差数综合归纳在一张表格中，直接在表格中进行费用偏差分析。由于各偏差参数都在表中列出，费用管理者能够综合了解并处理这些数据。费用偏差分析表见表 5-8。

表 5-8 费用偏差分析表

项目编码	(1)	041	042	043
项目名称	(2)	木门窗安装	钢门窗安装	铝合金门窗安装
单位	(3)	100m²	100m²	100m²
预算（计划）单价	(4)	3	4	4
计划工作量	(5)	10	7.5	10
计划工作预算费用（BCWS）	(6)=(5)×(4)	30	30	40
已完工作量	(7)	10	10	10
已完工作预算费用（BCWP）	(8)=(7)×(4)	30	40	40
实际单价	(9)	3	5	5
其他款项	(10)	0	0	0
已完工作实际费用（ACWP）	(11)=(7)×(9)+(10)	30	50	50
费用局部偏差	(12)=(8)-(11)	0	-10	-10
费用绩效指数（CPI）	(13)=(8)÷(11)	1	0.8	0.8
费用累计偏差	(14)=∑(12)		-20	
进度局部偏差	(15)=(8)-(6)	0	10	0
进度绩效指数（SPi）	(16)=(8)÷(6)	1	1.33	1
进度累计偏差	(17)=∑(15)		10	

3）曲线法。在施工项目实施过程中，根据前述三个参数可以形成挣值分析曲线，即计划工作预算费用（BCWS）、已完工作预算费用（BCWP）、已完工作实际费用（ACWP）三条曲线，如图 5-24 所示。

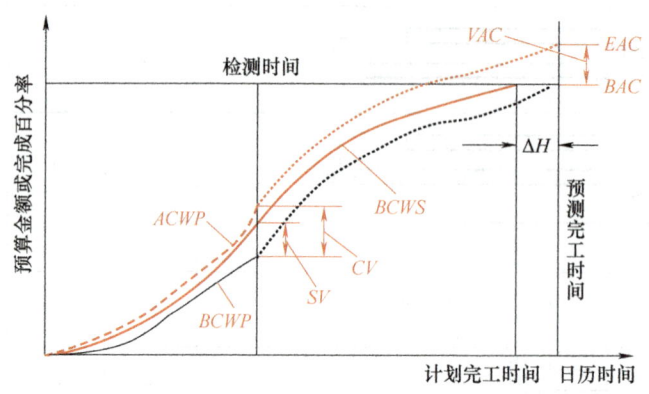

图 5-24 挣值分析曲线

图 5-24 中：$CV=BCWP-ACWP$，反映施工项目费用偏差；$SV=BCWP-BCWS$，反映施工项目进度偏差。采用挣值法时，还可预测项目结束时的进度、费用情况。

如图 5-24 所示，项目完工预算 BAC（Budget at Completion）是指编制计划时预计的项目完工费用，预测的项目完工估算 EAC（Estimate at Completion）则是指计划执行过程中根据当前进度、费用偏差情况预测的项目完工总费用。这样，便可预测项目完工时的费用偏差 VAC（Variance at Completion），按式（5-10）计算：

$$项目完工时的费用偏差(VAC) = BAC - EAC \tag{5-10}$$

3.4 施工成本偏差原因分析

在施工项目实施过程中，最理想的状态是已完工作实际费用（ACWP）、计划工作预算费用（BCWS）、已完工作预算费用（BCWP）三条曲线靠得很近、平稳上升，表明施工项目按预定计划进行。如果三条曲线离散度不断增加，则可能出现较大的费用偏差。

偏差原因分析的一个重要目的就是要找出引起偏差的原因，从而采取有针对性的措施，减少或避免类似问题再次发生。在进行偏差原因分析时，首先应将已经导致和可能导致偏差的原因逐一列举出来。不同工程项目产生费用偏差的原因具有一定的共性，因而可通过对已建项目的费用偏差原因进行归纳总结，从而为在建项目采取预防措施提供依据。

3.5 施工成本纠偏措施

施工成本纠偏措施通常可归纳为组织措施、技术措施、经济措施和合同措施。

1）组织措施。如实行项目经理责任制，落实成本管理的组织机构和人员，明确各级成本管理人员的任务和职能分工、权利和责任。成本管理不仅是专业成本管理人员的工作，各级项目管理人员都负有成本控制责任。

组织措施还要编制成本管理工作计划、确定合理详细的工作流程；要做好施工采购计划，通过生产要素的优化配置、合理使用、动态管理，有效控制实际成本。组织措施是其他各类措施的前提和保障。

2）技术措施。施工过程中降低成本的技术措施，包括：进行技术经济分析，确定最佳的施工方案；结合施工方法，进行材料使用的比选，在满足功能要求的前提下，通过代用、改变配合比、使用外加剂等方法降低材料消耗的费用；确定合适的施工机械、设备使用方案；结合项目的施工组织设计及自然地理条件，降低材料的库存成本和运输成本；应用先进的施工技术，运用新材料，使用先进的机械设备等。运用技术措施的关键，一是要能提出多个不同的技术方案，二是要对不同的技术方案进行技术经济分析比较，选择最佳方案。

3）经济措施。对成本管理目标进行风险分析，并制定防范性对策。对各种支出，应做好资金的使用计划，并在施工中严格控制各项开支。及时准确地记录、收集、整理、核算实际支出的费用。对各种变更，应及时做好增减账、落实业主签证并结算工程款。通过偏差分析和未完工作预测，可发现一些潜在的可能引起未完工作成本增加的问题，对这些问题应以主动控制为出发点，及时采取预防措施。因此，经济措施的运用绝不仅限于财务人员。

4）合同措施。应仔细分析合同中的索赔条款，既要密切注视对方合同执行情况，以寻求合同索赔的机会；同时也要密切关注己方履行合同的情况，以防被对方索赔。一旦出现索赔事件，要认真审查索赔依据是否符合合同规定，索赔计算是否合理等，从主动控制角度，加强日常的合同管理，落实合同规定的责任。

任务实施

任务描述

任务实施参考答案

某工程项目有2000m² 缸砖面层地面施工任务。施工单位在接到任务后，经过全面而细致的规划，结合自身的资源和能力，计划于6个月内完成。该工程项目计划各工作项目单价和计划完成工作量见表5-9。该工程进行了3个月以后，发现某些工作项目实际已完成的工作量及实际单价与原计划有偏差，其数值见表5-9。

表5-9 某工程项目计划各工作项目单价和计划完成工作量表

工作项目名称	平整场地	室内夯填土	垫层	缸砖面砂浆结合层	踢脚
单位	100m²	100m²	10m²	100m²	100m²
计划工作量（3个月）	150	20	60	100	13.55
计划单价（元/单位）	16	46	450	1520	1620
已完成工作量（3个月）	150	18	48	70	9.5
实际单价（元/单位）	16	46	450	1800	1650

子任务1：试计算出并用表格法列出至第3个月末时各工作的计划工作预算费用（BCWS）、已完工作预算费用（BCWP）、已完工作实际费用（ACWP），并分析费用局部

偏差值、费用绩效指数（CPI）、进度局部偏差值、进度绩效指数（SPI），以及费用累计偏差和进度累计偏差，填入表 5-10。

表 5-10 缸砖面层地面施工费用分析表

(1) 项目编码		001	002	003	004	005	总计	精度
(2) 项目名称	计算方法	平整场地	室内夯填土	垫层	缸砖面砂浆结合层	踢脚		
(3) 单位		100m²	100m²	100m²	10m²	100m²		
(4) 计划工作量（3个月）	(4)	150	20	100	60	13.55		
(5) 计划单价（元/单位）	(5)	16	46	1520	450	1620		
(6) 计划工作预算费用（BCWS）	(6)=(4)×(5)							保留至整数
(7) 已完成工作量（3个月）	(7)	150	18	70	48	9.5		
(8) 已完工作预算费用（BCWP）	(8)=(7)×(5)							保留至整数
(9) 实际单价（元/单位）	(9)	16	46	1800	450	1650		
(10) 已完工作实际费用（ACWP）	(10)=(7)×(9)							保留至整数
(11) 费用局部偏差	(11)=(8)−(10)							
(12) 费用绩效指数（CPI）	(12)=(8)÷(10)							保留两位小数
(13) 费用累计偏差	(13)=∑(11)							保留至整数
(14) 进度局部偏差	(14)=(8)−(6)							保留至整数
(15) 进度绩效指数（SPI）	(15)=(8)÷(6)							保留两位小数
(16) 进度累计偏差	(16)=∑(14)							保留至整数

子任务 2：在表 5-11 中，用横道图法表明各项工作的进展以及偏差情况，分析并在图上标明其偏差情况。

表 5-11 费用偏差分析表

项目编号	项目名称		费用数额/千元	费用偏差/千元	进度偏差/千元
001	平整场地	BCWS			
		BCWP			
		ACWP			

(续)

项目编号	项目名称	费用数额/千元		费用偏差/千元	进度偏差/千元
002	室内夯填土	BCWS			
		BCWP			
		ACWP			
003	垫层	BCWS			
		BCWP			
		ACWP			
004	缸砖面砂浆结合层	BCWS			
		BCWP			
		ACWP			
005	踢脚	BCWS			
		BCWP			
		ACWP			
合计		BCWS			
		BCWP			
		ACWP			

注：因空间所限，各项工作的"费用数额"横道可选用不同的比例尺，但同一工作的"费用数额"横道应选用相同的比例尺。

子任务 3：已知各工作项目在 3 个月内均是以匀速、等值进行的。在图 5-25 中，请用曲线法表明该项施工任务总的计划和实际进展情况，标明其费用及进度偏差情况。

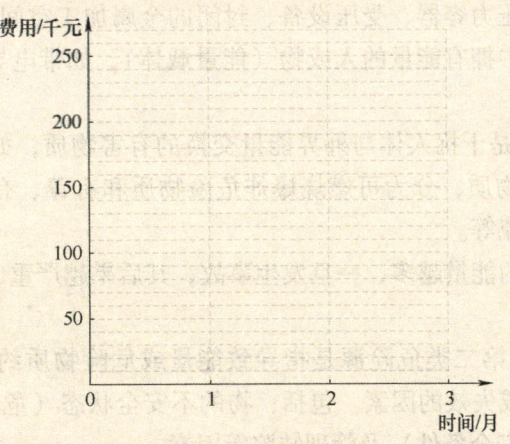

图 5-25 费用及进度的偏差情况

任务四 管理施工安全与现场环境

任务描述

引导案例 4 中，该工程发生了事件 1~事件 3。试完成以下任务：

子任务1：根据《建设工程安全生产管理条例》，分析事件1中甲、乙施工单位和监理单位对基坑局部坍塌事故应承担的责任。

子任务2：判定事件1的安全事故等级。

子任务3：写出事件1中坍塌事故发生后，应该采取的应急救援措施。

子任务4：指出事件2中甲施工单位的做法的5处不妥之处，请写出正确做法。

子任务5：指出事件3中甲施工单位的做法是否妥当，说明理由。

知识链接

1. 控制施工生产危险源

危险源（也称危害因素、危害来源）是指可能导致伤害或健康损害的来源。伤害和健康损害是指对人的生理、心理或认知状况的不利影响，包括职业疾病、不健康和死亡。

工程职业健康安全与环境管理（概述）

1.1 危险源分类及控制

(1) 危险源分类 施工生产危险源是指施工现场及施工生产过程中危险的根源、可能导致危险事件发生的状态或行为，或两者的组合。危险源可分为第一类危险源和第二类危险源。

1) 第一类危险源。第一类危险源是指施工现场或施工生产过程中存在的，可能发生意外释放能量（机械能、电能、势能、化学能、热能等）的根源，包括施工现场或施工生产过程中各种能量源或危险物质。

① 能量源：直接产生、供给能量的装置和设备，如变电站、锅炉；具有较高势能的装置、设备、场所，如起重/提升机械、高度差较大的场所；可能发生能量蓄积或突然释放的装置、设备、场所，如压力容器、受压设备、封闭的金属加工空间、炸药/化学物质储存空间等；运行或作业过程中拥有能量的人或物（能量载体），如带电导体、行驶中的车辆、作业中的施工机具。

② 危险物质：一类是干扰人体与外界能量交换的有害物质，如一氧化碳、氮气；另一类是具有化学能的危险物质，分为可燃烧爆炸危险物质和有毒、有害危险物质两类，如炸药、氯气、苯、二氧化硫等。

第一类危险源具有的能量越多，一旦发生事故，其后果越严重，决定了事故后果的严重程度。

2) 第二类危险源。第二类危险源是指导致能量或危险物质约束或限制措施破坏或失效，以及防护措施缺乏或失效的因素。包括：物的不安全状态（危险状态）、人的不安全行为、环境不良（环境不安全条件）及管理缺陷等因素。

① 物的不安全状态。物的不安全状态包括物的缺陷和物件堆放不当。物的缺陷是指设备（含施工机具、装置等）本身及其防护措施与安全装置、个人防护用品与用具由于性能低下甚至缺失而不能实现预定功能的现象。物的缺陷可能是由于设计、制造缺陷造成的，也可能由于维修、选用、使用不当，或磨损、腐蚀、老化等原因造成的。物件堆放不当包括堆放位置和堆放方式不当。物的不安全状态可由人的不安全行为、环境不良和管理缺陷引起。

② 人的不安全行为。人的不安全行为是指人的行为偏离被要求的标准，不能实现预计

功能的现象。人的不安全行为包括各类违规操作（在没有排除故障的情况下操作，没有做好防护或提出警告；在不安全的速度下操作；使用不安全的设备或不安全地使用设备；手代替工具操作；处于不安全的位置或不安全的操作姿势；工作在运行中或有危险的设备上；成品、半成品、材料、工具等物体存放不当；不安全装束；擅自拆除安全装置或设施；对易燃、易爆等危险品处理错误等）、不安全移动（如攀爬脚手架、翻越防护栏杆等）、未完成规定的安全行为（如进入施工现场前检查并佩戴好安全帽）、违规进入危险区域、行为时注意力不集中等，会造成能量或危险物质控制系统故障，使隔离屏蔽系统破坏或失效，个人防护用品与用具失能，以及出现直接导致事故发生的不安全行为。

③ 环境不良。环境不良是指人和物存在的环境不满足安全生产的要求，环境因素包括施工作业环境中的温度、湿度、噪声、振动、照明、风力风向、作业空间、安全距离、通风换气，以及有毒有害气体等。

④ 管理缺陷。管理缺陷会导致人的不安全行为和物的不安全状态出现。例如，采购管理不当导致个人防护用品安全性能不达标，维修管理不当导致安全装置失效，责任制度不明确和安全交底不清晰导致违章指挥、违规操作等。

第二类危险源出现越频繁，发生事故的可能性越大，决定了事故发生的可能性。

(2) 危险源控制 第一类危险源的存在是第二类危险源出现的前提，第二类危险源的出现是第一类危险源导致事故的必要条件。第一类危险源是固有的能量或危险物质，主要采用技术手段加以控制，包括消除能量源、约束或限制能量（针对生产过程不能完全消除的能量源）、屏蔽隔离、防护等技术手段，同时应落实应急预案的保障措施；第二类危险源主要通过管理手段加以控制，消除人的不安全行为、物的不安全状态，规避环境不良（不安全条件），包括建立健全危险源管理规章制度，做好危险源控制管理基础工作，明确控制责任，加强安全教育，定期开展安全检查和隐患治理，实施考核评价和奖惩等。

1.2 施工生产常见危险源

施工生产危险源较多，管理缺陷、人的不安全行为、环境不良等均会导致施工安全事故发生。这里仅对施工中易发生的高处坠落、物体打击、坍塌倾覆、机械伤害、触电与火灾事故危险源进行说明。

(1) 高处坠落事故危险源 凡在坠落高度基准面 2m 及以上的高处作业面，就存在可能发生高处坠落事故的危险源，主要危险部位和施工过程有：预留洞口、作业平台和作业面周边、通道与上下跑道两侧、物料提升设备及施工电梯进料口等部位，攀登作业、交叉作业、悬空作业等施工过程。

主要危险因素有：作业面脚手板未满铺，未按规范要求设置水平防护和立面防护，或设置了防护但强度、刚度、高度不够或不严密，违规拆除或移动防护，高处悬空作业未系好安全带等。

(2) 物体打击事故危险源 施工现场人员受到物体打击造成伤害事故来源于高处物体坠落及物体飞溅，主要危险部位和施工过程有：高处作业面层、高处作业通道等部位，垂直运输过程、吊装工艺过程、立体交叉作业、爆破作业等施工过程，以及坍塌倾覆和自然灾害引发物体坠落或飞溅等。

主要危险因素有：高处作业面层工具、材料放置不当或无防护坠落措施，作业人员违章高处抛物，垂直运输过程及吊装工艺过程捆绑不牢固，立体交叉作业中物件坠落，爆破作业、自然灾害引发物体坠落，上、下通道未设置防护棚，塔式起重机旋转半径范围内的作业场所无防护棚，高处作业面层未设置挡脚板，水平防护及立面防护不严密，作业人员违规进入限制区域，进入施工现场未戴安全帽等。按照《企业职工伤亡事故分类》（GB 6441—1986）标准，物体打击不包括主体机械设备、车辆、起重机械、坍塌等引发的物体打击。

（3）坍塌倾覆事故危险源　易发生坍塌倾覆事故的主要危险部位和施工过程有：基坑作业、边坡作业、人工挖孔桩施工、脚手架/防护架搭拆、模板工程搭拆、拆除工程施工、挡土墙施工等施工过程，物料提升机、塔式起重机、滑模、接料平台、移动操作台等部位。

主要危险因素有：危险性较大的分部分项工程无专项施工方案，土方施工未按规定放坡和支护，基坑/桩孔及边坡护壁未按设计施工，地下水未及时抽取或无降水措施，流砂未进行及时有效的防治，脚手架搭设无设计计算书，起重、吊装、滑模等装置/设备未经验收擅自投入使用，脚手架/防护架架体与建筑物未按规定拉结，未设置剪刀墙，支模架未经设计验算，无足够的强度、刚度、稳定性，拆除工程施工无方案，未按规定顺序拆除，违规进入危险区域，危险区域未设置警示标志、防护措施等。

（4）机械伤害事故危险源　机械伤害是机械设备运动（或静止状态）、机械设备部件、工具、加工件直接与人体接触引起的挤压、碰撞、冲击、剪切、卷入、绞绕、甩出、切割、切断、刺扎等伤害。主要危险源有：现场施工过程中的各类机具本体、防护设施/措施、机械违章/违规操作等。

主要危险因素有：大型机械设备基础不坚固引起倾覆；施工单位无安装、拆除、维护保养资质；机械作业人员无证上岗；各种限位保护装置失灵，机械传动部位无防护罩；起重作业信号不当，指挥不到位；钢丝绳未定期检查；作业人员酒后作业及进行其他违规违章作业等。按照《企业职工伤亡事故分类》（GB 6441—1986）标准，机械伤害不包括车辆、起重机械引起的伤害。

（5）触电与火灾事故危险源　易发生触电事故的主要危险源有：施工现场涉及用电的机具、配电箱与开关箱、接地与接零保护系统、配电线路、外电防护、配电室与配电装置、现场照明、电杆及支架、用电防护设施、操作人员是否正确使用安全防护用品、操作人员的技术熟练程度及操作行为。

触电事故的主要危险因素有：配电系统不符合规范，配电线路、绝缘保护不符合要求，操作人员技术熟练程度低、无证上岗、操作行为不规范，用电环境不达标，安全距离不符合要求，超负荷用电，防护设施不满足要求等。

易发生火灾事故的主要危险源有：易燃可燃材料库房、易燃可燃材料堆场、动火作业场所、变（配）电设备室、厨房、员工宿舍等。此外，各类用电不规范也是火灾事故危险源。

火灾事故的主要危险因素有：现场临时用房和作业场所的防火设计不符合规范要求，消防通道、消防水源的设置不符合规范要求，灭火器材布局、配置不合理或灭火器材失效，未编制住宿、施工现场火灾逃生、应急疏散预案，未组织进行火灾疏散、应急救援预案实战演练，未办理动火审批手续，动火现场周边存放易燃易爆物品。

1.3　危险源辨识与风险评价方法

危险源辨识是为了找出施工生产危险源，评价其安全风险，预防危险源引发事故造成职业健康和安全伤害。在职业健康安全管理中，危险源由潜在危险性、存在条件和触发因素三个要素组成，缺一不可。危险源的潜在危险性是指一旦触发事故，可能带来的危害程度或损失大小，或者说危险源可能释放的能量强度或危险物质量的大小；存在条件是指危险源所处的物理、化学状态和约束条件状态；触发因素不属于危险源的固有属性，但它是危险源转化为事故的外因，而且每一类危险源都有相应的敏感触发因素，因此应作为危险源辨识的要素之一。例如，易燃气体瓶是一个危险源，安全阀是其约束条件，而明火可能是其触发因素。

以下是常见的危险源辨识与评价方法，有些方法侧重于危险源评价，有些方法侧重于危险源风险评价。

(1) 安全检查表法 安全检查表法是指用安全检查表的方式将一系列检查项目列出进行分析，以确定装置、设备、场所的状态是否符合安全要求，通过检查发现系统中存在的安全隐患，提出改进措施的一种方法。检查项目可以包括场地、周边环境、设施、设备、操作、管理等各方面。

(2) 预先危险性分析 预先危险性分析也称初始危险分析，是指在每项生产活动之前，特别是在设计的开始阶段，对识别和评价对象存在的危险类别、危险出现条件、事故后果等进行概略分析，尽可能评价出潜在的危险性。《建设工程安全生产管理条例》规定，设计单位应当考虑施工安全操作和防护的需要，对涉及施工安全的重点部位和环节在设计文件中注明，并对防范生产安全事故提出指导意见；采用新结构、新材料、新工艺的建设工程和特殊结构的建设工程，设计单位应当在设计中提出保障施工作业人员安全和预防生产安全事故的措施建议。

(3) 危险与可操作性分析 该方法主要用于生产工艺流程分析，可借鉴用于施工生产危险源辨识和评价，其基本过程是以关键词为引导，预先识别、分析和评价工程项目、装置、设备潜在的危险，或通过监控找出工程项目、装置、设备运行过程或状态的变化（即偏差），然后再继续分析造成偏差的原因、后果及可采取的对策。

(4) 事故树分析法 事故树分析法是从一个可能的事故开始，自下而上、逐层地寻找上一事件的直接原因事件和间接原因事件，直到基本原因事件，并用逻辑图将这些事件之间的逻辑关系表达出来的分析方法。实际发生安全生产事故后，施工安全事故分析报告所归纳的事故直接原因、间接原因及根本原因同样有助于危险源识别和评价。

(5) LEC 评价法 LEC 评价法侧重于风险评价，该方法用与风险有关的三种因素指标值的乘积来评价操作人员伤亡风险的大小。这三种因素分别是 L（Likelihood，事故发生的可能性）、E（Exposure，人员暴露于危险环境中的频繁程度）和 C（Consequence，一旦发生事故可能造成的后果）。给三种因素的不同等级分别确定不同的分值，再以三个分值的乘积 D（Danger，危险性）来评价作业条件危险性的大小。

2. 施工安全管理体系

施工企业是施工安全生产的责任主体，应当建立和实施施工安全管理体系，落实安全生产主体责任。工程项目部应根据企业施工安全管理体系要求，结合施工项目的具体情况，建立施工项目安全管理体系。

工程职业健康安全与环境管理（安全生产问题）

2.1 施工企业安全生产主体责任

职业健康安全相关法律法规所确立的职业健康安全制度与要求是企业建立和保持职业健康安全管理体系所必须考虑的制度、政策和技术背景,施工企业应当将全生产主体责任的有关要求贯穿到安全管理体系。施工企业安全生产的主体责任有:

1) 保证安全生产条件合法合规。
2) 建立和落实全员安全生产责任制、安全生产规章制度和操作规程。
3) 保证安全生产条件所需资金有效投入。
4) 设置安全生产管理机构和配备安全生产管理人员。
5) 组织全员安全生产培训教育。
6) 建设项目安全设施必须同时到位("三同时"制度)。
7) 设置安全警示标志和疏散通道。
8) 开展安全生产标准化、信息化建设。
9) 构建安全风险分级管控和隐患排查治理双重预防机制。
10) 落实相关各方的安全生产管理职责。
11) 工艺和设备应符合标准,满足安全要求。
12) 严格管理危险源。
13) 履行向从业人员告知和教育、督促义务。
14) 按规定配置职业健康及劳动防护用品。
15) 落实危险作业(活动)的安全管理措施。
16) 依法办理工伤保险,缴纳保险费。
17) 做好生产安全事故应急救援工作。

2.2 施工安全管理常见缺陷

管理缺陷是施工安全重要的危险源,可能引发各类安全事故,应作为安全管理体系控制的重要内容。这里仅介绍施工安全管理常见缺陷。

1) 安全生产责任制常见缺陷:未建立安全生产责任制;安全生产责任制不健全、未经审核及责任人签字确认;未制定安全生产管理目标;未进行安全责任目标分解;未明确安全生产考核指标;未建立责任目标考核制度;未按考核制度对责任人员定期考核。

2) 安全生产投入常见缺陷:未制定项目安全资金保障制度;未编制安全资金使用计划;未按安全资金使用计划实施。

3) 人员配备及持证上岗常见缺陷:未按规定配备专职安全员;项目负责人、专职安全员和特种作业人员未持证上岗;未经培训从事施工、安全管理和特种作业。

4) 施工组织设计及专项施工方案常见缺陷:施工组织设计中未制定安全技术措施;施工组织设计或专项施工方案未经审批;安全措施、专项施工方案无针对性或缺少计算书;危险性较大的分部分项工程未编制专项施工方案;未按规定对超过一定规模危险性较大的分部分项工程专项施工方案进行专家论证;未按施工组织设计、专项施工方案组织实施。

5) 安全操作规程及安全技术交底常见缺陷:未制定安全操作规程;未进行书面安全技术交底;未按分部分项进行交底;交底内容不全面或针对性不强;交底未履行签字手续。

6) 安全教育及培训常见缺陷:未建立安全教育培训制度;施工管理人员、专职安全员未按规定进行培训与考核;现场施工人员未进行三级安全教育与考核;未明确具体安全教育内容；变换工种或采用新技术、新工艺、新设备、新材料施工时未进行安全教育。

7) 分包单位安全管理常见缺陷：分包单位资质、资格、分包手续不全或失效；未与分包单位签订安全生产协议书；分包合同、安全协议书签字盖章手续不全；分包单位未按规定建立安全机构或配备专职安全员；总包单位疏于对分包单位的管理。

8) 现场整体防护（不含特定部位、装置及个人防护要求）常见缺陷：市区内的工程未设置封闭围挡或封闭围挡设置不符合要求；不同施工区域、暂停施工期间未采取封闭隔离措施或设置不符合要求；施工现场办公、生活区与作业区未分开设置或设置不符合要求；起重设备等设备验收合格前未设置防护措施；防护设施本身质量不符合要求。

9) 安全标志常见缺陷：主要施工区域、危险部位未按规定悬挂安全标志；未绘制现场安全标志布置图；未按部位和现场设施的变化调整安全标志设置；未设置重大危险源公示牌。

10) 安全检查常见缺陷：未建立安全检查制度；未做好安全检查记录；事故隐患的整改未做到"三定"（定人、定时间、定措施）；对重大事故隐患整改通知所列项目未按期整改或复查。

11) 应急救援常见缺陷：未制定安全生产应急预案；未建立应急救援组织或未配备救援人员；未配置应急救援器材和设备；未定期进行应急救援演练。

12) 生产安全事故报告及处理常见缺陷：生产安全事故未按规定报告；生产安全事故未按规定进行调查分析并制定防范措施；未依法为施工作业人员办理保险；未落实安全事故处理"四不放过"原则。

2.3 施工安全管理体系的内容

施工安全管理体系是施工企业用于建立施工安全生产方针、目标及实现目标过程中相互关联和相互作用的要素的总称。

(1) 施工安全生产方针和目标 施工安全生产方针由企业最高管理者发布，企业及施工项目应以其作为安全管理的宗旨。施工项目应按照企业总体要求，确定项目安全生产具体目标，目标应尽量量化，并纳入项目责任制和岗位责任制内。施工安全生产目标分为伤亡控制目标和安全管理效果目标。

1) 伤亡控制目标：如杜绝伤亡事故，死亡率为零，重伤率为零，月轻伤频率在0.3%以下。

2) 安全管理效果目标：包括安全管理工作落实效果和安全管理总体效果。前者如安全教育合格率100%，特殊工种持证上岗率100%，施工现场安全各项设施合格率100%，安全防护设施使用率100%，劳动保护用品及防护用品使用率100%等；后者如建筑施工安全检查得分率90%以上，创建安全文明工地等。

(2) 组织保证体系 组织是实施目标管理的基础，工程项目部应配备项目管理人员，划分工作岗位和职责，按照"管业务必须管安全"的原则明确各层级、各岗位安全生产管理职责，建立健全安全生产责任体系。

根据《施工企业安全生产管理规范》（GB 50656—2011），工程项目部安全生产责任体系应符合下列要求：

1) 项目经理应为工程项目安全生产第一责任人，应负责分解落实安全生产责任，实施考核奖惩，实现项目安全管理目标。

2) 工程项目总承包单位、专业承包和劳务分包单位的项目经理、技术负责人和专职安全生产管理人员，应组成安全管理组织，并应协调、管理现场安全生产；项目经理应按规定到岗带班指挥生产。

3) 总承包单位、专业承包和劳务分包单位应按规定配备项目专职安全生产管理人员，负责施工现场各自管理范围内的安全生产日常管理。

4) 工程项目部其他管理人员应承担本岗位管理范围内的安全生产职责。

5) 分包单位应服从总承包单位管理，并应落实总承包项目部的安全生产要求。

6) 施工作业班组应在作业过程中执行安全生产要求。

7) 作业人员应严格遵守安全操作规程，并应做到不伤害自己、不伤害他人和不被他人伤害。

《建设工程安全生产管理条例》规定了工程项目部有关人员的安全生产管理职责。施工单位的项目负责人应当由取得相应执业资格的人员担任，对建设工程项目的安全施工负责，落实安全生产责任制度、安全生产规章制度和操作规程，确保安全生产费用的有效使用，并根据工程的特点组织制定安全施工措施，消除安全事故隐患，及时、如实报告生产安全事故。施工单位应当设立安全生产管理机构，配备专职安全生产管理人员。专职安全生产管理人员负责对安全生产进行现场监督检查。发现安全事故隐患，应当及时向项目负责人和安全生产管理机构报告；对违章指挥、违章操作的，应当立即制止。建设工程施工前，施工单位负责项目管理的技术人员应对有关安全施工的技术要求向施工作业班组、作业人员作出详细说明，并由双方签字确认。

(3) 文化保证体系 安全管理的根本目的是人的安全，安全生产管理首先要求充分发挥每个人的主观能动性，并且安全文化的最基本内涵就是人的安全意识，是存在于人们头脑中支配人们行为是否安全的思想，因而安全文化是安全生产的灵魂。安全文化能为人提供安全生产的思维框架、价值体系和行为准则，使人在自觉自律中按正确的方式行事，规范和控制自己的安全行为。

通过安全文化建设，使员工时时、处处、事事都把安全记在心上，落实在行动上，做到人人都能"自主管理""不伤害别人""不伤害自己""不被别人伤害"，创造充分体现"安全第一"的思想氛围，形成互相监督、互相制约、互相指导的安全文化体系。

安全文化建设的基本要素包括：安全承诺、行为规范与程序、安全行为激励、安全信息传播与沟通、自主学习与改进、安全事务参与、安全文化体系审核与评估。

(4) 制度保证体系 安全文化深入人的思想、形成正确的安全理念后，需要完善的安全管理制度体系支撑才能将理念变为系统的行为要求。安全文化在安全管理中真正起到作用，需要将安全理念内化于心、外化于行、固化于制，即要将安全理念的指导思想、目标和行为要求用制度的形式进行规定和固化，以便于将安全理念贯彻于生产过程。通过安全管理制度的建立，在制度层面实现安全工作闭环管理，将安全理念变成一系列可执行的办事规程和行为准则。

企业应当建立健全全员安全生产责任制为核心，包括安全生产规章制度和操作规程，安全投入和物资管理，（技术）措施管理，日常安全管理等在内的制度体系，通过安全生产标准化建设，促进安全生产工作和安全管理的规范化、标准化、程序化。

(5) 工作保证体系 施工安全管理最终通过施工现场一系列安全管理工作落实，施工现场安全工作应当以组织与责任体系为基础、安全文化和理念为驱动力、安全管理制度和安全技术措施为支撑、操作规程与安全技术标准为依据。施工现场安全管理主要工作包括：

1) 施工企业应加强工程项目施工过程的日常安全管理，工程项目部应接受企业各管理层职能部门和岗位的安全生产管理。

2) 工程项目部应接受建设行政主管部门及其他相关部门的监督检查，对发现的问题应按要求落实整改。

3) 工程项目部应根据企业安全生产管理制度，实施施工现场安全生产管理，应包括下列内容：制定项目安全管理目标，建立安全生产组织与责任体系，明确安全生产管理职责，实施责任考核；配置满足安全生产、文明施工要求的费用、从业人员、设施、设备、劳动防护用品及相关的检测器具；编制安全技术措施、方案、应急预案；落实施工过程的安全生产措施，组织安全检查，整改安全隐患；组织施工现场场容场貌、作业环境和生活设施安全文明达标；确定消防安全责任人，制定用火、用电、使用易燃易爆材料等各项消防安全管理制度和操作规程，设置消防通道、消防水源，配备消防设施和灭火器材，并在施工现场入口处设置明显标志；组织事故应急救援抢险；对施工安全生产管理活动进行必要的记录，保存应有的资料。

4) 工程项目施工前，应组织编制施工组织设计、专项施工方案（措施），内容应包括工程概况、编制依据、施工计划、施工工艺、施工安全技术措施、检查验收内容及标准、计算书及附图等，并应按规定进行审批、论证、交底、验收、检查。

5) 工程项目部应定期及时上报现场安全生产信息；施工企业应全面掌握企业所属工程项目的安全生产状况，并应作为隐患治理、考核奖惩的依据。

(6) 信息保证体系　安全施工中的信息包括文件信息、标准信息、管理信息、技术信息、安全施工状况信息和事故信息等。信息管理工作是安全管理的支持性工作，需要建立信息保证体系。

安全施工信息保证体系由信息纲目的编制，信息网的建立，信息的收集，安全施工状况与事故的报告统计，信息的分析、处置和应用以及信息档案管理等 6 项内容的工作及其制度组成。

2.4　本质安全化管理

(1) 本质安全化系统构成　本质安全化，狭义上讲是指机器、设备和工艺本身所具有的安全性能。当系统发生故障时，机器、设备和工艺能够自动防止操作失误或引发事故；即使由于人为操作失误，设备系统也能够自动排除、切换或安全地停止运转，从而保障人身、设备和财产的安全。对于施工安全而言，本质安全是指施工活动使用的机器、设备以及施工工艺和工程产品本身具有的安全性能。本质安全的理念是从工艺源头上永久地消除风险，而不是仅仅靠控制系统、报警系统、联锁系统的使用来减小事故发生概率或减轻事故后果的严重性。

根据危险源分类和事故致因系统理论，实现系统安全需要从人、物、环境、管理等方面进行控制，即广义的本质安全理念。

1) 狭义的本质安全系统的两项功能：

① 失误—安全功能，指设备、设施和技术工艺本身具有自动防止人的不安全行为的功能，即使人的行为失误，也不会发生事故或伤害。

② 故障—安全功能，指设备、设施或技术工艺发生故障或损坏时，还能暂时维持正常工作或自动转变为安全状态。

本质安全是绝对安全的理想状态，实际运行中很难达到，需要通过本质安全化的一系列技术措施降低施工过程风险，使施工过程本质上更安全。

2）广义的本质安全具有以下特征：

① 人的安全可靠性。不论在何种作业环境和条件下都能够按照规程操作，杜绝人的不安全行为，实现个体安全。

② 物的安全可靠性。无论是动态的物还是静态的物，始终能够保持安全运行的状态。

③ 系统的安全可靠性。在日常安全生产中，不会因人的不安全行为和物的不安全状态而发生重大事故，具备"人机互补，人机制约"的安全功能。

④ 制度系统规范、管理科学严格。通过建立健全系统化、规范化管理制度，实施科学严格的管理，杜绝管理上的失误，在生产中实现零缺陷、零事故。

（2）本质安全化控制措施

1）人的本质安全化控制措施。施工安全管理系统中的人，包括管理者、作业者和其他相关方。人的本质安全化包括两方面含义：一是人在本质上有对安全的需要，具备自主安全理念，二是人具备充分的安全知识和技能，在可靠的安全环境保障之下，依靠其安全知识和技能，可以实现系统及个人岗位的安全生产无事故。

为此，人应具有适应施工安全生产要求的心理、生理条件，具有安全的意识、知识、技能，具有在生产全过程中有效控制各环节安全运行的能力，以及正确处理生产过程中各种故障及突发意外情况的能力。主要控制措施有：

① 建立个人健康档案，定期或不定期开展心理测试、健康体检。

② 按照安全管理和企业规章制度要求，坚持持证上岗。

③ 做好安全培训和教育。除根据人的岗位和职责进行相应安全知识、职业技能和职业纪律培训教育外，还应包括必要的逃生、急救和防暑等医护知识培训。

④ 开展安全文化建设，人人树立正确的安全理念，实现由"要我安全"到"我要安全"的观念转变。

⑤ 通过安全培训教育和制度建设，提高员工安全法制观念和自主遵章守纪意识。

⑥ 落实一线岗位人员"两单两卡"清单制度，具体是指企业一线岗位从业人员岗位风险清单、岗位职责清单和岗位操作卡、岗位应急处置卡。该制度旨在通过教育培训、日常管理、严格奖惩等方式，促使企业一线员工对自身岗位安全风险点、职责、规范操作及应急脱险处置等内容记得住、说得明、做得到。

⑦ 动态监控员工心理、生理状况，及时调整工作岗位。

2）物的本质安全化控制措施。设备设施缺陷、工艺材料落后、防护不到位、成品半成品质量缺陷、人员操作不当导致"物的不安全状态"等会给施工安全埋下隐患甚至引发安全事故，是物的本质不安全的根本原因。促进工程项目物的本质安全化的主要控制措施有：

① 开展预先危险性分析。在每项工程、活动之前，如设计、施工、部品部件生产、制定操作规程之前，或技术变更之后，如设计变更、施工方案变更、施工工艺变更之后，开展预先危险性分析并达到4方面目的：大体识别与系统有关的一切主要危险、危害；鉴别产生危害的原因或因素；鉴别和估计危害出现对人及系统的影响；将已经识别的危险、危害分

级，并提出消除或控制危险性的措施。

在工程项目中，预先危险性分析应从项目设计阶段开始。《建设工程安全生产管理条例》规定：设计单位应当按照法律、法规和工程建设强制性标准进行设计，防止因设计不合理导致生产安全事故的发生。设计单位应当考虑施工安全操作和防护的需要，对涉及施工安全的重点部位和环节在设计文件中注明，并对防范生产安全事故提出指导意见。采用新结构、新材料、新工艺的建设工程和特殊结构的建设工程，设计单位应当在设计中提出保障施工作业人员安全和预防生产安全事故的措施建议。

② 落实安全风险分级管控和隐患排查治理双重预防机制。企业应根据《中华人民共和国安全生产法》要求，构建安全风险分级管控和隐患排查治理双重预防机制，建立安全风险分级管控制度，按照安全风险分级采取相应的管控措施。工程项目应根据施工阶段和施工内容的特点，全面开展安全风险辨识；科学评定安全风险等级，安全风险等级从高到低划分为重大风险、较大风险、一般风险和低风险，分别用红、橙、黄、蓝四种颜色标示。

③ 严格工程质量全过程、全方位管理，避免工程质量问题或质量事故引发安全生产事故。

④ 运用四新技术提高物的本质安全，淘汰施工现场落后工艺、设备和材料。

⑤ 严把设备、设施选用关，采用适应现场作业条件和环境、稳定可靠的设备设施。

⑥ 严把设备、设施使用前的验收关，避免有危险状态的设备、设施未验收前投入运行。

3）系统的安全可靠性控制措施。系统的安全可靠建立在人的本质安全、物的本质安全基础上，但人、物、环境三个子系统是否协调直接影响系统的可靠性，可以从以下方面采用控制措施：

① 在分析施工作业条件和环境基础上，运用人机匹配法分析最佳人机组合，并通过合理的施工组织设计实施。

② 通过合理的施工组织和现场平面布局，避免或减少人的因素运动轨迹与物的因素运动轨迹交叉。

③ 通过装配式建筑、建筑工业化、智能建造、机器人等技术手段减少人机交互的几率，减少子系统之间不协调对系统稳定性和可靠性的影响。

④ 运用人工智能等信息技术提高人机环境系统的自适应能力以及警示、反馈和调整能力，降低人、机不稳定状况出现的影响，提高系统可靠性。

(3) 安全管理体系的落实 施工安全管理既要有健全、科学的管理体系，更要有安全各项保证体系（涉及目标、制度、措施、操作规程等）的贯彻落实。

1）安全生产第一责任人应以身作则。企业主要负责人是生产经营单位安全生产的第一责任人，工程项目负责人是项目施工安全第一责任人。第一责任人以身作则执行安全生产管理制度，落实安全生产责任制，对提高其他管理人员甚至一线作业人员的安全意识，规范其安全行为，执行安全生产管理制度有示范引领作用；同时，第一责任人还应履行法律法规规定和企业安全管理制度规定的各项职责。如定期的组织检查安全管理制度的落实情况，对各项安全管理制度执行情况进行奖惩，跟踪安全管理制度的效果并适时地加以修改、补充等。

2）充分发挥全体从业人员的作用。在全员安全生产责任制的基础上，需要通过安全文化建设、安全教育培训、制度约束等手段，发挥全体从业人员在安全生产中的主动性和自觉性，调动从业人员在工作中相互监督，严格遵守各项安全管理制度，才能保证安全管理制度的落实。

3）重视外部监督对施工现场安全管理的积极作用。除施工方及其全体从业人员对安全管理制度自主自觉地执行外，应重视其他外部监督，如现场监理管理、媒体监督、社会监督等对现场安全生产的积极促进作用及本质安全化的意义。

本质安全属于安全管理范畴，应当遵循安全管理 3E 原则实施安全管理，促进本质安全化。即：

① 工程技术（Engineering）：运用技术手段消除不安全因素，实现生产工艺、机械设备等生产条件的安全。

② 教育培训（Education）：利用不同形式的安全教育和训练，强化员工安全意识，掌握安全生产所必须的知识和技能。

③ 强制管理（Enforcement）：借助于法律法规、规章制度等必要的行政乃至法律。

3. 施工安全管理基本制度

安全生产工作应当以人为本，坚持人民至上、生命至上，把保护人民生命安全摆在首位，树牢安全发展理念，坚持安全第一、预防为主、综合治理的方针，从源头上防范化解重大安全风险。实行生产经营单位负责、职工参与、政府监管、行业自律和社会监督的机制。施工单位为强化和落实企业主体责任，必须遵守《中华人民共和国安全生产法》和其他有关安全生产的法律法规，加强安全生产管理，建立健全全员安全生产责任制和安全生产规章制度。《施工企业安全生产管理规范》（GB 50656—2011）也规定了施工企业安全生产管理制度。

工程职业健康安全与环境管理（管理制度）

3.1 全员安全生产责任制

全员安全生产责任制是对单位各级各类岗位人员在安全生产方面的职责和应承担责任加以规定的一项制度。全员安全生产责任制是企业所有安全生产管理制度的核心，是企业最基本的安全管理制度，其他安全生产管理制度的建立、执行、修订完善，离不开各岗位相关责任的支持。

工程职业健康安全与环境管理（安全生产教育培训制度）

（1）全员安全生产责任制基本规定

1）全员安全生产责任制应包括所有从业人员的安全生产责任，明确从主要负责人到一线从业人员（含劳务派遣人员、实习学生等）的安全生产责任、责任范围和考核标准。从人员安全生产责任角度看，要"横向到边、纵向到底"。纵向应包括从最高管理者、管理者代表到项目负责人、技术负责人、专职安全生产人员、专业管理岗位人员（施工员、质量员、材料员等）、班组长和各操作岗位等各级人员的安全生产职责；横向应包括单位所有职能部门（如技术、安全、环保、财务、人事、采购等）管理者和各岗位的安全生产职责，做到全员每个岗位都有明确的安全生产职责并与相应的职务、岗位匹配。

2）全员安全生产责任制内容应包括：各岗位的责任人员（或各岗位从业人员的安全生产责任）、责任范围和考核标准。企业应当建立相应的机制，加强对全员安全生产责任制落实情况的监督考核，通过建立健全安全生产责任制管理考核制度和激励约束机制，对全员安全生产责任制落实情况进行考核管理,奖励主动落实、全面落实责任,惩处不落实责任、部分落实责任,不断激发全员参与安全生产工作的积极性和主动性,形成良好的安全文化氛围。

3)企业应当制定安全技术操作规程,并纳入安全教育培训。

4)企业全员安全生产责任制应长期公示。企业要在适当位置对全员安全生产责任制进行长期公示。公示内容主要包括:所有层级、所有岗位的安全生产责任、安全生产责任范围、安全生产责任考核标准等。

5)加强企业全员安全生产责任制教育培训。企业要将全员安全生产责任制教育培训工作纳入安全生产年度培训计划,通过自行组织或委托具备安全培训条件的中介服务机构等实施。要通过教育培训,提升所有从业人员的安全技能,培养良好的安全习惯。要建立健全教育培训档案,如实记录安全生产教育和培训情况。

(2) 企业主要负责人安全生产工作法定职责 企业主要负责人是本单位安全生产第一责任人,对本单位的安全生产工作全面负责。其他负责人对职责范围内的安全生产工作负责。企业可以设置专职安全生产分管负责人,协助本单位主要负责人履行安全生产管理职责。主要负责人对本单位安全生产工作的法定职责有:

1)建立健全并落实本单位全员安全生产责任制,加强安全生产标准化建设。

2)组织制定并实施本单位安全生产规章制度和操作规程。

3)组织制定并实施本单位安全生产教育和培训计划。

4)保证本单位安全生产投入的有效实施。

5)组织建立并落实安全风险分级管控和隐患排查治理双重预防工作机制,督促、检查本单位的安全生产工作,及时消除生产安全事故隐患。

6)组织制定并实施本单位的生产安全事故应急救援预案。

7)及时、如实报告生产安全事故。

(3) 企业安全生产管理机构及安全生产管理人员法定职责《建设工程安全生产管理条例》明确:施工单位应当设立安全生产管理机构,配备专职安全生产管理人员,其法定职责如下:

1)组织或者参与拟订本单位安全生产规章制度、操作规程和生产安全事故应急救援预案。

2)组织或者参与本单位安全生产教育和培训,如实记录安全生产教育和培训情况。

3)组织开展危险源辨识和评估,督促落实本单位重大危险源的安全管理措施。

4)组织或者参与本单位应急救援演练。

5)检查本单位的安全生产状况,及时排查生产安全事故隐患,提出改进安全生产管理的建议。

6)制止和纠正违章指挥、强令冒险作业、违反操作规程的行为。

7)督促落实本单位安全生产整改措施。

(4) 企业其他管理岗位人员安全生产职责 企业其他管理岗位应按照"管业务必须管安全""管生产经营必须管安全"的要求,结合企业自身情况,明确安全生产责任、责任范围和考核标准,将安全生产责任作为企业岗位责任制和经济责任制度的重要组成部分。

(5) 施工作业人员安全生产职责

1) 在作业过程中,应当遵守安全施工的强制性标准、规章制度和操作规程,服从管理,正确佩戴和使用安全防护用具、规范操作机械设备等。

2) 接受安全生产教育培训的义务,掌握必要的施工安全生产知识,熟悉有关的规章制度和安全操作规程,掌握本岗位安全操作技能,未经教育培训或者教育培训考核不合格的,不上岗作业。

3) 履行施工安全事故报告义务。从业人员发现事故隐患或者其他不安全因素,应当立即向现场安全生产管理人员或者本单位负责人报告。

3.2 安全生产费用提取、管理和使用制度

企业应按照规定提取和使用安全生产费用,专门用于改善企业或项目安全生产条件。安全生产费用在成本中据实列支。企业应具备的安全生产条件所必需的资金投入,由企业决策机构、主要负责人或者个人经营的投资人予以保证,并对由于安全生产所必需的资金投入不足导致的后果承担责任。

(1) 企业安全生产费用管理基本要求

1) 企业应建立健全安全生产费用管理制度,明确企业安全生产费用提取和使用的程序、职责及权限,落实责任,确保按规定提取和使用企业安全生产费用。

2) 企业应加强安全生产费用管理,编制年度企业安全生产费用提取和使用计划,纳入企业财务预算,确保资金投入。

3) 企业提取的安全生产费用从成本(费用)中列支并专项核算。

(2) 企业安全生产费用管理原则

1) 筹措有章。统筹发展和安全,依法落实企业安全生产投入主体责任,足额提取。

2) 支出有据。企业根据生产经营实际需要,据实开支符合规定的安全生产费用。

3) 管理有序。企业专项核算和归集安全生产费用,真实反映安全生产条件改善投入,不得挤占、挪用。

4) 监督有效。建立健全企业安全生产费用提取和使用的内外部监督机制,按规定开展信息披露和社会责任报告。

(3) 企业安全生产费用提取 建设工程施工企业编制投标报价应包含并单列企业安全生产费用,竞标时不得删减。建设单位应在合同中单独约定并于工程开工日一个月内向承包单位支付至少50%企业安全生产费用。总包单位应在合同中单独约定并于分包工程开工日一个月内将至少50%企业安全生产费用直接支付分包单位并监督使用,分包单位不再重复提取。工程竣工决算后结余的企业安全生产费用,应退回建设单位。

建设工程施工企业以建筑安装工程造价为依据,于月末按工程进度计算提取企业安全生产费用。提取标准为:矿山工程3.5%;铁路工程、房屋建筑工程、城市轨道交通工程3%;水利水电工程、电力工程2.5%;冶炼工程、机电安装工程、化工石油工程、通信工程2%;市政公用工程、港口与航道工程、公路工程1.5%。

企业安全生产费用出现赤字(即当年计提企业安全生产费用加上年初结余小于年度实际支出)的,应当于年末补提企业安全生产费用。企业按规定标准连续两年补提安全生产费用的,可以按照最近一年补提数提高提取标准。

企业安全生产费用月初结余达到上一年应计提金额3倍及以上的,自当月开始暂停提取

企业安全生产费用，直至企业安全生产费用结余低于上一年应计提金额三倍时恢复提取。

(4) 企业安全生产费用使用　建设工程施工企业安全生产费用应用于以下支出：

1）完善、改造和维护安全防护设施设备支出（不含"三同时"要求初期投入的安全设施），包括施工现场临时用电系统、洞口或临边防护、高处作业或交叉作业防护、临时安全防护、支护及防治边坡滑坡、工程有害气体监测和通风、保障安全的机械设备、防火、防爆、防触电、防尘、防毒、防雷、防台风、防地质灾害等设施、设备支出。

2）应急救援技术装备、设施配置及维护保养支出，事故逃生和紧急避难设施、设备的配置和应急救援队伍建设、应急预案制修订与应急演练支出。

3）开展施工现场重大危险源检测、评估、监控支出，安全风险分级管控和事故隐患排查整改支出，工程项目安全生产信息化建设、运维和网络安全支出。

4）安全生产检查、评估评价（不含新建、改建、扩建项目安全评价）、咨询和标准化建设支出。

5）配备和更新现场作业人员安全防护用品支出。

6）安全生产宣传、教育、培训和从业人员发现并报告事故隐患的奖励支出。

7）安全生产适用的新技术、新标准、新工艺、新设备的推广应用支出。

8）安全设施及特种设备检测检验、检定校准支出。

9）安全生产责任保险支出。

10）与安全生产直接相关的其他支出。

企业职工薪酬、福利不得从企业安全生产费用中支出。企业从业人员发现报告事故隐患的奖励支出，应从企业安全生产费用中列支。

企业安全生产费用年度结余资金结转下年度使用。

3.3　安全生产教育培训制度

(1) 教育培训目的、对象和管理要求

1）目的：保证从业人员具备必要的安全生产知识，熟悉有关的安全生产规章制度和安全操作规程，掌握本岗位的安全操作技能，了解事故应急处理措施，知悉自身在安全生产方面的权利和义务。未经安全生产教育和培训合格的从业人员，不得上岗作业。

2）对象：本单位全体从业人员及劳务派遣人员、实习学生。

企业使用被派遣劳动者的，应将被派遣劳动者纳入本单位从业人员统一管理，对被派遣劳动者进行岗位安全操作规程和安全操作技能的教育和培训。劳务派遣单位应对被派遣劳动者进行必要的安全生产教育和培训；企业接收中等职业院校、高等院校学生实习的，应对实习学生进行相应的安全生产教育和培训，提供必要的劳动防护用品。学校应协助企业对实习学生进行安全生产教育和培训。

3）管理要求：为保证安全生产培训教育效果，应将安全教育培训管理纳入企业管理组成部分。

① 企业应将安全培训工作纳入本单位年度工作计划。保证本单位安全培训工作所需资金。

② 企业主要负责人负责组织制定并实施本单位安全培训计划。

③ 企业应建立健全从业人员安全生产教育和培训档案，由企业安全生产管理机构及安全生产管理人员详细、准确记录培训的时间、内容、参加人员及考核结果等情况。

（2）企业主要负责人和安全生产管理人员安全培训　　企业主要负责人和安全生产管理人员应接受安全培训，具备与所从事的生产经营活动相适应的安全生产知识和管理能力。企业主要负责人和安全生产管理人员初次安全培训时间不得少于32学时。每年再培训时间不得少于12学时。

1）企业主要负责人的安全培训应包括下列内容：国家安全生产方针、政策和有关安全生产的法律、法规、规章及标准；安全生产管理基本知识、安全生产技术、安全生产专业知识；重大危险源管理、重大事故防范、应急管理和救援组织及事故调查处理的有关规定；职业危害及其预防措施；国内外先进的安全生产管理经验；典型事故和应急救援案例分析；其他需要培训的内容。

2）企业安全生产管理人员的安全培训应包括下列内容：国家安全生产方针、政策和有关安全生产的法律、法规、规章及标准；安全生产管理、安全生产技术、职业卫生等知识；伤亡事故统计、报告及职业危害的调查处理方法；应急管理、应急预案编制以及应急处置的内容和要求；国内外先进的安全生产管理经验；典型事故和应急救援案例分析；其他需要培训的内容。

（3）从业人员上岗培训　　施工企业其他从业人员，在上岗前必须经过企业、施工项目部、班组三级安全培训教育。企业应根据工作性质对其他从业人员进行安全培训，保证其具备本岗位安全操作、应急处置等知识和技能。企业新上岗的从业人员，岗前安全培训时间不得少于24学时。

1）企业级岗前安全培训内容应包括：本单位安全生产情况及安全生产基本知识；本单位安全生产规章制度和劳动纪律；从业人员安全生产权利和义务；有关事故案例等。

2）施工项目部级岗前安全培训内容应包括：工作环境及危险因素；所从事工种可能遭受的职业伤害和伤亡事故；所从事工种的安全职责、操作技能及强制性标准；自救互救、急救方法、疏散和现场紧急情况的处理；安全设备设施、个人防护用品的使用和维护；本项目安全生产状况及规章制度；预防事故和职业危害的措施及应注意的安全事项；有关事故案例；其他需要培训的内容。

3）班组级岗前安全培训内容应包括：岗位安全操作规程；岗位之间工作衔接配合的安全与职业卫生事项；有关事故案例；其他需要培训的内容。

从业人员在本单位内调整工作岗位或离岗一年以上重新上岗时，应重新接受项目部和班组级的安全培训。

（4）其他安全生产教育培训

1）企业采用新工艺、新技术、新材料、新设备时，应对有关从业人员重新进行有针对性的安全培训。

2）企业特种作业人员，必须按照国家有关法律、法规的规定接受专门的安全培训，经考核合格，取得特种作业操作资格证书后，方可上岗作业。

3）施工单位的主要负责人、项目负责人、专职安全生产管理人员应经建设行政主管部门或者其他有关部门考核合格后方可任职。

3.4　安全生产许可制度

国家对建筑施工企业实行安全生产许可制度。企业未取得安全生产许可证的，不得从事生产活动。

(1) 企业取得安全生产许可证的条件 建筑施工企业取得安全生产许可证，应具备下列安全生产条件：

1）建立健全安全生产责任制，制定完备的安全生产规章制度和操作规程。

2）保证本单位安全生产条件所需资金的投入。

3）设置安全生产管理机构，按照国家有关规定配备专职安全生产管理人员。

4）主要负责人、项目负责人、专职安全生产管理人员经住房城乡建设主管部门或者其他有关部门考核合格。

5）特种作业人员经有关业务主管部门考核合格，取得特种作业操作资格证书。

6）管理人员和作业人员每年至少进行一次安全生产教育培训并考核合格。

7）依法参加工伤保险，依法为施工现场从事危险作业的人员办理意外伤害保险，为从业人员交纳保险费。

8）施工现场的办公、生活区及作业场所和安全防护用具、机械设备、施工机具及配件符合有关安全生产法律、法规、标准和规程的要求。

9）有职业危害防治措施，并为作业人员配备符合国家标准或者行业标准的安全防护用具和安全防护服装。

10）有对危险性较大的分部分项工程及施工现场易发生重大事故的部位、环节的预防、监控措施和应急预案。

11）生产安全事故应急救援预案、应急救援组织或者应急救援人员，配备必要的应急救援器材、设备。

12）法律、法规规定的其他条件。

(2) 安全生产许可证管理 国务院住房和城乡建设主管部门负责对全国建筑施工企业安全生产许可证的颁发和管理工作进行监督指导。省、自治区、直辖市人民政府住房和城乡建设主管部门负责本行政区域内建筑施工企业安全生产许可证的颁发和管理工作。市、县人民政府住房和城乡建设主管部门负责本行政区域内建筑施工企业安全生产许可证的监督管理，并将监督检查中发现的企业违法行为及时报告安全生产许可证颁发管理机关。

建筑施工企业从事建筑施工活动前，应当向企业注册所在地省、自治区、直辖市人民政府住房和城乡建设主管部门申请领取安全生产许可证。

安全生产许可证的有效期为3年。安全生产许可证有效期满需要延期的，企业应当于期满前3个月向原安全生产许可证颁发管理机关办理延期手续。

企业在安全生产许可证有效期内，严格遵守有关安全生产的法律法规，未发生死亡事故的，安全生产许可证有效期届满时，经原安全生产许可证颁发管理机关同意，不再审查，安全生产许可证有效期延期3年。

建筑施工企业变更名称、地址、法定代表人等，应当在变更后10日内，到原安全生产许可证颁发管理机关办理安全生产许可证变更手续。

建筑施工企业破产、倒闭、撤销的，应当将安全生产许可证交回原安全生产许可证颁发管理机关予以注销。

建筑施工企业遗失安全生产许可证，应当立即向原安全生产许可证颁发管理机关报告，并在公众媒体上声明作废后，方可申请补办。

3.5 管理人员及特种作业人员持证上岗制度

（1）管理人员持证上岗制度 施工单位主要负责人、项目负责人、专职安全生产管理人员应经建设行政主管部门或者其他有关部门考核合格后方可任职。施工单位应对管理人员和作业人员每年至少进行一次安全生产教育培训，其教育培训情况记入个人工作档案。安全生产教育培训考核不合格的人员，不得上岗。

（2）特种作业人员持证上岗制度 特种作业是指容易发生事故，对操作者本人、他人的安全健康及设备、设施的安全可能造成重大危害的作业。特种作业的范围由特种作业目录规定。建筑施工特种作业人员包括建筑电工、建筑架子工、建筑起重信号司索工、建筑起重机械司机、建筑起重机械安装拆卸工、高处作业吊篮安装拆卸工和经省级以上人民政府住房和城乡建设主管部门认定的其他特种作业人员等。

特种作业人员必须经专门的安全技术培训并考核合格，取得《中华人民共和国特种作业操作证》（以下简称特种作业操作证）后，方可上岗作业。特种作业人员应符合下列条件：

1）年满18周岁，且不超过国家法定退休年龄。

2）经社区或者县级以上医疗机构体检健康合格，并无妨碍从事相应特种作业的器质性心脏病、癫痫病、美尼尔氏症、眩晕症、癔病、震颤麻痹症、精神病、痴呆症及其他疾病或生理缺陷。

3）具有初中及以上文化程度。

4）具备必要的安全技术知识与技能。

5）相应特种作业规定的其他条件。

特种作业人员应接受与其所从事的特种作业相应的安全技术理论培训和实际操作培训。已经取得职业高中、技工学校及中专以上学历的毕业生从事与其所学专业相应的特种作业，持学历证明经考核发证机关同意，可以免予相关专业的培训。跨省、自治区、直辖市从业的特种作业人员，可以在户籍所在地或者从业所在地参加培训。

特种作业操作证每3年复审1次。

特种作业人员在特种作业操作证有效期内，连续从事本工种10年以上，严格遵守有关安全生产法律法规的，经原考核发证机关或者从业所在地考核发证机关同意，特种作业操作证的复审时间可以延长至每6年1次。

特种作业操作证需要复审的，应在期满前60日内，由申请人或者申请人的用人单位向原考核发证机关或者从业所在地考核发证机关提出申请，并提交下列材料：社区或者县级以上医疗机构出具的健康证明；从事特种作业的情况；安全培训考试合格记录。

特种作业操作证有效期届满需要延期换证的，应按照规定申请延期复审。特种作业操作证申请复审或者延期复审前，特种作业人员应参加必要的安全培训并考试合格。安全培训时间不少于8个学时，主要培训法律、法规、标准、事故案例和有关新工艺、新技术、新设备等知识。

3.6 重大危险源管理制度

实施重大危险源管理的目的是有效监控施工现场重大危险源，加强事故的预警、预防、预控工作，降低事故率，保证建设工程正常进行。

（1）企业重大危险源管理总要求

1）企业对重大危险源应登记建档，进行定期检测、评估、监控，并制定应急预案，告知从业人员和相关人员在紧急情况下应采取的应急措施。

2）企业应按照国家有关规定将本单位重大危险源及有关安全措施、应急措施报有关地方人民政府应急管理部门和有关部门备案。有关地方人民政府应急管理部门和有关部门应通过相关信息系统实现信息共享。

（2）施工现场危险源管理　建设单位办理安全监督手续时，应如实申报拟建工程的重大危险源，并提交对拟建工程重大危险源的安全管理、监控和应急预案。施工项目部应根据企业危险源，尤其是重大危险源管理制度，结合施工现场情况，开展危险源监控和管理。

危险源监控和管理应遵循动态控制的原则。基本内容和要求如下：

1）辨识施工现场危险源并及时更新。一般可从三个途径辨识和认定危险源：对照国家和行业标准、规范及强制性条文规定检查；依据施工安全检查标准规定进行检查；关注正在进行或将进行的危险性较大的分部分项工程施工。

2）坚持危险源公示、告知制度。危险源公示内容：危险源名称、出现的时段、涉及的危险因素、控制措施、责任部门和责任人。应在施工现场入口显著位置和有危险源的作业点附近设置明显的安全警示标志，并对检查、检测、检验情况做好文字记录，建立档案。应向从业人员告知危险源及其防范措施，具体内容：作业场所和工作岗位存在的危险因素、防范措施、事故应急措施，危险岗位的操作规范/规程、违章操作的危害。危险源及其防范措施可以单独以书面（如手册）或告知牌形式告知，也可以结合安全技术交底工作实施告知。

3）建立施工现场重大危险源辨识、登记、公示、控制管理体系，明确岗位责任和责任人，认真组织实施。

4）对危险性较大的分部分项工程，施工前必须编制专项施工方案，专项施工方案除应有切实可行的安全技术措施外，还应包括监控措施、应急预案及紧急救护措施等内容。

5）对存在重大危险的施工部位或施工环节，应按专项施工方案严格进行技术交底，并有书面记录和签字，确保作业人员清楚掌握施工方案和操作规程的技术要领。将重大危险源公示项目作为每天施工前对施工人员安全交底内容，提高作业人员防范能力，规范安全行为。

6）对从事重大危险施工部位或施工环节的作业人员、特种作业人员进行登记造册，掌握作业队伍，采取有效措施在作业活动中对作业人员进行管理，控制并及时分析存在的不安全行为。

7）保证用于重大危险源防护措施所需的费用及时划拨。将施工现场重大危险源的安全防护、文明施工措施费单独列支，保证专款专用。

8）为从业人员提供符合国家标准、行业标准的劳动防护用品，并监督、教育从业人员按照使用规则佩戴、使用。

9）建立重大危险源施工档案，每周组织有关人员对施工现场的重大危险源进行安全检查，并做好施工安全检查记录。

3.7　劳动保护用品使用管理制度

为保障施工作业人员安全与健康，施工单位必须为作业人员提供劳动保护用品，包括从事建筑施工活动的人员使用的安全帽、安全带及安全（绝缘）鞋、防护眼镜、防护手套、防尘（毒）口罩等。

1）劳动保护用品的发放和管理，坚持"谁用工，谁负责"的原则。施工作业人员所在企业（包括总承包企业、专业承包企业、劳务企业等）必须按国家规定免费发放劳动保护用品，更换已损坏或已到使用期限的劳动保护用品，不得收取或变相收取任何费用。

2）劳动保护用品必须以实物形式发放，不得以货币或其他物品替代。

3）企业应建立完善劳动保护用品的采购、验收、保管、发放、使用、更换、报废等规章制度。同时，应建立相应的管理台账，管理台账保存期限不得少于两年，以保证劳动保护用品的质量具有可追溯性。

4）企业采购、个人使用的安全帽、安全带及其他劳动防护用品等，必须符合《头部防护　安全帽》（GB 2811—2019）、《坠落防护　安全带》（GB 6095—2021）及其他劳动保护用品相关国家标准的要求。

5）企业、施工作业人员，不得采购和使用无安全标记或不符合国家相关标准要求的劳动保护用品。

6）企业应按照劳动保护用品采购管理制度的要求，明确企业内部有关部门、人员的采购管理职责。

7）企业采购劳动保护用品时，应查验劳动保护用品生产厂家或供货商的生产、经营资格，验明商品合格证明和商品标识，以确保采购劳动保护用品的质量符合安全使用要求。

8）企业应向劳动保护用品生产厂家或供货商索要法定检验机构出具的检验报告或由供货商签字盖章的检验报告复印件，不能提供检验报告或检验报告复印件的劳动保护用品不得采购。

9）企业应加强对施工作业人员的教育培训，保证施工作业人员能正确使用劳动保护用品。施工项目部应有教育培训的记录，有培训人员和被培训人员的签名和时间。

10）企业应加强对施工作业人员劳动保护用品使用情况的检查，并对施工作业人员劳动保护用品的质量和正确使用负责。实行施工总承包的，施工总承包企业应加强对施工现场内所有施工作业人员劳动保护用品的监督检查，督促相关分包企业和人员正确使用劳动保护用品。

3.8　安全生产检查制度

安全生产检查是发现和消除事故隐患、落实安全措施、预防事故发生的重要手段。

（1）安全生产检查的目的　通过安全生产检查，应达到以下目的：

1）利用安全生产检查，宣传、贯彻、落实安全生产方针、政策、规范标准和各项安全生产规章制度。

工程职业健康安全与环境管理（安全检查制度）

2）增强从业人员安全意识，纠正违章指挥、违章作业，提高安全生产的自觉性和责任感。

3）发现施工中的职业健康安全隐患，制定对策，采取对策，消除不安全因素，保障安全生产。

4）总结经验，汲取教训，相互学习，取长补短，促进安全生产。

5）分析安全生产形势，为加强安全生产管理提供信息和依据。

（2）安全生产检查管理的要求

1）安全生产检查管理应包括安全检查的内容、形式、类型、标准、方法、频次、整改、复查等工作内容。

2) 施工企业安全生产检查应配备必要的检查、测试器具，对存在的问题和隐患，应定人、定时间、定措施组织整改，并应跟踪复查直至整改完毕。

3) 施工企业对安全检查中发现的问题，宜按隐患类别分类记录，定期统计，并应分析确定多发和重大隐患类别，制定实施治理措施。

4) 施工企业应建立并保存安全生产检查资料和记录。

(3) 安全生产检查的内容　施工企业安全生产检查应包括下列内容：安全管理目标的实现程度；安全生产职责的履行情况；各项安全生产管理制度的执行情况；施工现场管理行为和实物状况；生产安全事故、未遂事故和其他违规违法事件的报告调查、处理情况；安全生产法律法规、标准规范和其他要求的执行情况。

(4) 安全生产检查的形式　施工企业安全检查的形式应包括各管理层的自查、互查及对下级管理层的抽查等；安全检查的类型应包括日常巡查、专项检查、季节性检查、定期检查、不定期抽查等，并应符合下列要求：

1) 工程项目部每天应结合施工动态，实行安全巡查。

2) 总承包工程项目部应组织各分包单位每周进行安全检查。

3) 施工企业每月应对工程项目施工现场安全生产情况至少进行一次检查，并应针对检查中发现的倾向性问题、安全生产状况较差的工程项目，组织专项检查。

4) 施工企业应针对承建工程所在地区的气候和环境特点，组织季节性的安全生产检查。

3.9　安全生产会议制度

安全生产会议制度是日常安全管理的重要手段，施工项目应制定相应会议制度，对会议类型、频次、组织职责、程序、会议纪要及会议议题落实等做出规定。施工项目安全生产会议包括定期安全生产例会和不定期安全生产会议、班前会议。

(1) 定期安全生产例会

1) 月度安全生产例会。施工项目部每月召开一次月度安全生产分析会议，由项目经理组织，可以与月度生产计划会议合并进行，总结、部署月度安全工作，研究决策安全生产中的重大问题。对当月的安全生产情况进行分析、总结和评估，对次月的安全生产工作进行安排、部署，确定安全防范重点。月度安全生产例会要有会议纪要、会议记录、签到表，要有上次会议决定事项的处理落实材料。

2) 周安全生产例会。项目经理部每周组织召开一次安全生产例会，组织对本项目的安全生产工作进行检查，制定对事故隐患的整改措施，并落实整改。

(2) 不定期安全生产会议

1) 安全生产技术交底会。根据施工生产进展情况和需要，对重大安全生产保障措施进行安全生产技术交底。

2) 安全生产专题会。针对安全生产和特殊季节安全防范的需要，适时召开安全生产专题会议。

3) 安全生产事故分析会。根据事故发生情况，及时召开安全生产事故分析会，教育事故单位，警示其他单位等，防止类似事故的再次发生。

4) 安全生产现场会。根据工作需要，结合各类评比活动，适时召开安全生产现场会，达到树立典型、推动后进，共同提高安全生产管理工作水平。

（3）班前会议 班前会议应坚持"安全第一、预防为主、综合治理"的方针。班前会议由班组长组织和主持。班前会议结合工作安排和安全技术交底进行。在班组长的组织下，进行交接班，召开班前安全会议，由班组长安排工作任务，针对工程施工情况、作业环境、作业项目，交代安全施工要点。全体组员要在穿戴好劳动保护用品后，上岗交接班，熟悉上一班生产管理情况，检查设备和工况完好情况，按作业计划做好生产的一切准备工作。

（4）现场安全生产会议管理 要明确会议的严肃性，按时按需召开。每次会议应目标明确，有实质内容。要严格按照分工和层次进行组织，达到预期的目的和效果。要做好会议签到和会议记录，并作为安全管理的考核指标。项目经理及其他项目管理人员应分头定期或不定期地检查或参加班组班前安全活动会议，以监督其执行或提高安全活动会议的质量。项目专职安全生产管理员应不定期地抽查班组班前安全活动记录，看是否有漏记，对记录质量状况进行检查。重要的会议纪要，应上报公司备案。

3.10 施工设施、设备和劳动防护用品安全管理制度

1）施工企业施工设施、设备和劳动防护用品的安全管理应包括购置、租赁、装拆、验收、检测、使用、保养、维修、改造和报废等内容。

2）施工企业应根据安全管理目标，生产经营特点、规模、环境等，配备符合安全生产要求的施工设施、设备、劳动防护用品及相关的安全检测器具。

3）生产经营活动内容可能包含机械设备的施工企业，应按规定设置相应的设备管理机构或者配备专职的人员进行设备管理。

4）施工企业应建立并保存施工设施、设备、劳动防护用品及相关的安全检测器具管理档案，并应记录下列内容：来源、类型、数量、技术性能、使用年限等静态管理信息，以及目前使用地点、使用状态、使用责任人、检测、日常维修保养等动态管理信息；采购、租赁、改造、报废计划及实施情况。

5）施工企业应定期分析施工设施、设备、劳动防护用品及相关的安全检测器具的安全状态，并采取必要的改进措施。

6）施工企业应自行设计或优先选用标准化、定型化、工具化的安全防护设施。

3.11 安全生产考核和奖惩制度

1）施工企业安全生产考核和奖惩管理应包括确定对象、制定内容及标准、实施奖惩等内容。

2）安全生产考核的对象应包括施工企业各管理层的主要负责人、相关职能部门及岗位和工程项目参建人员。

3）企业各管理层的主要负责人应组织对本管理层各职能部门、下级管理层的安全生产责任进行考核和奖惩。

4）安全生产考核应包括下列内容：安全目标实现程度；安全职责履行情况；安全行为；安全业绩；施工企业应针对生产经营规模和管理状况，明确安全生产考核的周期，并应及时兑现奖惩。

施工安全管理基本制度通常还包括：安全技术交底制度、应急预案管理和演练制度、生产安全事故报告和调查处理制度、安全责任追究制度等。

4. 施工安全技术措施

建设工程建筑工地常见的伤害有：高处坠落、物体打击、坍塌倾覆、机械伤害、触电及火灾等，所以在各项施工方案中要有针对性的编制各种伤害类型的施工安全技术措施。

工程职业健康安全与
环境管理（施工安全控制与技术措施一般要求）

工程职业健康安全与
环境管理（施工主要安全技术措施）

4.1 防高处坠落的安全技术措施

临边、洞口、坑、沟、槽、操作平台等部位，攀登、悬空、交叉作业及安全网搭设等项作业易发生人和物的坠落。人的坠落易造成坠落伤害，物的坠落易造成物体打击。应针对不同部位和作业采取相应的安全技术措施。

1）临边作业防坠落措施。坠落高度基准面 2m 及以上进行临边作业时，应在临空一侧设置防护栏杆，并应采用密目式安全立网或工具式栏板封闭。

2）洞口作业防坠落措施。洞口作业防坠落措施要求：

① 当竖向洞口短边边长小于 500mm 时，应采取封堵措施；当竖向洞口短边边长大于或等于 500mm 时，应在临空一侧设置高度不小于 1.2m 的防护栏杆，并应采用密目式安全立网或工具式栏板封闭，设置挡脚板。

② 当非竖向洞口短边边长为 25～500mm 时，应采用承载力满足使用要求的盖板覆盖，盖板四周搁置应均衡，且应防止盖板移位。

③ 当非竖向洞口短边边长为 500～1500mm 时，应采用盖板覆盖或防护栏杆等措施，并应固定牢固。

④ 当非竖向洞口短边边长大于或等于 1500mm 时，应在洞口作业侧设置高度不小 1.2m 的防护栏杆，洞口应采用安全平网封闭。

3）攀登作业防坠落措施。登高作业应借助施工通道、梯子及其他攀登设施和用具，技术要求有：

① 攀登作业设施和用具应牢固可靠；当采用梯子攀爬作业时，踏面荷载不应大于 1.1kN；当梯面上有特殊作业时，应按实际情况进行专项设计。

② 同一梯子上不得两人同时作业。在通道处使用梯子作业时，应有专人监护或设置围栏。脚手架操作层上严禁架设梯子作业。

③ 使用单梯时梯面应与水平面成 75°夹角，踏步不得缺失，梯格间距宜为 300mm，不得垫高使用。

④ 使用固定式直梯攀登作业时，当攀登高度超过 3m 时，宜加设护笼；当攀登高度超过 8m 时，应设置梯间平台。

⑤ 深基坑施工应设置扶梯、入坑踏步及专用载人设备或斜道等设施。采用斜道时，应

加设间距不大于 400mm 的防滑条等防滑措施。作业人员严禁沿坑壁、支撑或乘运土工具上下。

4）悬空作业防坠落措施。悬空作业安全设备、设施本身应满足安全技术要求，同时必须设置安全防护网和防护栏等安全设施。不同类型悬空作业相应技术措施要求不同：

① 悬空作业所使用的吊篮、平台、脚手板及索具等应经技术鉴定或验证后才可使用。
② 搭设脚手架进行操作时，脚手架应牢固，外侧应设安全网。
③ 悬空作业（安装拆除模板、吊装等），施工人员必须站在操作平台上作业。
④ 悬空作业的立足处的设置应牢固，并应配置登高和防坠落装置和设施，严禁在未固定、无防护设施的构件及管道土进行作业或通行。
⑤ 悬空作业的人员必须系好安全带。

5）交叉作业。针对不同情形下的交叉作业，应采取防护措施并保证措施有效：

① 交叉作业时，下层作业位置应处于上层作业的坠落半径之外，高空作业坠落半径应按规范要求确定。安全防护棚和警戒隔离区范围的设置应视上层作业高度确定，并应大于坠落半径。
② 交叉作业时，坠落半径内应设置安全防护棚或安全防护网等安全隔离措施。当尚未设置安全隔离措施时，应设置警戒隔离区，人员严禁进入隔离区。
③ 处于起重机臂架回转范围内的通道，应搭设安全防护棚。
④ 施工现场人员进出的通道口，应搭设安全防护棚。
⑤ 不得在安全防护棚顶堆放物料。
⑥ 当采用脚手架搭设安全防护棚架构时，应符合国家现行脚手架相关标准规定。

4.2 防物体打击的安全技术措施

物体打击主要是高处坠落物或地面物体坠落至基坑、槽造成的伤害事故，针对性技术措施包括防落物措施、防飞溅物伤人措施和防护措施三方面。

（1）防物体坠落或飞溅物伤人措施

1）脚手架。施工层应设有 1.2m 高防护栏杆和 18～20cm 高挡脚板。脚手架外侧设置密目式安全网，网间不应有空缺。脚手架拆除时，拆下的脚手杆、脚手板、钢管、扣件、钢丝绳等材料，应向下传递或用绳吊下，禁止投掷。

2）材料堆放。材料、构件、料具应按施工组织规定的位置堆放整齐，防止倒塌做到工完场清。

3）物件运送安全应采用安全技术方案。运送易滑的钢材时，绳结必须系牢。起吊物件应使用交互捻制的钢丝绳。钢丝绳如有扭结、变形、断丝、锈蚀等异常现象，应降级使用或报废。严禁使用麻绳起吊重物。吊装不易放稳的构件或大模板应用卡环，不得用吊钩。禁止将物件放在板形构件上起吊。在平台上吊运大模板时，平台上不准堆放无关料具，以防滑落伤人。禁止在吊臂下穿行和停留。

4）深坑、槽施工。四周边沿在设计规定范围内，禁止堆放模板、架料、材料。深坑槽施工所有材料均应采用溜槽运送，严禁抛掷。

5）工具袋（箱）。高处作业人员应佩带工具袋，装入小型工具、小材料和配件等，防止坠落伤人。高处作业所有的较大工具，应放入工具箱。上下传递物件禁止抛掷。

6）防飞溅物伤人。圆盘锯上必须设置分割刀和防护罩，防止锯下木料被锯齿弹飞伤人。

7）拆除工程。除设置警戒的安全围栏外，拆下的材料要及时清理运走，散碎材料应用溜槽顺槽溜下。

8）现场清理。清理高处杂物，应集中放在斗车或桶内，及时吊运地面，严禁往外抛掷。

（2）防护措施

1）防护棚。施工工程邻近必须通行的道路上方和施工工程出入口处上方，均应搭设坚固、密封的防护棚。

2）防护隔离层。垂直交叉作业时，必须设置有效隔离层，防止坠落物伤人。

3）设置防护栏杆。起重机械和桩机机械下不准站人或穿行。

4）安全帽。戴好安全帽是防止物体打击的可靠措施。因此，进入施工现场的所有人员都必须戴好符合安全标准、具有检验合格证的安全帽，并系牢帽带。

4.3 防坍塌倾覆的安全技术措施

施工单位在编制施工组织设计时，应制定预防坍塌事故的安全技术措施。项目经理部应结合施工组织设计，根据工程特点，编制预防坍塌事故的专项施工方案，并组织实施。

坍塌是指施工基坑（槽）坍塌、边坡坍塌、基础桩壁坍塌、模板支撑系统失稳坍塌及施工现场临时建筑（包括施工围墙）倒塌等。倾覆是指物料提升机、塔式起重机、滑模、接料平台、移动操作台等机械设备在安拆、使用过程中发生倾覆。防坍塌倾覆的主要技术措施有：

1）编制施工方案，确定防坍塌技术措施。基坑（槽）、边坡、基础桩、模板和临时建筑作业前，施工单位应按设计单位要求，根据地质情况、施工工艺、作业条件及周边环境编制施工方案，单位分管负责人审批签字，项目分管负责人组织有关部门验收，经验收合格签字后，方可作业。对于危险性较大的分部分项工程专项施工方案，应按相关规定组织编审和论证。

2）实施施工监测。根据相关规范、标准，结合基坑工程特点、周边环境状况、地层及水文地质情况，描述监测项目确定监测方案，详细说明监测基准点、工作基点、各监测项目监测点的布置数量、间距、范围，并在监测平面布置图上明确表示。监测应包括对相邻建（构）筑物、道路的沉降和位移情况进行观测。

3）采取排水降水措施。应作好施工区域内临时排水系统规划，临时排水不得破坏相邻建（构）筑物的地基和挖、填土方的边坡。在地形、地质条件复杂，可能发生滑坡、坍塌的地段挖方时，应由设计单位确定排水方案。场地周围出现地表水汇流、排泄或地下水管渗漏时，施工单位应组织排水，对基坑采取保护措施。开挖低于地下水位的基坑（槽）、边坡和基础桩时，施工单位应合理选用降水措施降低地下水位。

4）做好基坑支护。基坑（槽）、边坡设置坑（槽）壁支撑时，应根据开挖深度、土质条件、地下水位、施工方法及相邻建（构）筑物等情况设计支撑。拆除支撑时应按基坑（槽）回填顺序自下而上逐层拆除，随拆随填，防止边坡塌方或相邻建（构）筑物产生破坏，必要时应采取加固措施。

5）保证临边堆码及施工作业安全距离。基坑（槽）、边坡和基础桩孔边堆置各类建筑材料的，应按规定距离堆置。各类施工机械距基坑（槽）、边坡和基础桩孔边的距离，应根据设备重量、基坑（槽）、边坡和基础桩的支护、土质情况确定，并不得小于15m。

6) 按顺序组织施工。施工时应遵循自上而下的开挖顺序，严禁先切除坡脚。爆破施工时，应防止爆破振动影响边坡稳定。地质灾害易发区内施工时，施工单位应根据地质勘察资料编制施工方案。

7) 防止地面水侵蚀。应防止地面水流入基坑（槽）内造成边坡塌方或土体破坏。基坑（槽）开挖后，应及时进行地下结构和安装工程施工，基坑（槽）开挖或回填应连续进行。在施工过程中，应随时检查坑（槽）壁的稳定情况。

8) 按规范搭设模板支撑系统，控制施工荷载。对模板支撑宜采用钢支撑材料作支撑立柱，不得使用严重锈蚀、变形、断裂、脱焊、螺栓松动的钢支撑材料和竹材作立柱。支撑立柱基础应牢固，并经设计计算，严格控制模板支撑系统的沉降量。支撑立柱基础为泥土地面时，应采取排水措施，对地面平整、夯实，并加设满足支撑承载力要求的垫板后，方可用以支撑立柱。斜支撑和立柱应牢固拉接，形成整体。

严格控制模板支架、脚手架等承受的荷载，模板、脚手架及其支撑体系的施工荷载应做到均匀分布，并不得超过设计要求。严禁超载、对构筑物进行外力冲击或偏心载荷。

9) 采取措施保证起重等设备自身安全。加强起重等设备的采购管理，严禁使用不合格的设备，并定期进行检测，确保各项性能和安全防护装置良好；加强设备的安装、拆除管理；加强设备的使用管理，严禁超载、碰撞或违章操作；加强对设备操作人员、指挥人员、安拆人员的安全教育培训，考核合格后持证上岗。

10) 施工现场使用的组装式活动房屋应有产品合格证。施工单位在组装后进行验收，经验收合格签字后，方能使用。对搭设在空旷、山脚等处的活动房应采取防风、防洪和防暴雨等措施。

11) 采取临时加固和防护措施。对于易引起坍塌倾覆的部位、事件应采取临时加固防护措施。如临时建筑外侧为街道或行人通道的，应采取加固措施；禁止在施工围墙墙体上方或紧靠施工围墙架设广告或宣传标牌；施工围墙外侧应有禁止人群停留、聚集和堆砌土方、货物等的警示；雨期施工，施工单位应对施工现场的排水系统进行检查和维护，保证排水畅通。在傍山、沿河地区施工时，应采取必要的防洪、防泥石流措施；深基坑特别是稳定性差的土质边坡、顺向坡，施工方案应充分考虑雨期施工等诱发因素，提出预案措施；冬期解冻期施工时，应对基坑（槽）和基础桩支护进行检查，无异常情况后，方可施工；收集天气预报资料，遇降雨时间较长、降雨量较大时，应提前对已开挖未支护基坑的侧壁采取覆盖措施，并应及时排除基坑内积水；对于不能及时进行后续施工的高边坡、高切坡采取临时固化措施等。

4.4 防机械伤害的安全技术措施

造成机械伤害事故的原因有设备缺陷发生在故障、设备因无安全防护措施、有防护装置搁置不用、违章指挥、操作者技术不熟练和缺乏安全知识、操作者发生操作失误或违章操作等。因此，除做好机械设备管理外，还应从机械本体及其防护、机械操作等方面采取相应的安全技术措施。

(1) 机械本体安全技术措施

1) 机械必须按出厂使用说明书规定的技术性能、承载能力和使用条件，正确操作，合理使用，严禁超载、超速作业或任意扩大使用范围。

2）机械上的各种安全防护和保险装置及各种安全信息装置必须齐全有效。

3）机械供电的导线必须正确安装，不得有任何破损和漏电的地方；电机绝缘应良好，其接线板应有盖板防护；开关、按钮等应完好无损，其带电部分不得裸漏在外；局部照明应采用安全电压，禁止使用 110V 或 220V 的电压。

4）机械设备的地基基础承载力应满足安全使用要求。机械安装、试机、拆卸应按使用说明书的要求进行。使用前应经专业技术人员验收合格。

5）新机械、经过大修或技术改造的机械，应按出厂使用说明书的要求和相关标准规定进行测试和试运转。

6）应为机械提供道路、水电、作业棚及停放场地等作业条件，并应消除各种安全隐患。夜间作业应提供充足的照明。

7）变配电所、乙炔站、氧气站、空气压缩机房、发电机房、锅炉房等易燃易爆场所，挖掘机、起重机、打桩机等易发生安全事故的施工现场，应设置警戒区域，悬挂警示标志，非工作人员不得入内。

8）在机械产生对人体有害的气体、液体、尘埃、渣滓、放射性射线、振动、噪声等场所，应配置相应的安全保护设施、监测设备（仪器）、废品处理装置；在隧道、沉井、管道等狭小空间施工时，应采取措施，使有害物控制在规定的限度内。

9）机械使用的润滑油（脂）的性能应符合出厂使用说明书的规定，并应按时更换。

10）清洁、保养、维修机械或电气装置前，必须先切断电源，等机械停稳后再进行操作。严禁带电或采用预约停送电时间的方式进行检修；检修前，应悬挂"禁止合闸，有人工作"的警示牌。

11）设置机械设备隔离护栏和机械防撞防护围栏、防护棚。

（2）机械安全操作技术要求

1）特种设备操作人员应经过专业培训、考核合格取得相关主管部门颁发的操作证，并应经过安全技术交底后持证上岗。

2）机械作业前，施工技术人员应向操作人员进行安全技术交底。操作人员应熟悉作业环境和施工条件，并应听从指挥，遵守现场安全管理规定。

3）机械使用前，应对机械进行检查、试运转。

4）在工作中，应按规定使用劳动保护用品。

5）操作人员在作业过程中，应集中精力，正确操作，并应检查机械工况，不得擅自离开工作岗位或将机械交给其他无证人员操作。无关人员不得进入作业区或操作室内。

6）操作人员应根据机械有关保养维修规定，认真及时做好机械保养维修工作，保持机械的完好状态，并应做好维修保养记录。

7）实行多班作业的机械，应执行交接班制度，填写交接班记录，接班人员上岗前应认真检查。

除各种机械设备符合安全技术要求、安全防护设施和劳动保护器具要完好有效、严格按照操作技术规程作业外，还应做好各种施工组织设计和现场平面布局，划分机械作业区域，保持安全距离。起重机等施工设备移动时，要密切注意周围线杆及空中的电线，必须设专人看护。通常，将机械伤害预防（不包含机械本体安全技术可靠性）铁律归纳为"十二条"：

①"四必有"：有轴必有套、有轮必有罩、有台必有栏、有洞必有盖。

②"四不修":带电不修、带压不修、高温过冷不修、无专用工具不修。

③"四停用":无联锁防护停用、无接地漏电保护停用、无岗前培训停用、无安全操作规程停用。

4.5 防触电及火灾的安全技术措施

(1) 防触电技术措施

1) 按规范设置配供电系统。施工现场临时用电必须执行相关标准,线路采用 TN-S 系统,现场用电必须使用便桥标准闸箱,执行"三级控制、两级保护""一机、一闸、一漏、一箱",工作接零与保护接地不允许混接,现场机具设备进场前必须进行验收,验收合格后方可使用,现场照明要和动力照明分开,现场移动式灯具采用便桥防水灯具,设备外皮做好保护接地,灯具距地面高度不小于 3m,生活区民工住宿达不到标准的必须使用 36V 安全电压;在整改过程中必须两人进行,应关闭上级开关方可作业,一人操作、一人监护,现场不得带电作业并做好记录等。

2) 保护接地。保护接地是为了防止电气设备绝缘损坏时人体遭受触电危险,而在电气设备的金属外壳或构架等与接地体之间所作的良好的连接。采用保护接地,仅能减轻触电的危险程度,但不能完全保证人身安全。

3) 保护接零。为防止人身因电气设备绝缘损坏而遭受触电,将电气设备的金属外壳与电网的零线相连接,称为保护接零。

4) 工作接地。将电力系统中某一点直接或经特殊设备与地作金属连接,称为工作接地。工作接地主要指的是变压器中性点或中性线接地。N 线必须用铜芯绝缘线。

5) 装设漏电保护器。

6) 绝缘安全用具。采用绝缘安全用具使人与地面,或使人与工具的金属外壳,其中包括与相连的金属导体隔离开来。这些是目前简便可行的安全措施。常用的绝缘安全用具有绝缘手套、绝缘靴、绝缘鞋、绝缘垫和绝缘台等。绝缘安全用具可分为基本安全用具和辅助安全用具:基本安全用具的绝缘强度能长时间承受电气设备的工作电压,使用时,可直接接触电气设备的有电部分;辅助安全用具的绝缘强度不足以承受电气设备的工作电压,只能加强基本安全用具的保护作用,必须与基本安全用具一起使用。

(2) 防火技术措施

1) 将消防相关条件纳入施工总平面布局。包括:施工现场的出入口、围墙、围挡;场内临时道路;给水管网或管路和配电线路敷设或架设的走向、高度;施工现场办公用房、宿舍、发电机房、配电房、可燃材料库房、易燃易爆危险品库房、可燃材料堆场及其加工场、固定动火作业场等;临时消防车道、消防救援场地和消防水源。

2) 合理设置消防扑救通道。施工现场出入口的设置应满足消防车通行的要求,并宜布置在不同方向,其数量不宜少于 2 个。当确有困难只能设置 1 个出入口时,应在施工现场内设置满足消防车通行的环形道路。

施工现场内应设置临时消防车道,临时消防车道与在建工程、临时用房、可燃材料堆场及其加工场的距离,不宜小于 5m,且不宜大于 40m;施工现场周边道路满足消防车通行及灭火救援要求时,施工现场内可不设置临时消防车道。

3) 保证防火间距。施工现场临时办公、生活、生产、物料存贮等功能区宜相对独立布置,防火间距应符合:易燃易爆危险品库房与在建工程的防火间距不应小于 15m,可燃材料堆场及其加工场、固定动火作业场与在建工程的防火间距不应小于10m，其他临时用房、临时设施与在建工程的防火间距不应小于6m。

4）按规范进行临时用房防火设计和搭设。宿舍、办公用房和发电机房、变配电房、厨房操作间、锅炉房、可燃材料库房及易燃易爆危险品库房，应按照相应规范进行防火设计和搭设。

5）配置临时消防设施。施工现场应设置灭火器、临时消防给水系统和临时消防应急照明等临时消防设施。

临时消防设施应与在建工程的施工同步设置，施工现场在建工程可利用已具备使用条件的永久性消防设施作为临时消防设施，当永久性消防设施无法满足使用要求时，应增设临时消防设施；施工现场的消火栓泵应采用专用消防配电线路，专用消防配电线路应自施工现场总配电箱的总断路器上端接入，且应保持不间断供电；地下工程的施工作业场所宜配备防毒面具；临时消防给水系统的贮水池、消火栓泵、室内消防竖管及水泵接合器等，应设有醒目标识。

在建工程及临时用房的下列场所应配置灭火器：易燃易爆危险品存放及使用场所；动火作业场所；可燃材料存放、加工及使用场所；厨房操作间、锅炉房、发电机房、变配电房、设备用房、办公用房、宿舍等临时用房；其他具有火灾危险的场所。

临时消防给水系统：施工现场或其附近应设置稳定、可靠的水源，并应能满足施工现场临时消防用水的需要；消防水源可采用市政给水管网或天然水源。当采用天然水源时，应采取措施确保冰冻季节、枯水期最低水位时顺利取水，并满足临时消防用水量的要求；临时消防用水量应为临时室外消防用水量与临时室内消防用水量之和；临时室外消防用水量应按临时用房和在建工程的临时室外消防用水量的较大者确定，施工现场火灾次数可按同时发生1次确定；临时用房建筑面积之和大于1000m² 或在建工程单体体积大于10000m³ 时，应设置临时室外消防给水系统。当施工现场处于市政消火栓150m保护范围内且市政消火栓的数量满足室外消防用水量要求时，可不设置临时室外消防给水系统。

5. 施工安全技术交底

根据《建设工程安全生产管理条例》，建设工程施工前，施工单位负责项目管理的技术人员应对有关安全施工的技术要求向施工作业班组、作业人员作出详细说明，并由双方签字确认。

首先，由项目技术负责人向施工员、班组长、分包单位技术负责人交底，再由班组长向操作工人交底；分包单位项目技术负责人按照相同程序进行交底；对于超过一定规模的危险性较大分部分项工程，必须先由施工单位技术负责人向项目技术负责人交底。

5.1 施工安全技术交底的作用

细化、优化专项施工方案，从施工技术方案选择上保证施工安全，使施工管理、技术人员从专项施工方案编制、审核和应用上就将安全放到第一的位置，让作业人员了解和掌握施工作业的安全技术操作规程和注意事项，减少因违章操作而导致事故的可能。

5.2 施工安全技术交底的要求

1）施工项目部必须实行逐级安全技术交底制度，纵向延伸到班组全体作业人员。
2）应将工程概况、施工方法、施工程序、安全技术措施等向施工员、班组长进行详细交底；应将安全技术措施、安全操作规程、防护用品用具使用等向操作人员进行详细交底。

3）技术交底的内容应针对分部分项工程施工中给作业人员带来的潜在危险因素和存在问题。

4）应优先采用新的安全技术措施。

5）应定期向由两个以上作业班组和/或多工种进行交叉施工的作业班组进行书面交底。

6）应保存书面安全技术交底签字记录并归档。

5.3 施工安全技术交底的主要内容

工程项目和分部分项工程的概况；施工项目的施工作业特点和危险点；针对危险点的具体预防措施；作业中应遵守的安全操作规程及应注意的安全事项；作业人员发现事故隐患应采取的措施；发生事故后应及时采取的避难和急救措施。

6. 处置施工安全事故隐患

施工安全隐患是指在建筑施工过程中，给生产施工人员的生命安全带来威胁的不利因素，一般包括人的不安全行为、物的不安全状态以及管理不当等。在工程建设过程中，安全隐患是难以避免的，但要尽可能预防和消除安全隐患的发生。施工安全事故隐患分为一般事故隐患和重大事故隐患。一般事故隐患是指危害和整改难度较小，发现后能够立即整改排除的隐患。重大事故隐患是指危害和整改难度较大，应当全部或者局部停产停业，并经过一定时间整改治理方能排除的隐患，或者因外部因素影响致使企业自身难以排除的隐患。

由于安全风险、事故隐患和安全生产事故之间的内在关联性，施工企业应构建安全风险分级管控和隐患排查治理双重预防机制，健全风险防范化解机制，提高安全生产水平，确保安全生产。

6.1 安全风险分级管控

施工企业应建立安全风险分级管控制度，按照安全风险分级采取相应的管控措施。基本过程和要求有：

（1）全面开展安全风险辨识　施工企业按照有关制度和规范，制定科学的安全风险辨识程序和方法，全面开展安全风险辨识。企业要组织专家和全体员工，采取安全绩效奖惩等有效措施，全方位、全过程辨识生产工艺、设备设施、作业环境、人员行为和管理体系等方面存在的安全风险，做到系统、全面、无遗漏，并持续更新完善。

（2）科学评定安全风险等级　施工企业对辨识出的安全风险进行分类梳理，参照《企业职工伤亡事故分类》（GB 6441—1986）标准，综合考虑起因物、引起事故的诱导性原因、致害物、伤害方式等，确定安全风险类别。对不同类别的安全风险，采用相应的风险评估方法确定安全风险等级。安全风险评估过程要突出遏制重特大事故，高度关注暴露人群，聚焦重大危险源、劳动密集型场所、高危作业工序和受影响的人群规模。安全风险等级从高到低划分为重大风险、较大风险、一般风险和低风险，分别用红、橙、黄、蓝四种颜色标示。其中，重大安全风险应填写清单、汇总造册，按照职责范围报告属地负有安全生产监督管理职责的部门。要依据安全风险类别和等级建立企业安全风险数据库，绘制企业"红橙黄蓝"四色安全风险空间分布图。

（3）有效管控安全风险　施工企业根据风险评估结果，针对安全风险特点，从组织、制度、技术、应急等方面对安全风险进行有效管控。通过隔离危险源、采取技术手段、实施个体防护、设置监控设施等措施，达到回避、降低和监测风险的目的。对安全风险分级、分层、分类、分专业进行管理，逐一落实企业、现场、班组和岗位的管控责任，尤其要强化对重大危险源和存在重大安全风险的生产经营系统、施工区域、岗位的重点管控。企业要高度关注运营状况和危险源变化后的风险状况，动态评估、调整风险等级和管控措施，确保安全风险始终处于受控范围内。

1）组织方面。成立安全管理组织机构，落实全员安全生产责任；日常工作重点是培训教育措施和组织成员个体防护措施。企业培训教育措施应包含企业主要负责人及安全管理人员安全培训、从业人员三级安全教育培训和年度安全教育培训、班前安全教育培训、特种作业人员继续教育培训及其他安全培训等；个体防护措施应满足《个体防护装备配备规范》（GB 39800—2020）及相关规定。

2）制度方面。制定全员安全生产责任制和安全生产管理制度、制定安全技术操作规程、制定重大危险源监控管理制度、编制专项施工方案、组织专家论证、开展安全技术交底、对安全生产过程进行监控、进行安全检查、对设备设施进行技术检测以及实施安全奖惩等。

3）技术方面。重点是作业、设备设施本身固有的控制措施，包括直接安全技术措施（设计机器时，考虑消除机器本身的不安全因素）、间接安全技术措施（在机械设备上采用和安装各种安全有效的防护装置，克服在使用过程中产生的不安全因素）、指示性安全技术措施等，并按照消除、预防、减弱、隔离、连锁、警告的等级顺序采取相应的安全技术措施。工程技术措施应具有针对性、可操作性和经济合理性，并符合国家有关法规、标准和设计规范的规定。

4）应急方面。包含风险监控、预警、应急预案制定、现场处置方案制定、应急物资准备及应急演练等。施工企业应根据风险等级，采取单一或综合管控措施。企业应根据风险等级实施差异化管理，进行分级管控。风险管控分为四级：企业、项目部、施工班组、作业人员，并遵循风险等级越高、管控层级越高的原则。

（4）实施安全风险公告警示　施工企业要建立完善安全风险公告制度，并加强风险教育和技能培训，确保管理层和每名员工都掌握安全风险的基本情况及防范、应急措施。要在醒目位置和重点区域分别设置安全风险公告栏，制作岗位安全风险告知卡，标明主要安全风险、可能引发事故隐患类别、事故后果、管控措施、应急措施及报告方式等内容。对存在重大安全风险的工作场所和岗位，要设置明显警示标志，并强化危险源监测和预警。

6.2　安全事故隐患治理体系

风险管控措施失效或弱化极易形成隐患，酿成事故。施工企业应建立安全事故隐患治理体系，其基本内容和要求如下：

1）企业是事故隐患排查、治理和防控的责任主体。企业主要负责人对本单位事故隐患排查治理工作全面负责。

2）企业应建立健全事故隐患排查治理和建档监控等制度，逐级建立并落实从主要负责人到每个从业人员的隐患排查治理和监控责任制。制定符合企业实际的隐患排查治理清单，明确和细化隐患排查的事项、内容和频次，并将责任逐一分解落实，推动全员参与自主排查隐患，尤其要强化对存在重大风险的场所、环节、部位的隐患排查。

3）企业应保证事故隐患排查治理所需的资金，建立资金使用专项制度。

4)企业应定期组织安全生产管理人员、工程技术人员和其他相关人员排查本单位的事故隐患。对排查出的事故隐患，应按照事故隐患的等级进行登记，建立事故隐患信息档案，并按照职责分工实施监控治理。

5)企业将生产经营项目、场所、设备发包、出租的，应与承包、承租单位签订安全生产管理协议，并在协议中明确各方对事故隐患排查、治理和防控的管理职责。企业对承包、承租单位的事故隐患排查治理负有统一协调和监督管理的职责。

6)企业应建立事故隐患报告和举报奖励制度，鼓励、发动职工发现和排除事故隐患，鼓励社会公众举报。对发现、排除和举报事故隐患的有功人员，应当给予物质奖励和表彰。

7)安全监管监察部门和有关部门的监督检查人员依法履行事故隐患监督检查职责时，企业应积极配合，不得拒绝和阻挠。

8)要通过与政府部门互联互通的隐患排查治理信息系统，全过程记录报告隐患排查治理情况。

对于排查发现的隐患，应根据标准和实际情况划分一般事故隐患和重大事故隐患。有关部门制定的重大隐患判定标准是划分一般事故隐患和重大事故隐患的重要依据，如应急管理部制定的《工贸企业重大事故隐患判定标准》、国家安全监管总局制定的《化工和危险化学品生产经营单位重大生产安全事故隐患判定标准（试行）》和《烟花爆竹生产经营单位重大生产安全事故隐患判定标准（试行）》、住房和城乡建设部关于印发《房屋市政工程生产安全重大事故隐患判定标准（2022版）》。对于排查发现的重大事故隐患，应当在向负有安全生产监督管理职责的部门报告的同时，制定并实施严格的隐患治理方案，做到责任、措施、资金、时限和预案"五落实"，实现隐患排查治理的闭环管理。

重大事故隐患报告内容应包括：隐患的现状及其产生原因；隐患的危害程度和整改难易程度分析；隐患的治理方案。

9)对于一般事故隐患，由企业负责人或者有关人员立即组织整改。对于重大事故隐患，由企业主要负责人组织制定并实施事故隐患治理方案。重大事故隐患治理方案应当包括以下内容：治理的目标和任务；采取的方法和措施；经费和物资的落实；负责治理的机构和人员；治理的时限和要求；安全措施和应急预案。

10)企业在事故隐患治理过程中，应采取相应的安全防范措施，防止事故发生。事故隐患排除前或者排除过程中无法保证安全的，应当从危险区域内撤出作业人员，并疏散可能危及的其他人员，设置警戒标志，暂时停产停业或者停止使用；对暂时难以停产或者停止使用的相关生产储存装置、设施、设备，应当加强维护和保养，防止事故发生。必要时向当地人民政府提出申请，配合疏散可能受到影响的周边人员。

11)企业应加强对自然灾害的预防。对于因自然灾害可能导致事故灾难的隐患，应按照有关法律、法规、标准和相关规定的要求排查治理，采取可靠的预防措施，制定应急预案。在接到有关自然灾害预报时，应及时向下属单位发出预警通知；发生自然灾害可能危及企业和人员安全的情况时，应采取撤离人员、停止作业、加强监测等安全措施，并及时向当地人民政府及其有关部门报告。

12)事故隐患排查治理情况应如实记录，并通过职工大会或者职工代表大会、信息公示栏等方式向从业人员通报。其中，重大事故隐患排查治理情况应及时向负有安全生产监督管理职责的部门和职工大会或者职工代表大会报告。

6.3 安全事故隐患治理"五落实"

1）落实隐患排查治理责任。要求企业建立健全隐患排查治理责任制和规章制度，明确了排查人、排查频次、整改人、复查人，将隐患排查治理工作落实到岗，落实到人。

2）落实隐患排查治理措施。要求企业制定合理的隐患治理方案，科学、有序的安排生产和隐患治理工作，在确保安全的前提下，既要尽早把隐患治理措施落到实处，又要把对生产秩序的影响降到最低。

3）落实隐患排查治理资金。要求企业将事故隐患排查、治理费用列入企业安全费用计划，并按照有关规定，依法列支安全生产费用，确保隐患排查治理资金充足。

4）落实隐患排查治理时限。要求企业不但要落实隐患排查治理责任人，更要落实治理时限，实现隐患排查治理的闭环管理，确保隐患排查治理工作落实到位。

5）落实隐患排查治理预案。要求企业制定隐患排查治理预案，明确和细化隐患排查的事项、内容和频次，制定符合企业实际的隐患排查治理清单。

6.4 安全事故应急预案

应急预案也称为应急计划/方案，是在辨识和评估潜在的重大危险、事故类型、发生的可能性、发生条件和过程、事故后果及影响严重程度的基础上，对应急机构与职责、人员、技术、装备、设施设备、物资、救援行动及其指挥与协调等方面预先做出的具体安排。

(1) 应急预案包含三方面内容

1）事前预防，即通过危险辨识和事故后果分析，采用技术和管理措施降低安全事件发生概率。

2）应急处置，制定发生安全事件的应急处置程序和方法，能快速反应，将影响消除在萌芽状态。

3）抢险救援，即应对已发生的安全事件和事故，能够采用预定的应急抢险救援方案，控制事态发展并减少损失。

(2) 应急预案的分类　企业应急预案分为综合应急预案、专项应急预案和现场处置方案。

1）综合应急预案。综合应急预案是指企业为应对各种生产安全事故而制定的综合性工作方案，是本单位应对生产安全事故的总体工作程序、措施和应急预案体系的总纲。企业风险种类多、可能发生多种类型事故的，应当组织编制综合应急预案。综合应急预案应当规定应急组织机构及其职责、应急预案体系、事故风险描述、预警及信息报告、应急响应、保障措施、应急预案管理等内容。

2）专项应急预案。专项应急预案是指企业为应对某一种或者多种类型生产安全事故，或者针对重要生产设施、重大危险源、重大活动防止生产安全事故而制定的专项性工作方案。专项应急预案与综合应急预案中的应急组织机构、应急响应程序相近时，可不编写专项应急预案，相应的应急处置措施并入综合应急预案。专项应急预案应当规定应急指挥机构与职责、处置程序和措施等内容。

3）现场处置方案。现场处置方案是指企业根据不同生产安全事故类型，针对具体场所、装置或者设施所制定的应急处置措施。现场处置方案重点规范事故风险描述、应急工作职责、应急处置措施和注意事项，应体现自救互救、信息报告和先期处置的特点。事故风险单一、危险性小的企业，可只编制现场处置方案。

(3) 应急预案的编制　编制应急预案应当成立编制工作小组，由本单位有关负责人任组长，吸收与应急预案有关的职能部门和单位的人员，以及有现场处置经验的人员参加。

编制应急预案前，编制单位应当进行事故风险辨识、评估和应急资源调查。事故风险辨识、评估是指针对不同事故种类及特点，识别存在的危险危害因素，分析事故可能产生的直接后果以及次生、衍生后果，评估各种后果的危害程度和影响范围，提出防范和控制事故风险措施的过程。应急资源调查是指全面调查本地区、本单位第一时间可以调用的应急资源状况和合作区域内可以请求援助的应急资源状况，并结合事故风险辨识评估结论制定应急措施的过程。

应急预案的编制应遵循以人为本、依法依规、符合实际、注重实效的原则，以应急处置为核心，明确应急职责、规范应急程序、细化保障措施。

企业应当根据有关法律、法规、规章和相关标准，结合本单位组织管理体系、生产规模和可能发生的事故特点，与相关预案保持衔接，确立本单位的应急预案体系，编制相应的应急预案，并体现自救互救和先期处置等特点。企业编制的各类应急预案之间应当相互衔接，并与相关人民政府及其部门、应急救援队伍和涉及的其他单位的应急预案相衔接。

应急预案的编制应符合下列基本要求：有关法律、法规、规章和标准的规定；本地区、本部门、本单位的安全生产实际情况；本地区、本部门、本单位的危险性分析情况；应急组织和人员的职责分工明确，并有具体的落实措施；有明确、具体的应急程序和处置措施，并与其应急能力相适应；有明确的应急保障措施，满足本地区、本部门、本单位的应急工作需要；应急预案基本要素齐全、完整，应急预案附件提供的信息准确；应急预案内容与相关应急预案相互衔接。

企业应急预案应包括向上级应急管理机构报告的内容、应急组织机构和人员的联系方式、应急物资储备清单等附件信息。附件信息发生变化时，应及时更新，确保准确有效。

企业组织应急预案编制过程中，应根据法律、法规、规章的规定或者实际需要，征求相关应急救援队伍、公民、法人或者其他组织的意见。

企业应在编制应急预案的基础上，针对工作场所、岗位的特点，编制简明、实用、有效的应急处置卡。应急处置卡应规定重点岗位、人员的应急处置程序和措施，以及相关联络人员和联系方式，便于从业人员携带。

(4) 应急预案的评审/论证

1）评审形式：应急预案编制完成后，企业应按法律法规有关规定组织评审或论证。参加应急预案评审的人员可包括有关安全生产及应急管理方面的、有现场处置经验的专家。评审人员与所评审应急预案的企业有利害关系的，应当回避。应急预案论证可通过推演的方式开展。

2）评审内容：风险评估和应急资源调查的全面性、应急预案体系设计的针对性、应急组织体系的合理性、应急响应程序和措施的科学性、应急保障措施的可行性、应急预案的衔接性。

(5) 应急预案的批准、发布和备案　企业应急预案经评审或者论证后，由本单位主要负责人签署，向本单位从业人员公布，并及时发放到本单位有关部门、岗位和相关应急救援队伍。

事故风险可能影响周边其他单位、人员的，企业应将有关事故风险的性质、影响范围和应急防范措施告知周边的其他单位和人员。

企业应在应急预案公布之日起20个工作日内，按照分级属地原则，向县级以上人民政府应急管理部门和其他负有安全生产监督管理职责的部门进行备案，并依法向社会公布。

(6) 应急预案的培训、演练 企业应组织开展本单位的应急预案、应急知识、自救互救和避险逃生技能的培训活动，使有关人员了解应急预案内容，熟悉应急职责、应急处置程序和措施。应急培训的时间、地点、内容、师资、参加人员和考核结果等情况应当如实记入本单位的安全生产教育和培训档案。

企业应制定本单位的应急预案演练计划，建筑施工单位应至少每半年组织一次生产安全事故应急预案演练，并将演练情况报送所在地县级以上地方人民政府负有安全生产监督管理职责的部门。

应急预案演练结束后，应急预案演练组织单位应对应急预案演练效果进行评估，撰写应急预案演练评估报告，分析存在的问题，并对应急预案提出修订意见。

(7) 应急预案的评估 应急预案编制单位应建立应急预案定期评估制度，对预案内容的针对性和实用性进行分析，并对应急预案是否需要修订作出结论。

建筑施工企业应当每三年进行一次应急预案评估。

应急预案评估可以邀请相关专业机构或者有关专家、有实际应急救援工作经验的人员参加，必要时可以委托安全生产技术服务机构实施。

7. 施工安全事故等级

施工安全事故属于生产安全事故。生产安全事故是指生产经营活动中发生的造成人身伤亡或者直接经济损失的事故。依据《生产安全事故报告和调查处理条例》，生产安全事故分为以下等级：

(1) 特别重大事故 特别重大事故是指造成30人及以上死亡，或者100人及以上重伤（包括急性工业中毒，下同），或者1亿元及以上直接经济损失的事故。

(2) 重大事故 重大事故是指造成10人及以上30人以下死亡，或者50人及以上100人以下重伤，或者5000万元及以上1亿元以下直接经济损失的事故。

(3) 较大事故 较大事故是指造成3人及以上10人以下死亡，或者10人及以上50人以下重伤，或者1000万元及以上5000万元以下直接经济损失的事故。

(4) 一般事故 一般事故是指造成3人以下死亡，或者10人以下重伤，或者1000万元以下直接经济损失的事故。

8. 施工安全事故应急救援

8.1 应急救援准备

施工单位应制定本单位生产安全事故应急救援预案，建立应急救援组织或者配备应急救援人员，配备必要的应急救援器材、设备，并定期组织演练。

施工单位应根据建设工程施工的特点、范围，对施工现场易发生重大事故的部位、环节进行监控，制定施工现场生产安全事故应急救援预案。实行施工总承包的，由总承包单位统一组织编制建设工程生产安全事故应急救援预案，工程总承包单位和分包单位按照应急救援预案，各自建立应急救援组织或者配备应急救援人员，配备救援器材、设备，并定期组织演练。

（1）应急救援预案准备 生产安全事故应急救援预案应符合有关法律、法规、规章和标准的规定，具有科学性、针对性和可操作性，明确规定应急组织体系、职责分工及应急救援程序和措施。除依法需要保密的外，生产经营单位可通过生产安全事故应急救援信息系统办理生产安全事故应急救援预案备案手续，报送应急救援预案演练情况和应急救援队伍建设情况。

（2）应急救援队伍准备 县级以上人民政府应加强对生产安全事故应急救援队伍建设的统一规划、组织和指导。县级以上人民政府负有安全生产监督管理职责的部门根据生产安全事故应急工作的实际需要，在重点行业、领域单独建立或者依托有条件的生产经营单位、社会组织共同建立应急救援队伍。国家鼓励和支持生产经营单位和其他社会力量建立提供社会化应急救援服务的应急救援队伍。

建筑施工单位应建立应急救援队伍。其中，小型企业或者微型企业等规模较小的企业，可以不建立应急救援队伍，但应指定兼职的应急救援人员，并且可以与邻近的应急救援队伍签订应急救援协议。

应急救援队伍的应急救援人员应具备必要的专业知识、技能、身体素质和心理素质。应急救援队伍建立单位或者兼职应急救援人员所在单位应按照国家有关规定对应急救援人员进行培训；应急救援人员经培训合格后，方可参加应急救援工作。应急救援队伍应配备必要的应急救援装备和物资，并定期组织训练。

企业应及时将本单位应急救援队伍建立情况按照国家有关规定报送县级以上人民政府负有安全生产监督管理职责的部门，并依法向社会公布。

（3）应急救援物资准备 建筑施工单位应根据本单位可能发生的生产安全事故的特点和危害，配备必要的灭火、排水、通风及危险物品稀释、掩埋、收集等应急救援器材、设备和物资，并进行经常性维护、保养，保证正常运转。

（4）应急值班制度和从业人员应急培训 建筑施工单位应建立应急值班制度，配备应急值班人员；企业应当对从业人员进行应急教育和培训，保证从业人员具备必要的应急知识、掌握风险防范技能和事故应急措施。

8.2 应急救援任务

应急救援的总目标是通过有效的应急救援行动，尽可能地降低事故的后果，包括人员伤亡、财产损失和环境破坏等。应急救援的基本任务如下：

1）立即组织营救受害人员，组织撤离或者采取其他措施保护危害区域内的其他人员。抢救受害人员是应急救援的首要任务，在应急救援行动中，快速、有序、有效地实施现场急救与安全转送伤员是降低伤亡率，减少事故损失的关键。由于重大事故发生突然、扩散迅速、涉及范围广、危害大，应及时指导和组织群众采取各种措施进行自身防护，必要时迅速撤离危险区或可能受到危害的区域。在撤离过程中，应积极组织群众开展自救和互救工作。

2）迅速控制事态，并对事故造成的危害进行检测、监测，测定事故的危害区域、危害性质及危害程度。及时控制住造成事故的危险源是应急救援工作的重要任务，只有及时地控制住危险源，防止事故的继续扩展，才能及时有效进行救援。特别对发生在城市或人口稠密地区的化学事故，应尽快组织工程抢险队与事故单位技术人员一起及时控制事故继续扩展。

3）消除危害后果，做好现场恢复。针对事故对人体、动植物、土壤、空气等造成的现实危害和可能的危害，迅速采取封闭、隔离、洗消、监测等措施，防止对人的继续危害和对环境的污染。及时清理废墟和恢复基本设施，将事故现场恢复至相对稳定的基本状态。

4）查清事故原因，评估危害程度。事故发生后应及时调查事故发生的原因和事故性质，评估出事故的危害范围和危险程度，查明人员伤亡情况，做好事故调查。

8.3 应急救援组织和实施

1）生产安全事故发生后，企业应立即启动生产安全事故应急救援预案，根据应急救援预案职责，采取下列一项或者多项应急救援措施组织救援，并按照国家有关规定报告事故情况：

① 迅速控制危险源，组织抢救遇险人员。

② 根据事故危害程度，组织现场人员撤离或者采取可能的应急措施后撤离。

③ 及时通知可能受到事故影响的单位和人员。

④ 采取必要措施，防止事故危害扩大和次生、衍生灾害发生。

⑤ 根据需要请求邻近的应急救援队伍参加救援，并向参加救援的应急救援队伍提供相关技术资料、信息和处置方法。

⑥ 维护事故现场秩序，保护事故现场和相关证据。

⑦ 法律、法规规定的其他应急救援措施。

2）有关地方人民政府及其部门接到生产安全事故报告后，应按照国家有关规定上报事故情况，启动相应的生产安全事故应急救援预案，并按照应急救援预案的规定采取下列一项或者多项应急救援措施：

① 组织抢救遇险人员，救治受伤人员，研判事故发展趋势以及可能造成的危害。

② 通知可能受到事故影响的单位和人员，隔离事故现场，划定警戒区域，疏散受到威胁的人员，实施交通管制。

③ 采取必要措施，防止事故危害扩大和次生、衍生灾害发生，避免或者减少事故对环境造成的危害。

④ 依法发布调用和征用应急资源的决定。

⑤ 依法向应急救援队伍下达救援命令。

⑥ 维护事故现场秩序，组织安抚遇险人员和遇险遇难人员亲属。

⑦ 依法发布有关事故情况和应急救援工作的信息。

⑧ 法律、法规规定的其他应急救援措施。

有关地方人民政府不能有效控制生产安全事故的，应当及时向上级人民政府报告。上级人民政府应当及时采取措施，统一指挥应急救援。

有关人民政府认为有必要的，可以设立由本级人民政府及其有关部门负责人、应急救援专家、应急救援队伍负责人、事故发生单位负责人等人员组成的应急救援现场指挥部，并指定现场指挥部总指挥。现场指挥部实行总指挥负责制，按照本级人民政府的授权组织制定并实施生产安全事故现场应急救援方案，协调、指挥有关单位和个人参加现场应急救援。参加生产安全事故现场应急救援的单位和个人应当服从现场指挥部的统一指挥。

应急救援队伍接到有关人民政府及其部门的救援命令或者签有应急救援协议的生产经营单位的救援请求后，应当立即参加生产安全事故应急救援。应急救援队伍根据救援命令参加生产安全事故应急救援所耗费用，由事故责任单位承担；事故责任单位无力承担的，由有关人民政府协调解决。

9. 报告、调查、处理施工安全事故

根据国家法律法规的要求,在进行生产安全事故报告和调查处理时,要坚持实事求是、尊重科学的原则。既要及时、准确地查明事故原因,明确事故责任,使责任人受到追究,又要总结经验教训,落实整改和防范措施,防止类似事故再次发生。

工程职业健康安全与环境管理(安全生产事故原因)

9.1 施工安全事故报告

施工单位发生生产安全事故后,应按照国家有关伤亡事故报告和调查处理的规定,及时、如实地向负责安全生产监督管理的部门、建设行政主管部门或者其他有关部门报告;特种设备发生事故的,还应同时向特种设备安全监督管理部门报告。接到报告的部门应当按照国家有关规定,如实上报。

1) 事故单位上报。事故发生后,事故现场有关人员应当立即向本单位负责人报告;单位负责人接到报告后,应当于1h内向事故发生地县级以上人民政府应急管理部门和负有安全生产监督管理职责的有关部门报告。实行施工总承包的建设工程,由总承包单位负责上报事故。情况紧急时,事故现场有关人员可以直接向事故发生地县级以上人民政府应急管理部门和负有安全生产监督管理职责的有关部门报告。

2) 主管部门报告。应急管理部门和负有安全生产监督管理职责的有关部门接到事故报告后,应依照下列规定上报事故情况,并通知公安机关、劳动保障行政部门、工会和人民检察院:特别重大事故、重大事故逐级上报至国务院应急管理部门和负有安全生产监督管理职责的有关部门;较大事故逐级上报至省、自治区、直辖市人民政府应急管理部门和负有安全生产监督管理职责的有关部门;一般事故上报至设区的市级人民政府应急管理部门和负有安全生产监督管理职责的有关部门。

应急管理部门和负有安全生产监督管理职责的有关部门依照上述规定上报事故情况,应当同时报告本级人民政府。国务院应急管理部门和负有安全生产监督管理职责的有关部门以及省级人民政府接到发生特别重大事故、重大事故的报告后,应当立即报告国务院。必要时,应急管理部门和负有安全生产监督管理职责的有关部门可以越级上报事故情况。

应急管理部门和负有安全生产监督管理职责的有关部门逐级上报事故情况,每级上报的时间不得超过2h。

3) 报告事故应包括下列内容:事故发生单位概况;事故发生的时间、地点以及事故现场情况;事故的简要经过;事故已经造成或者可能造成的伤亡人数(包括下落不明的人数)和初步估计的直接经济损失;已经采取的措施;其他应当报告的情况。

事故报告后出现新情况的,应当及时补报。自事故发生之日起30日内,事故造成的伤亡人数发生变化的,应当及时补报。道路交通事故、火灾事故自发生之日起7日内,事故造成的伤亡人数发生变化的,应当及时补报。

4) 应急措施。

① 事故发生单位负责人接到事故报告后,应当立即启动事故相应应急预案,或者采取有效措施,组织抢救,防止事故扩大,减少人员伤亡和财产损失。

② 事故发生地有关地方人民政府、应急管理部门和负有安全生产监督管理职责的有关

部门接到事故报告后，其负责人应当立即赶赴事故现场，组织事故救援。

③ 事故发生后，有关单位和人员应当妥善保护事故现场以及相关证据，任何单位和个人不得破坏事故现场、毁灭相关证据。

④ 发生生产安全事故后，施工单位应采取措施防止事故扩大，保护事故现场。因抢救人员、防止事故扩大以及疏通交通等原因，需要移动事故现场物件的，应当做出标志，绘制现场简图并做出书面记录，妥善保存现场重要痕迹、物证。

9.2 施工安全事故调查

（1）分级调查与组织　特别重大事故由国务院或者国务院授权有关部门组织事故调查组进行调查；重大事故、较大事故、一般事故分别由事故发生地省级人民政府、设区的市级人民政府、县级人民政府负责调查；省级人民政府、设区的市级人民政府、县级人民政府可以直接组织事故调查组进行调查，也可以授权或者委托有关部门组织事故调查组进行调查；未造成人员伤亡的一般事故，县级人民政府也可以委托事故发生单位组织事故调查组进行调查；上级人民政府认为必要时，可以调查由下级人民政府负责调查的事故。

自事故发生之日起30日内（道路交通事故、火灾事故自发生之日起7日内），因事故伤亡人数变化导致事故等级发生变化应当由上级人民政府负责调查的，上级人民政府可以另行组织事故调查组进行调查。

特别重大事故以下等级事故，事故发生地与事故发生单位不在同一个县级以上行政区域的，由事故发生地人民政府负责调查，事故发生单位所在地人民政府应当派人参加。

根据事故的具体情况，事故调查组由有关人民政府、应急管理部门、负有安全生产监督管理职责的有关部门、监察机关、公安机关以及工会派人组成，并应当邀请人民检察院派人参加。事故调查组可以聘请有关专家参与调查。事故调查组成员应当具有事故调查所需要的知识和专长，并与所调查的事故没有直接利害关系。事故调查组组长由负责事故调查的人民政府指定。事故调查组组长主持事故调查组的工作。

（2）事故调查组履行的职责

查明事故发生的经过、原因、人员伤亡情况及直接经济损失；认定事故的性质和事故责任；提出对事故责任者的处理建议；总结事故教训，提出防范和整改措施；提交事故调查报告。

事故调查组有权向有关单位和个人了解与事故有关的情况，并要求其提供相关文件、资料，有关单位和个人不得拒绝。事故发生单位的负责人和有关人员在事故调查期间不得擅离职守，并应当随时接受事故调查组的询问，如实提供有关情况。事故调查中发现涉嫌犯罪的，事故调查组应当及时将有关材料或者其复印件移交司法机关处理。

事故调查中需要进行技术鉴定的，事故调查组应当委托具有国家规定资质的单位进行技术鉴定。必要时，事故调查组可以直接组织专家进行技术鉴定。技术鉴定所需时间不计入事故调查期限。

（3）调查时限和调查报告　事故调查组应当自事故发生之日起60日内提交事故调查报告；特殊情况下，经负责事故调查的人民政府批准，提交事故调查报告的期限可以适当延长，但延长的期限最长不超过60日。

（4）事故调查报告内容

事故发生单位概况；事故发生经过和事故救援情况；事故造成的人员伤亡和直接经济损

失；事故发生的原因和事故性质；事故责任的认定以及对事故责任者的处理建议；事故防范和整改措施。

事故调查报告应当附具有关证据材料。事故调查组成员应当在事故调查报告上签名。事故调查报告报送负责事故调查的人民政府后，事故调查工作即告结束。事故调查的有关资料应当归档保存。

9.3 施工安全事故处理

（1）政府批复 重大事故、较大事故、一般事故，负责事故调查的人民政府应当自收到事故调查报告之日起 15 日内做出批复；特别重大事故，30 日内做出批复，特殊情况下，批复时间可以适当延长，但延长的时间最长不超过 30 日。

（2）依法处理 有关机关应当按照人民政府的批复，依照法律、行政法规规定的权限和程序，对事故发生单位和有关人员进行行政处罚，对负有事故责任的国家工作人员进行处分；事故发生单位应当按照负责事故调查的人民政府的批复，对本单位负有事故责任的人员进行处理；负有事故责任的人员涉嫌犯罪的，依法追究刑事责任。

事故处理的情况由负责事故调查的人民政府或者其授权的有关部门、机构向社会公布，依法应当保密的除外。

10. 文明施工管理目标及工作要求

10.1 文明施工管理目标

建筑企业及施工项目部应努力做到文明施工管理的"六化"：①现场管理制度化、②安全设施标准化、③现场布置条理化、④机料摆放定置化、⑤作业行为规范化、⑥环境协调和谐化。

10.2 文明施工管理工作要求

1）建立健全文明施工管理体系，落实管理责任。建立文明施工管理体系是落实项目管理目标和管理职责的基础。文明施工管理体系通常包括目标设置、组织机构、权责划分、管理流程、措施要求、规章制度、奖惩制度等，涉及技术类标准、管理类标准和行为类标准。管理体系的建立要考虑施工现场实际情况，确保文明施工管理体系能够真正应用到施工现场管理中，促进文明施工管理措施的顺利实施，并能根据情况变化适时进行调整。

针对文明施工管理体系实施要求，应根据施工现场组织架构，将管理责任在项目部各部门间进行划分，实现对施工现场整体工作的统一指导和严格把控，并具体落实到班组这一施工现场的最小单元，确保文明施工管理工作责任落实横向到边、纵向到底。

2）抓好员工教育培训，树立文明施工理念。人是文明施工的决定性因素，对管理人员和施工人员的教育是做好文明施工工作的重点。应坚持"以人为本"的原则，采用不同形式、不同层次、不同方法对人员进行安全文明施工教育。例如，对管理人员及劳务工人进行全员安全文明意识教育和专业知识及技能培训。通过培训教育，提高现场人员的文明意识和素质。还应做好安全文明施工交底，如对劳务班组开展每日班前交底会，并可采用可视化安全交底等新方式。

项目管理者和一线施工人员应秉持文明施工观念，规范自身的工程实践行为，把"严禁违章、遵守规程"的理念上升到"以人为本的安全情怀",将安全文明施工从强调"要我做"的外部要求,演化为"我要做"的内在动力和自觉行动。

3)制定安全文明施工管理规划,优化对策方法。安全文明施工管理规划需要根据施工现场文明施工管理目标制定,使文明施工管理形成良好的运行模式。安全文明施工规划应在工程开工前编制,其主要内容有:工程概况;安全方针、目标;安全文明施工管理组织机构;安全文明施工责任制等各项规章制度:环境保护措施(包括粉尘、噪声控制措施,现场排水和污水处理措施,植被保护措施,施工区域内现有市政管网和周围的建筑物、构筑物的保护);应急预案等。应根据施工项目特点和实际需求,制定文明施工对策和方法,例如:

① 应合理规划作业区、办公区、生活区、休息区、材料区、设备区、加工区、通道等,降低交叉施工的干扰因素,促进文明施工。

② 根据施工总平面布局,对设备类型、安全设施、安全警示标志等样式和标准进行规范化,以达到统一、整洁、醒目、美观的整体效果。

③ 根据空间和场地内施工布局特点,可采用区域网格化、功能模块化管理方式,对工区进行区域划分,按照"谁区域、谁负责、谁管理"的原则,落实区域安全文明施工职责。

④ 对于工程总承包项目,在施工图设计阶段完成工程地下设施规划和"五通一平"设计,做到"先地下,后地上",避免现场道路二次重复开挖,满足现场文明施工的要求和条件。

⑤ 在满足设计要求前提下,应充分考虑施工临时设施与永久性设施的结合利用,实现永临结合。如对主干道进行硬化处理,对某些设施考虑生产运营需求,进行定制化管理。

⑥ 综合采用各类信息技术,围绕人员、机械设备、材料、方法、环境等施工现场关键要素,借助信息实时采集、互通共享、工作协同、智能决策分析、风险预控等功能手段开展数字化文明施工管理。

⑦ 学习先进项目管理经验,如"施工组织专业化、资源组织集约化、管理手段智慧化、安全管理人本化、日常管理精细化、现场管理标准化",以及"凡事有人负责,凡事有章可循,凡事有据可查,凡事有人监督"等经验,开展文明施工对策和方法创新。

4)落实安全文明施工费,依规做好专款专用。安全文明施工费是指按照有关规定,购置和更新施工安全防护用具及设施、改善现场安全生产条件和作业环境所需要的费用。建设单位应及时足额向施工单位支付安全文明施工费,为施工单位采取完善的安全文明施工措施提供资金保证。施工单位应设立安全文明施工费专用账户,建立安全文明施工措施费台账,做到专款专用,确保按投标报价及相关标准要求投入,施工合同和实施过程中的费用核查情况是安全文明施工费的结算依据。

10.3 文明施工具体要求

施工现场管理应以"科学规划、规范整齐、环保达标、整体和谐"为原则,结合施工环境条件,认真进行施工现场文明形象管理的总体策划、设计、布置、使用和管理,做到布局合理,文明施工、安全有序、整洁卫生、不扰民、不损害公众利益。施工现场文明施工具体要求见表5-12。

工程职业健康安全与环境管理(现场环境管理)

表 5-12　施工现场文明施工具体要求

项目名称	具体要求
安全警示标志牌	在易发生伤亡事故（或危险）处设置明显的、符合国家标准要求的安全警示标志牌
现场围挡	1. 采用封闭围挡，高度不小于 1.8m 2. 围挡材料可采用彩色、定型钢板、砖、混凝土砌块等墙体
五牌一图	在进门处悬挂工程概况、管理人员名单及监督电话、安全生产、文明施工、消防保卫五牌；施工现场总平面图
企业标志	现场出入的大门应设有企业标识
场容场貌	道路畅通；排水沟、排水设施畅通；工地地面硬化处理；绿化
材料堆放	1. 材料、构件、料具等堆放时，悬挂有名称、品种、规格等标牌 2. 水泥和其他易飞扬细颗粒建筑材料应密闭存放或采取覆盖等措施 3. 易燃、易爆和有毒有害物品分类存放
现场防火	消防器材配置合理，符合消防要求
垃圾清运	施工现场应设置密闭式垃圾站，施工垃圾、生活垃圾应分类存放。施工垃圾必须采用相应容器或管道运输

11. 处理施工现场环境污染

工程职业健康安全与
环境管理（施工现场管理的概念与意义）

工程职业健康安全与
环境管理（文明施工的意义）

11.1　处理大气污染的措施

1）施工现场外围围挡不得低于 1.8m，以避免或减少污染物向外扩散。

2）施工现场垃圾杂物要及时清理。清理多层、高层建筑物的施工垃圾时，采用定制带盖铁桶吊运或利用永久性垃圾道，严禁凌空随意抛撒。

3）施工现场堆土，应合理选定位置进行存放堆土，并洒水覆膜封闭或表面临时固化或植草，防止扬尘污染。

4）施工现场道路应硬化。采用焦渣、级配砂石、混凝土等作为道路面层，有条件的可利用永久性道路，并指定专人定时洒水和清扫养护，防止道路扬尘。

5）易飞扬材料入库密闭存放或覆盖存放。如水泥、白灰、珍珠岩等易飞扬的细颗粒散体材料，应入库存放。若室外临时露天存放时，必须下垫上盖，严密遮盖防止扬尘。运输水泥、石灰、珍珠岩粉等易飞扬的细颗粒粉状材料时，要采取遮盖措施，防止沿途遗撒、扬尘。卸货时，应采取措施，以减少揭尘。

6）施工现场易扬尘处使用密目式安全网封闭，使一网两用，并定人定时清洗粉尘，防止施工过程扬尘或二次污染。

7）在大门口铺设一定距离的石子（定期过筛洗选）路自动清理车轮或做一段混凝土路面和水沟用水冲洗车轮车身，或人工清扫车轮车身。装车时不应装得过满，行车时不应猛拐，不急刹车。卸货后清扫干净车厢，注意关好车厢门。场区内外定人定时清扫，做到车辆不外带泥沙、不撒污染物、不扬尘，消除或减轻对周围环境的污染。

8）禁止施工现场焚烧有毒、有害烟尘和恶臭气体的物资，如焚烧沥青、包装箱袋和建筑垃圾等。

9）尾气排放超标的车辆，应安装净化消声器，防止噪声和冒黑烟。

10）施工现场炉灶（如茶炉、锅炉等）采用消烟除尘型，烟尘排放控制在允许范围内。

11）拆除旧有建筑物时，应适当洒水，并且在旧有建筑物周围采用密目式安全网和草帘搭设屏障，防止扬尘。

12）在施工现场建立集中搅拌站，由先进设备控制混凝土原材料的取料、称料、进料、混合料搅拌、混凝土出料等全过程，在进料仓上方安装除尘器，可使粉尘降低98%以上。

13）在城区、郊区城镇和居民稠密区、风景旅游区、疗养区及国家规定的文物保护区内施工的工程，严禁使用敞口锅熬制沥青。凡进行沥青防水作业时，要使用密闭和带有烟尘处理装置的加热设备。

11.2 处理水污染的措施

1）施工现场搅拌站的污水、水磨石的污水等须经排水沟排放和沉淀池沉淀后再排入城市污水管道或河流，污水未经处理不得直接排入城市污水管道或河流。

2）禁止将有毒有害废弃物作土方回填，避免污染水源。

3）高250mm墙面进行防渗处理，如采用防渗混凝土或刷防渗漏涂料等。油料使用时，要采取措施，防止油料跑、冒、滴、漏而污染水体。

4）对于现场气焊用的乙炔发生罐产生的污水严禁随地倾倒，要求专用容器集中存放，并倒入沉淀池处理，以免污染环境。

5）施工现场100人以上的临时食堂，污水排放时可设置简易有效的隔油池，定期掏油、清理杂物，防止污染水体。

6）施工现场临时厕所的化粪池应采取防渗漏措施，防止污染水体。

7）施工现场化学药品、外加剂等要妥善入库保存，防止污染水体。

11.3 处理噪声污染的措施

1）合理布局施工场地，优化作业方案和运输方案，尽量降低施工现场附近敏感点的噪声强度，避免噪声扰民。

2）在人口密集区进行较强噪声施工时，须严格控制作业时间，一般避开晚10时到次日早时的作业。对环境的污染不能控制在规定起围内的，必须昼夜连续施工时，要尽量采取措施降低噪声。

3）夜间运输材料的车辆进入施工现场，严禁鸣笛和乱轰油门，装卸材料要做到轻拿轻放。

4）进入施工现场不得高声喊叫和乱吹哨，不得无故甩打模板、钢筋铁件和工具设备等，严禁使用高音喇叭、机械设备空转和不应当的碰撞其他物件（如混凝土振捣器碰撞钢筋或模板等），减少噪声扰民。

5)加强各种机械设备的维修保养,缩短维修保养周期,尽可能降低机械设备噪声的排放。

6)施工现场超噪声值的声源,采取如下措施降低噪声或转移声源:

① 尽量选用低噪声设备和工艺来代替高噪声设备和工艺(如用电动空压机代替柴油空压机。用静压桩施工方法代替锤击桩施工方法等),降低噪声。

② 在声源处安装消声器消声,即在鼓风机、内燃机、压缩机各类排气装置等进出风管的适当位置设置消声器(如阻性消声器、抗性消声器、阻抗复合消声器、穿微孔板消声器等),降低噪声。

③ 加工成品、半成品的作业(如预制混凝土构件、制作门窗等),尽量放在工厂车间生产,以转移声源来消除噪声。

7)在施工现场噪声的传播途径上,采取吸声、隔声等声学处理的方法来降低噪声。

8)建筑施工过程中场界环境噪声不得超过《建筑施工场界环境噪声排放标准》(GB 12523—2011)规定的排放限值(表5-13)。夜间噪声最大声级超过限值的幅度不得高于15dB(A)。

表 5-13　建筑施工场界环境噪声限值表　　　　单位:dB(A)

昼间	夜间
70	55

11.4　固体废物污染的处理

1)施工现场设立专门的固体废弃物临时贮存场所,用砖砌成池,废弃物应分类存放,对有可能造成二次污染的废弃物必须单独贮存、设置安全防范措施且有醒目标识。对储存物应及时收集并处理,可回收的废弃物做到回收再利用。

2)固体废弃物的运输应采取分类、密封、覆盖,避免泄漏、遗漏,并送到政府批准的单位或场所进行处理。

3)施工现场应使用环保型的建筑材料、工器具、临时设施、灭火器和各种物质的包装箱袋等,减少固体废弃物污染。

4)提高工程施工质量,减少或杜绝工程返工,避免产生固体废弃物污染。

5)施工中及时回收使用落地灰和其他施工材料,做到工完料尽,减少固体废弃物污染。

11.5　处理光污染的措施

1)对施工现场照明器具的种类、灯光亮度加以控制,不对着居民区照射,并利用隔离屏障(如灯罩、搭设排架密挂草帘或篷布等)。

2)电气焊应尽量远离居民区或在工作面设蔽光屏障。

任务实施

任务描述

任务实施参考答案

甲施工单位为该市政工程的总承包单位，乙施工单位分包了排水工程的基坑支护及土方开挖工程，部分基坑开挖深度为7m。施工过程中发生如下事件：

事件1：为赶工期，甲施工单位调整了土方开挖方案，并按规定程序进行了报批。总监理工程师在现场发现乙施工单位未按调整后的土方开挖方案施工并造成支护结构变形超限，立即向甲施工单位签发"工程暂停令"，同时报告了建设单位。乙施工单位未执行指令仍继续施工，总监理工程师及时报告了有关主管部门。后因围护结构变形过大引发了基坑局部坍塌事故，造成3人死亡，5人重伤，直接经济损失200万元。

事件2：在桥梁工程施工中，甲施工单位凭施工经验，未经安全验算就编制了高大模板工程专项施工方案，经项目经理签字后报总监理工程师审批的同时，就开始搭设高大模板，施工现场安全生产管理人员则由项目总工程师兼任。

事件3：甲施工单位为便于管理，将施工人员的集体宿舍安排在本工程尚未竣工验收的地下车库内。

子任务1：根据《建设工程安全生产管理条例》，分析事件1中甲、乙施工单位和监理单位对基坑局部坍塌事故应承担的责任。

1) 根据《建设工程安全生产管理条例》，事件1中甲施工单位对基坑局部坍塌事故应承担（　　）责任。

A. 主要　　　　B. 次要　　　　C. 连带　　　　D. 不承担

2) 根据《建设工程安全生产管理条例》，事件1中乙施工单位对基坑局部坍塌事故应承担（　　）责任。

A. 主要　　　　B. 次要　　　　C. 连带　　　　D. 不承担

3) 根据《建设工程安全生产管理条例》，事件1中监理工单位对基坑局部坍塌事故应承担（　　）责任。

A. 主要　　　　B. 次要　　　　C. 连带　　　　D. 不承担

子任务2：根据《建设工程安全生产管理条例》，事件1中从死亡人数判定该坍塌事故等级为（　　　　），从重伤人数判定该坍塌事故等级为（　　　　），从直接经济损失判定该坍塌事故等级为（　　　　），综合判断该坍塌事故等级为（　　　　）。

子任务3：事件1中坍塌事故发生后，作为现场管理人员应该采取哪些应急救援措施？

答：_____
_____
_____
_____
_____
_____
_____

子任务4：指出事件2中甲施工单位的做法有5处不妥之处，请写出正确做法。

1）不妥1：_____
正确做法：_____
_____

2）不妥2：_____
正确做法：_____
_____

3）不妥3：_____
正确做法：_____
_____

4）不妥4：_____
正确做法：_____
_____

5）不妥5：_____
正确做法：_____
_____

子任务5：指出事件3中甲施工单位的做法是否妥当，说明理由。
答：_____
_____
_____

 评价反馈

1. 自我评价

根据本模块的学习目标，运用所学知识，完成"自我测试"，进行自我评测，并将评测结果填入表5-14中。

自我测试

表5-14 自我评测表

班级：		组号：		姓名：		学号：	
模块五：控制施工项目实施过程							
题号		自测题1	自测题2	自测题3	自测题4	自测题5	
满分		4	4	4	4	4	
得分							
题号		自测题6	自测题7	自测题8	自测题9	自测题10	
满分		4	4	4	4	4	
得分							
题号		自测题11	自测题12	自测题13	自测题14	自测题15	
满分		4	4	4	4	4	
得分							
题号		自测题16	自测题17	自测题18	自测题19	自测题20	
满分		4	4	4	4	4	
得分							
题号		自测题21	自测题22	自测题23	自测题24	自测题25	
满分		4	4	4	4	4	
得分							
合计							

2. 小组评价（表5-15）

表5-15　小组评测表

班级：		组号：		姓名：		学号：	
模块五：控制施工项目实施过程							
评价内容	查阅规范等资料能力 10分	任务完成质量 30分	任务完成效率 20分	团队合作 10分	职业素养 10分	创新意识 20分	
任务一 控制施工进度							
任务二 管理施工质量							
任务三 控制施工成本							
任务四 管理施工安全与现场环境							
合计							
组长签名：				日期：			

注：本模块共设置4个任务，每课题各占25%。

3. 教师评价（表5-16）

表5-16　教师评测表

班级：		组号：		姓名：		学号：
模块五：控制施工项目实施过程						
	评价内容	分值	评价依据		得分	备注
过程评价 （60分）	规范意识	5	能做到遵从规范，尊重生命			
	绿色生产	5	按时完成任务，态度端正，工作认真，保护环境			
	进度控制	10	能够运用赢得值法计算进度偏差，找出出现偏差的原因并给出合理的解决方法			
	质量控制	15	能够阐述施工组织设计的编制内容及进度绩效指数等，找出出现偏差的原因并给出合理的解决方法			
	成本控制	10	能够运用因素分析法找出出现成本偏差的原因并给出合理的解决方案			
	职业健康和安全文明	15	能够对工程实际发生的质量和安全事故进行分类，结合事故处理程序和方法合理解决事故			

(续)

班级：		组号：	姓名：		学号：	
模块五：控制施工项目实施过程						
评价内容		分值	评价依据		得分	备注
成果评价 （40分）	成果质量	15	成果符合题干要求，符合行业和规范要求			
	成果展示	10	能够准备表达、汇报工作成果			
	在小组中所起的作用	10	积极参与团队工作，主动完成所分配的任务			
	成果创新	5	成果有自己的见解，独特新颖			
合计						
教师签名：			日期：			

知识拓展

【知识拓展1】绿色建造管理

绿色建造是指按照绿色发展的要求，通过科学管理和技术创新，采用有利于节约资源、保护环境、减少排放、提高效率、保障品质的建造方式，实现人与自然和谐共生的工程建造活动。

绿色建造需要将绿色发展理念融入工程策划、设计、施工、交付的建造全过程，充分体现绿色化、工业化、信息化、集约化和产业化的总体特征。绿色建造的基本要求如下：

1）绿色建造应统筹考虑工程质量、安全、效率、环保、生态等要素，实现工程策划、设计、施工、交付全过程一体化，提高建造水平和建筑品质。

2）绿色建造应全面体现绿色要求，有效降低建造全过程对资源的消耗和对生态环境的影响，减少碳排放，整体提升建造活动绿色化水平。

3）绿色建造宜采用系统化集成设计、精益化生产施工、一体化装修的方式，加强新技术推广应用，整体提升建造方式工业化水平。

4）绿色建造宜结合实际需求，有效采用BIM、物联网、大数据、云计算、移动通信、区块链、人工智能、机器人等相关技术，整体提升建造手段信息化水平。

5）绿色建造宜采用工程总承包、全过程工程咨询等组织管理方式，促进设计、生产、施工深度协同，整体提升建造管理集约化水平。

6）绿色建造宜加强设计、生产、施工、运营全产业链上下游企业间的沟通合作，强化专业分工和社会协作，优化资源配置，构建绿色建造产业链，整体提升建造过程产业化水平。

1. 绿色策划

建设单位应在工程立项阶段组织编制项目绿色策划方案，工程建设各参与方应遵照执行。

1）绿色策划方案应明确绿色建造总体目标和资源节约、环境保护、减少碳排放、品质提升、职业健康安全等分项目标，应包括绿色设计策划、绿色施工策划、绿色交付策划等内容。

2）绿色策划方案应因地制宜对建造全过程、全要素进行统筹，明确绿色建造实施路径，体现绿色化、工业化、信息化、集约化和产业化特征。

3）绿色策划方案应确定项目定位和组组架构，明确各阶段的主要控制指标，进行综合成本与效益分析，制定主要工作计划。

4）绿色策划方案应统筹设计、构件部品部件生产运输、施工安装和运营维护管理，推进产业链上下游资源共享、系统集成和联动发展。

5）绿色策划宜制定合理的减排方案，建立碳排放管理体系，并应明确建筑垃圾减量化等目标。

6）绿色策划宜推动全过程数字化、网络化、智能化技术应用，积极采用 BIM 技术，利用基于统一数据及接口标准的信息管理平台，支撑各参与方、各阶段的信息共享与传递。

7）绿色策划宜结合工程实际情况，综合考虑技术水平、成本投入与效益产出等因素，确定智能建造、新型建筑工业化的应用目标和实施路径。

1.1　绿色设计策划

1）应根据绿色建造目标，结合项目定位，在综合技术经济可行性分析基础上，确定绿色设计目标与实施路径，明确主要绿色设计指标和技术措施。

2）应推进建筑、结构、机电设备、装饰装修等专业的系统化集成设计。

3）应以保障性能综合最优为目标，对场地、建筑空间、室内环境、建筑设备进行全面统筹。

4）应明确绿色建材选用依据、总体技术性能指标，确定绿色建材的使用率。

5）应综合考虑生产、施工的便易性，提出全过程、全专业、各参与方之间的一体化协同设计要求。

1.2　绿色施工策划

1）应结合施工现场及周边环境、工程实际情况等进行影响因素分析和环境风险评估，并依据分析和评估结果进行绿色施工策划。

2）应按照国家标准《建筑工程绿色施工评价标准》（GB/T 50640—2010）中的优良级别，明确项目绿色施工关键指标。

3）应对生态环境保护、资源节约与循环利用、碳排放降低、人力资源节约及职业健康安全等进行总体分析，策划适宜的绿色施工技术路径与措施。

1.3　绿色交付策划

1）应根据建筑类型和运营维护需求确定绿色建造项目的实体交付内容及交付标准。

2）宜按照城市信息化建设要求和运营维护需求，制定数字化交付标准和方案，明确各阶段责任主体和交付成果。

3）应明确综合效能调适及绿色建造效果评估的内容及方式。

2. 绿色设计

绿色设计应统筹建筑、结构、机电设备、装饰装修、景观园林等专业设计，统筹策划、设计、施工、交付等建造全过程，实现工程全寿命期系统化集成设计。

绿色设计宜应用 BIM 等数字化设计方式，实现设计协同、设计优化。

绿色设计应优先就地取材，并统筹确定各类建材及设备的设计使用年限。

绿色设计应强化设计方案技术论证，严格控制设计变更。设计变更不应降低工程绿色性能，重大变更应组织专家对其是否影响工程绿色性能进行论证。

2.1 设计要求

1）场地设计应有效利用地域自然条件，尊重城市肌理和地域风貌，实现建筑布局、交通组织、场地环境、场地设施和管网的合理设计。

2）应按照"被动式技术优先、主动式技术优化"的原则，优化功能空间布局，充分发掘场地空间、建筑本体与设备在节约资源方面的潜力。

3）应综合考虑安全耐久、节能减排、易于建造等因素，择优选择建筑形体和结构体系。

4）应根据建筑规模、用途、能源条件以及国家和地区节能环保政策对冷热源方案进行综合论证，合理利用浅层地能、太阳能、风能等可再生能源以及余热资源。

5）应体现海绵城市建设理念，采用"渗、滞、蓄、净、用、排"等措施对施工期间及建筑竣工后的场地雨水进行有效统筹控制，溢流排放应与城市雨水排放系统衔接。

6）应优先采用管线分离、一体化装修技术，对建筑围护结构和内外装饰装修构造节点进行精细设计。

7）宜采用标准化构件和部件，使用集成化模块化建筑部品，提高工程品质，降低运行维护成本。

2.2 协同设计

1）应建立涵盖设计、生产、施工等不同阶段的协同设计机制，实现生产、施工、运营维护各方的前置参与，统筹管理项目方案设计、初步设计、施工图设计。

2）宜采用协同设计平台，集成技术措施、产品性能清单、成本数据库等，实现全过程、全专业、各参与方的协同设计。

3）应按照标准化、模块化原则对空间、构件和部品进行协同深化设计，实现建筑构配件与设备和部品之间模数协调统一。

4）宜实现部品部件、内外装饰装修、围护结构和机电管线等一体化集成。

2.3 数字设计

1）宜采用 BIM 正向设计，优化设计流程，支撑不同专业间以及设计与生产、施工的数据交换和信息共享。

2）宜集成应用 BIM、地理信息系统（GIS）、三维测量等信息技术及模拟分析软件，进行性能模拟分析、设计优化和阶段成果交付。

3）应统一设计过程中 BIM 组织方式、工作界面、模型细度和样板文件。

4）宜采用 BIM 信息平台，支撑 BIM 模型存储与集成、版本控制，保障数据安全。

5）应在设计过程中积累可重复利用及标准化部品构件，丰富和完善 BIM 构件库资源。

6）宜推进 BIM 与项目、企业管理信息系统的集成应用，推动 BIM 与城市信息模型（CIM）平台及建筑产业互联网的融通联动。

2.4 材料选用

1）建筑材料的选用应符合下列规定：应符合国家和地方相关标准规范环保要求；宜优先选用获得绿色建材评价认证标识的建筑材料和产品；宜优先采用高强度、高性能材料；宜选择地方性建筑材料和当地推广使用的建筑材料。

2）建筑结构材料应优先选用高耐久性混凝土、耐候和耐火结构钢、耐久木材等。

3）外立面材料、室内装饰装修材料、防水和密封材料等应选Ⅰ用耐久性好且易维护的材料。

4）应合理选用可再循环材料、可再利用材料，宜选用以废弃物为原料生产的利废建材。

5）建筑门窗、幕墙、围栏及其配件的力学性能、热工性能和耐久性等应符合相应产品标准规定，并应满足设计使用年限要求。

6）管材、管线、管件应选用耐腐蚀、抗老化、耐久性能好的材料，活动配件应选用长寿命产品，并应考虑部品之间合理的寿命匹配性。不同使用寿命的部品组合时，构造宜便于分别拆换、更新和升级。

7）建筑装修宜优先采用装配式装修，选用集成厨卫等工业化内装部品。

3. 绿色施工

3.1 绿色施工要求

1）绿色施工应符合国家有关绿色施工要求。

2）应根据绿色施工策划进行绿色施工组织设计、绿色施工方案编制。

3）应建立与设计、生产、运营维护联动的协同管理机制。

4）应积极采用工业化、智能化建造方式，实现工程建设低消耗、低排放、高质量和高效益。

5）宜积极运用 BIM、大数据、云计算、物联网以及移动通信等信息化技术组织绿色施工，提高施工管理的信息化和精细化水平。

6）应建立完善的绿色建材供应链，采用绿色建筑材料、部品部件等。

7）应编制施工现场建筑垃圾减量化专项方案，实现建筑垃圾源头减量、过程控制、循环利用。

8）鼓励对传统施工工艺进行绿色化升级革新。

9）应加强绿色施工新技术、新材料、新工艺、新设备应用。

10）部品部件生产应采用环保生产工艺和设备设施，并应严格执行质量管理体系、环境管理体系和职业健康安全管理体系。

11）部品部件生产应提高数字化、智能化水平，逐步实现精益生产、智能制造。

12）应制定消防疏散、卫生防疫、职业健康安全等管理制度和突发事件应急措施，保障人员身心健康。

3.2 各方主体绿色施工具体职责

实施绿色施工，不仅要对施工策划、材料采购、现场施工、工程验收等各环节进行控制，还要落实工程建设各方主体的绿色施工职责。根据《建筑工程绿色施工规范》(GB/T 50905—2014)，工程建设各方主体的绿色施工具体职责如下：

(1) 建设单位绿色施工职责

1) 在编制工程概算和招标文件时，应明确绿色施工的要求，并提供包括场地、环境、工期、资金等方面的条件保障。

2) 应向施工单位提供建设工程绿色施工的设计文件、产品要求等相关资料，保证资料的真实性和完整性。

3) 应建立建设工程绿色施工的协调机制。

(2) 设计单位绿色施工职责

1) 应按国家现行有关标准和建设单位的要求进行工程的绿色设计。

2) 应协助、支持、配合施工单位做好建设工程绿色施工的有关设计工作。

(3) 工程监理单位绿色施工职责

1) 应对建设工程绿色施工承担监理责任。

2) 应审查绿色施工组织设计、绿色施工方案或绿色施工专项方案，并在实施过程中做好监督检查工作。

(4) 施工单位绿色施工职责

1) 施工单位是建设工程绿色施工的实施主体，应组织绿色施工的全面实施。

2) 实行总承包管理的建设工程，总承包单位应对绿色施工负总责。

3) 总承包单位应对专业承包单位的绿色施工实施管理，专业承包单位应对工程承包范围的绿色施工负责。

4) 施工单位应建立以项目经理为第一责任人的绿色施工管理体系，制定绿色施工管理制度，负责绿色施工的组织实施，进行绿色施工教育培训，定期开展自检、联检和评价工作。

5) 绿色施工组织设计、绿色施工方案或绿色施工专项方案编制前，应进行绿色施工影响因素分析，并据此制定实施对策和绿色施工评价方案。

4. 绿色交付

项目交付前应进行绿色建造的效果评估。完成绿色建筑相关检测，提交建筑使用说明书。核定绿色建材实际使用率，提交核定计算书。将建筑各分部分项工程的设计、施工、检测等技术资料整合和校验，并按相关标准移交建设单位和运营单位。制定建筑物各子系统（机电设备系统、消防系统等）运行操作规程和维护保养手册。按照绿色交付标准及成果要求提供实体交付及数字化交付成果。数字化交付成果应保证与实体交付成果信息的一致性和准确性，建设单位可在交付前组织成果验收。

绿色发展形势下，工程建设各方主体首先需要理解和掌握绿色施工相关理念、原则和方法。

4.1 可持续发展和清洁生产理念

1) 可持续发展理念。可持续发展是指既满足当代人需求，又不损害后代人满足其需求能力的发展。可持续性涵盖经济可持续性、社会可持续性、环境可持续性。其主要考量：一是资源的永续利用；二是环境容量的承载能力。可持续发展有公平性、持续性和共同性三项基本原则。

要用可持续发展理念来指导工程建设和运营全寿命期管理，力求最大限度地实现不可再生资源的有效利用，减少污染物排放，降低对人类健康的影响，从而营造一个有利于人类生存和发展的绿色环境。

2）清洁生产理念。清洁生产是指不断采取改进设计、使用清洁能源和原料、采用先进的工艺技术与设备、改善管理、综合利用等措施，从源头削减污染，提高资源利用效率，减少或者避免生产、服务和产品使用过程中污染物的产生和排放，以减轻或者消除对人类健康和环境的危害。

清洁生产的主要内容可归纳为"三清一控"：清洁的原料与能源，清洁的生产过程，清洁的产品，贯穿于清洁生产的全过程控制。

3）环境伦理要求。工程建设需要满足环境伦理的要求：整体性要求，是指人的行为正确与否，取决于是否遵从环境利益与人类利益相协调，而非仅仅依据人的意愿和需要这一立场；不损害性要求，是指那种以严重损害自然环境的健康为代价的行为一定是错误的；补偿性要求，是指若有对自然环境造成损害的行为，责任人必须做出必要的补偿，以恢复自然环境的健康状态。

4.2 循环经济"3R"原则

循环经济的"3R"原则，即：减量化（Reduce）、再利用（Reuse）、再循环（Recycle），是绿色施工需遵循的重要原则。

1）减量化原则：通过输入端控制方式，用较少资源投入来达到既定的生产目的，从经济活动的源头就注意节约资源和减少废弃物排放。

2）再利用原则：通过过程端控制方式，将废物直接作为产品或经修复、翻新、再制造后继续作为产品使用，或者将废物的全部或部分作为其他产品的部件予以使用。

3）再循环原则：通过输出端控制方式，将生产出来的物品在完成其使用功能后通过回收利用重新变成可用资源，减少垃圾的产生，包括：原级再循环，即把废弃物转化为同类新产品；次级再循环，即把废弃物转化为其他产品的原材料。资源效率随循环增长而提高，循环率越大，资源效率增长越高。

"3R"运行模式如图5-26所示。

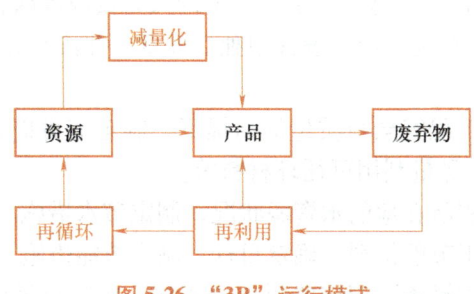

图5-26 "3R"运行模式

4.3 生命周期评估方法

生命周期评估（Life Cycle Assessment，LCA）是一种标准化方法，通过计算和评估从原材料提取到废物处理等产品/服务生命周期各阶段的自然资源消耗和对环境的产出，提供了一种评估与生产过程或服务相关的潜在环境影响方法。

LCA方法在工程建设领域可应用于材料和产品、建造及行业管理等不同层面：在材料和产品层面，LCA方法可用来指导绿色材料和产品的选择过程；在建造层面，LCA方法可用来描述拟建项目的环境足迹，以满足法规要求和寻求环境影响最小化的建造方案；在行业管理层面，采用LCA方法有利于政策制定和规划。

LCA方法应用可分为以下四个阶段：

1）目的与范围确定：将生命周期评估研究的目的及范围予以清楚地确定，使其与预期的应用相一致。

2）清单分析：编制一份与研究的产品系统有关的投入产出清单，包含资料搜集及运算，以便量化一个产品系统的投入与产出，这些投入与产出包括资源的使用及对空气、水体及土地的污染排放等。

3）影响评估：针对生命周期清单分析得出的结果，来评估与这些投入产出相关的潜在环境影响。

4）解释说明：将清单分析及环境评估所发现的问题与研究目的相结合，得出结论与建议。

【知识拓展2】 绿色施工措施

绿色施工的落实需要从管理和技术两方面采取措施。

1. 绿色施工管理措施

（1）绿色施工组织设计和绿色施工方案 绿色施工组织设计、绿色施工方案或绿色施工专项方案的编制应符合下列规定：

1）应考虑施工现场的自然与人文环境特点。
2）应有减少资源浪费和环境污染的措施。
3）应明确绿色施工的组织管理体系、技术要求和措施。
4）应选用先进的产品、技术、设备、施工工艺和方法，利用规划区域内设施。
5）应包含改善作业条件、降低劳动强度、节约人力资源等内容。

其中，绿色施工方案应在施工组织设计中独立成章，并按有关规定进行审批。绿色施工方案应包括以下内容：

① 节材措施。在保证工程安全与质量的前提下，制定节材措施。如进行施工方案的节材优化，建筑垃圾减量化，尽量利用可循环材料等。

② 节水措施。根据工程所在地的水资源状况，制定节水措施。

③ 节能措施。进行施工节能策划，确定目标，制定节能措施。

④ 节地与施工用地保护措施。制定临时用地指标、施工总平面布置规划及临时用地节地措施等。

⑤ 环境保护措施。制定环境管理计划及应急救援预案，采取有效措施，降低环境负荷，保护土下设施和文物等资源。

（2）人员安全与健康管理 对于人员安全与健康管理，应制定并落实好如下措施：

1）制定施工防尘、防毒、防辐射等职业危害的措施，保障施工人员的长期职业健康。

2）合理布置施工场地，保护生活及办公区不受施工活动的有害影响。施工现场建立卫生急救、保健防疫制度，在安全事故和疾病疫情出现时提供及时救助。

3）提供卫生、健康的工作与生活环境，加强对施工人员的住宿、膳食、饮用水等生活与环境卫生等管理，明显改善施工人员的生活条件。

（3）设备材料管理 施工现场应建立机械设备保养、限额领料、建筑垃圾再利用的台账和清单，制定工程材料和机械设备的存放、运输保护措施，使现场材料堆放有序，储存环境适宜，措施得当。要健全保管制度并落实责任。

要建立施工机械设备管理制度，开展用电、用油计量，完善设备档案，及时做好维修保养工作，使机械设备保持低耗、高效的状态。

（4）用能用水管理 应制定合理的施工能耗指标，明确节能措施，提高施工能源利用率。施工现场分别设定生产、生活、办公和施工设备的用电控制指标，定期进行计量、核算、对比分析，并有预防与纠正措施。

施工现场应分别对生活用水与工程用水确定用水定额指标，并分别计量管理。大型工程的不同单项工程、不同标段、不同分包生活区，凡具备条件的应分别计量用水量。在签订不同标段分包或劳务合同时，将节水定额指标纳入合同条款，进行计量考核。

（5）排放和减量化管理 应按照分区划块原则，规范施工污染排放和资源消耗管理，进行定期检查或测量，实施预控和纠偏措施，保持现场良好的作业环境和卫生条件。

施工单位应制定建筑垃圾减量化计划，如每万平方米住宅建筑的建筑垃圾不宜超过400t；编制建筑垃圾处理方案，采取污染防治措施，设专人按规定处置有毒有害物质。

（6）环境监测管理 应积极开展并配合环境监测工作。环境监测是通过对影响环境质量要素代表值的测定，确定环境质量状况和污染程度，了解环境系统变化规律与发展趋势的活动。环境监测具有环境构成的系统性，监测对象和监测手段的综合性，环境状态随时间变化的时序性特征。

常规环境监测包括环境质量监测、污染源监测、生态环境监测；特殊日的监测包括研究型监测、污染事故监测和仲裁监测。

2. 绿色施工技术措施

（1）节材与材料资源利用

1）结构材料利用。推广使用高强度钢筋和高性能混凝土；推广使用预拌混凝土和商品砂浆；推广钢筋专业化加工和配送。准确计算采购数量、供应频率、施工速度，在施工过程中动态控制，减少资源消耗。

优化钢筋配料和钢构件下料方案，钢筋及钢结构制作前应对下料单及样品进行复核，通过后方可批量下料。优化钢结构制作和安装方法，大型钢结构宜采用工厂制作，现场拼装。宜采用分段吊装、整体提升、滑移、顶升等安装方法，减少方案的措施用材量。

2）围护材料利用。围护结构选用耐候性及耐久性良好的材料，其中门窗采用密封性、保温隔热性能、隔声性能良好的型材和玻璃等材料；屋面、外墙采用具有良好的防水性能和保温隔热性能的材料。施工应确保密封性、防水性和保温隔热性，屋面或墙体等部位采用基层加设保温隔热系统的方式施工时，应选择高效节能、耐久性好的保温隔热材料，以减小保温隔热层的厚度及材料用量。

根据建筑物的实际特点，优选屋面或外墙的保温隔热材料系统和施工方式，例如，保温板粘贴、保温板干挂、聚氨酯硬泡喷涂、保温浆料涂抹等，以保证保温隔热效果，并减少材料浪费。要加强保温隔热系统与围护结构的节点处理，尽量降低热桥效应。

针对建筑物的不同部位保温隔热特点，选用不同的保温隔热材料及系统，以做到经济适用。

3）装饰装修材料利用。采用非木质的新材料或人造板材代替木质板材；木制品及木装饰用料、玻璃等各类板材等宜在工厂采购或定制。

贴面类材料在施工前，应进行总体排版策划，减少非整块材的数量。防水卷材、壁纸、油漆及各类涂料基层必须符合要求，避免起皮、脱落。

4）周转材料利用。应选用耐用、维护与拆卸方便的周转材料和机具。其中，模板应以节约自然资源为原则，推广使用定型钢模、钢框竹模、竹胶板；推广采用外墙保温板替代混凝土施工模板的技术。施工前应对模板工程的方案进行优化，多层、高层建筑使用可重复利用的模板体系，模板支撑宜采用工具式支撑。优先选用制作、安装、拆除一体化的专业队伍进行模板工程施工。

现场办公和生活用房采用周转式活动房。现场围挡应最大限度地利用已有围墙，或采用装配式可重复使用围挡封闭。力争工地临房、临时围挡材料的可重复使用率达到70%。

(2) 节材措施 鼓励就地取材，施工现场500km以内生产的建筑材料用量占建筑材料总重量的70%以上，宜优先选用获得绿色建材评价认证标识的建筑材料和产品。

应根据施工进度、库存情况等合理安排材料的采购、进场时间和批次，减少库存。材料运输工具适宜，装卸方法得当，防止损坏和遗洒。根据现场平面布置情况就近卸载，避免和减少二次搬运。

采取措施提高模板、脚手架等的周转次数，如采用管件合一的脚手架和支撑体系，采用工具式模板和新型模板材料，如铝合金、塑料、玻璃钢和其他可再生材质的大模板和钢框镶边模板等。

(3) 节水与水资源利用

1）提高用水节水效率。应根据用水量设计布置施工现场供水管网，做到管径合理、管路简捷，还应采取有效措施（如阀门预设）减少管网和用水器具的漏损。

施工现场应建立可再利用水的收集处理系统，使水资源得到梯级循环利用，尤其是雨量充沛地区的大型施工现场应建立雨水收集利用系统。现场机具、设备、车辆冲洗用水必须设立循环用水装置。施工现场办公区、生活区的生活用水应采用节水系统和节水器具，提高节水器具配置比率。项目临时用水应使节水产品，安装计量装置，采取针对性的节水措施。

施工中应采用先进的节水施工工艺。现场搅拌用水、养护用水应采取有效的节水措施，优先采用中水搅拌、中水养护，有条件的地区和工程应收集雨水养护。处于基坑降水阶段的工地，宜优先采用地下水作为混凝土搅拌用水、养护用水、冲洗用水和部分生活用水。现场机具、设备、车辆冲洗、喷洒路面、绿化浇灌等用水，优先采用非传统水源，尽量不使用市政自来水。力争施工中非传统水源和循环水的再利用量大于30%。

2）保证用水安全。在非传统水源和现场循环再利用水使用过程中，应制定有效的水质检测与卫生保障措施，确保避免对人体健康、工程质量及周围环境产生不良影响。

(4) 节能与能源利用

1) 可再生能源利用及设备节能。根据当地气候和自然资源条件，充分利用太阳能、地热、风能等可再生能源。

优先使用国家、行业推荐的节能、高效、环保的施工设备和机具，如选用变频技术的节能施工设备等。安排施工工艺时，应优先考虑耗用电能的或其他能耗较少的施工工艺。应选择功率与负载相匹配的施工机械设备，避免设备额定功率远大于使用功率或超负荷使用设备，避免大功率施工机械设备低负载长时间运行。机电安装可采用节电型机械设备，如逆变式电焊机和能耗低、效率高的手持电动工具等。机械设备宜使用节能型油料添加剂，在可能的情况下，考虑回收利用，节约油量。

2) 生产、生活及办公临时设施节能。利用场地自然条件，合理设计生产、生活及办公临时设施的体形、朝向、间距和窗墙面积比，使其获得良好的日照、通风和采光。南方地区可根据需要在其外墙窗设遮阳设施；严寒和寒冷地区外门应采取防寒措施。

临时设施宜选用由高效保温、隔热、防火材料制成的复合墙体和屋面，以及密封保温隔热性能好的门窗。办公和生活临时用房应采用可重复利用的房屋。合理配置供暖、空调、风扇数量，规定使用时间，实行分段分时使用，节约用电。

3) 施工用电及照明节能。合理设计、布置临时用电线路，优先选用节能电线和节能灯具，临电设备宜采用自动控制装置。采用声控、光控等节能照明灯具。照明照度宜按最低合理照度设计。照明设计以满足最低照度为原则，照度不应超过最低照度的20%。施工现场宜错峰用电。

(5) 节地与施工用地保护 在施工总平面设计时，应针对施工场地、环境和条件进行分析，制定具体实施方案。施工前应制定合理的场地使用计划；施工中应减少场地干扰，保护环境。施工现场平面布置应根据施工各阶段的特点和要求，实行动态管理。

1) 临时用地。根据施工规模及现场条件等因素合理确定临时设施，如临时加工厂、现场作业棚及材料堆场、办公生活设施等的占地指标。临时设施的占地面积应按用地指标所需的最低面积设计。要求平面布置合理、紧凑，在满足环境、职业健康与安全及文明施工要求的前提下尽可能减少废弃地和死角，临时设施占地面积有效利用率大于90%。

2) 临时用地保护。应对深基坑施工方案进行优化，减少土方开挖和回填量，最大限度地减少对土地的扰动，保护周边自然生态环境。

红线外临时占地应尽量使用荒地、废地，少占用农田和耕地。工程完工后，及时对红线外占地恢复原地形、地貌，使施工活动对周边环境的影响降至最低。施工现场应避让、保护场区及周边的古树名木。利用和保护施工用地范围内原有绿色植被。对于施工周期较长的现场，可按建筑永久绿化的要求，安排场地新建绿化。

3) 施工总平面布置和临时设施。施工总平面布置应做到科学、合理，充分利用原有建筑物、构筑物、道路、管线为施工服务。施工现场搅拌站、仓库、加工厂、作业棚、材料堆场等布置应尽量靠近已有交通线路或即将修建的正式或临时交通线路，缩短运输距离。施工现场的强噪声机械设备宜远离噪声敏感区。塔式起重机等垂直运输设施基座宜采用可重复利用的装配式基座或利用在建工程的结构。

临时办公和生活用房应采用经济、美观、占地面积小、对周边地貌环境影响较小，且适合于施工平面布置动态调整的多层轻钢活动板房、钢骨架水泥活动板房等标准化装配式结构。生活区与生产区应分开布置,并设置标准的分隔设施。

施工现场大门、围挡和围墙宜采用可重复利用的材料和部件,并应工具化、标准化,减少建筑垃圾,保护土地。施工现场入口应设置绿色施工制度图牌。施工现场围墙、大门和施工道路周边宜设绿化隔离带。施工现场道路按照永久道路和临时道路相结合的原则布置。施工现场内形成环形通路,减少道路占用土地。施工现场主要道路的硬化处理宜采用可周转使用的材料和构件。

临时设施布置应注意远近结合(本期与下期工程),努力减少和避免大量临时建筑拆迁和场地搬迁。

(6)环境保护

1)扬尘控制。施工现场宜搭设封闭式垃圾站。运送土方、垃圾、设备及建筑材料等,不污损场外道路。运输容易散落、飞扬、流漏的物料车辆,必须采取措施封闭严密,保证车辆清洁。施工现场出口应设置洗车槽。

施工现场非作业区达到目测无扬尘的要求。对现场易飞扬物质采取有效措施,如洒水、地面硬化、围挡、密网覆盖、封闭等,防止扬尘产生。土方作业阶段,采取洒水、覆盖等措施,达到作业区目测扬尘高度小于 1.5m,不扩散到场区外。在场界四周隔挡高度位置测得的大气总悬浮颗粒物(TSP)月平均浓度与城市背景值的差值不大于 0.08mg/m^3。

结构施工、安装装饰装修阶段,作业区目测扬尘高度小于 0.5m。对易产生扬尘的堆放材料应采取覆盖措施;对粉末状材料应封闭存放;场区内可能引起扬尘的材料及建筑垃圾搬运应有降尘措施,如覆盖、洒水等;浇筑混凝土前清理灰尘和垃圾时尽量使用吸尘器,避免使用吹风器等易产生扬尘的设备;机械剔凿作业时可采用局部遮挡、掩盖、水淋等防护措施;高层或多层建筑清理垃圾应搭设封闭性临时专用道或采用容器吊运。

构筑物拆除前,做好扬尘控制计划。构筑物机械拆除可采取清理积尘、拆除体洒水、设置隔挡等措施;构筑物爆破拆除可采用清理积尘、淋湿地面、预湿墙体、屋面敷水袋、楼面蓄水、建筑外设高压喷雾状水系统、搭设防尘排栅和直升机投水弹等综合降尘。选择风小的天气进行爆破作业。

施工现场使用的热水锅炉等宜使用清洁燃料。不得在施工现场融化沥青或焚烧油毡、油漆及产生有毒、有害烟尘和恶臭气体的其他物质。

2)噪声与振动控制。现场噪声排放不得超过国家标准《建筑施工场界环境噪声排放标准》(GB 12523—2011)的规定,昼间场界环境噪声不得超过 70dB(A),夜间场界环境噪声不得超过 55dB(A)。同时,夜间噪声最大声级超过限值的幅度不得高于 15dB(A)。

在施工场界需对噪声进行实时监测。监测方法应执行国家标准《建筑施工场界环境噪声排放标准》(GB 12523—2011)噪声测量应根据施工场地周围噪声敏感建筑物位置和声源位置的布局,测点应设在对噪声敏感建筑物影响较大、距离较近的位置。测点通常应设在建筑施工场界外 1m、高度 1.2m 以上的位置。测量应在无雨雪、无雷电天气,风速为 5m/s 以下时进行。施工期间,测量连续 20min 的等效声级,夜间同时测量最大声级。施工现场应使用低噪声、低振动的机具,采取隔声与隔振措施,避免或减少施工噪声和振动。施工车辆进出现场,不宜鸣笛。

3)光污染控制。尽量避免或减少施工过程中的光污染,应根据现场和周边环境采检测与卫生保障措施，确保避免对人体健康、工程质量及周围环境产生不良影响。

(4) 节能与能源利用

1) 可再生能源利用及设备节能。根据当地气候和自然资源条件，充分利用太阳能、地热、风能等可再生能源。

优先使用国家、行业推荐的节能、高效、环保的施工设备和机具，如选用变频技术的节能施工设备等。安排施工工艺时，应优先考虑耗用电能的或其他能耗较少的施工工艺。应选择功率与负载相匹配的施工机械设备，避免设备额定功率远大于使用功率或超负荷使用设备，避免大功率施工机械设备低负载长时间运行。机电安装可采用节电型机械设备，如逆变式电焊机和能耗低、效率高的手持电动工具等。机械设备宜使用节能型油料添加剂，在可能的情况下，考虑回收利用，节约油量。

2) 生产、生活及办公临时设施节能。利用场地自然条件，合理设计生产、生活及办公临时设施的体形、朝向、间距和窗墙面积比，使其获得良好的日照、通风和采光。南方地区可根据需要在其外墙窗设遮阳设施；严寒和寒冷地区外门应采取防寒措施。

临时设施宜选用由高效保温、隔热、防火材料制成的复合墙体和屋面，以及密封保温隔热性能好的门窗。办公和生活临时用房应采用可重复利用的房屋。合理配置供暖、空调、风扇数量，规定使用时间，实行分段分时使用，节约用电。

3) 施工用电及照明节能。合理设计、布置临时用电线路，优先选用节能电线和节能灯具，临电设备宜采用自动控制装置。采用声控、光控等节能照明灯具。照明照度宜按最低合理照度设计。照明设计以满足最低照度为原则，照度不应超过最低照度的20%。施工现场宜错峰用电。

(5) 节地与施工用地保护 在施工总平面设计时，应针对施工场地、环境和条件进行分析，制定具体实施方案。施工前应制定合理的场地使用计划；施工中应减少场地干扰，保护环境。施工现场平面布置应根据施工各阶段的特点和要求，实行动态管理。

1) 临时用地。根据施工规模及现场条件等因素合理确定临时设施，如临时加工厂、现场作业棚及材料堆场、办公生活设施等的占地指标。临时设施的占地面积应按用地指标所需的最低面积设计。要求平面布置合理、紧凑，在满足环境、职业健康与安全及文明施工要求的前提下尽可能减少废弃地和死角，临时设施占地面积有效利用率大于90%。

2) 临时用地保护。应对深基坑施工方案进行优化，减少土方开挖和回填量，最大限度地减少对土地的扰动，保护周边自然生态环境。

红线外临时占地应尽量使用荒地、废地，少占用农田和耕地。工程完工后，及时对红线外占地恢复原地形、地貌，使施工活动对周边环境的影响降至最低。施工现场应避让、保护场区及周边的古树名木。利用和保护施工用地范围内原有绿色植被。对于施工周期较长的现场，可按建筑永久绿化的要求，安排场地新建绿化。

3) 施工总平面布置和临时设施。施工总平面布置应做到科学、合理，充分利用原有建筑物、构筑物、道路、管线为施工服务。施工现场搅拌站、仓库、加工厂、作业棚、材料堆场等布置应尽量靠近已有交通线路或即将修建的正式或临时交通线路，缩短运输距离。施工现场的强噪声机械设备宜远离噪声敏感区。塔式起重机等垂直运输设施基座宜采用可重复利用的装配式基座或利用在建工程的结构。

临时办公和生活用房应采用经济、美观、占地面积小、对周边地貌环境影响较小，且适合于施工平面布置动态调整的多层轻钢活动板房、钢骨架水泥活动板房等标准化装配式结构。生活区与生产区应分开布置，并设置标准的分隔设施。

施工现场大门、围挡和围墙宜采用可重复利用的材料和部件，并应工具化、标准化，减少建筑垃圾，保护土地。施工现场入口应设置绿色施工制度图牌。施工现场围墙、大门和施工道路周边宜设绿化隔离带。施工现场道路按照永久道路和临时道路相结合的原则布置。施工现场内形成环形通路，减少道路占用土地。施工现场主要道路的硬化处理宜采用可周转使用的材料和构件。

临时设施布置应注意远近结合（本期与下期工程），努力减少和避免大量临时建筑拆迁和场地搬迁。

（6）环境保护

1）扬尘控制。施工现场宜搭设封闭式垃圾站。运送土方、垃圾、设备及建筑材料等，不污损场外道路。运输容易散落、飞扬、流漏的物料车辆，必须采取措施封闭严密，保证车辆清洁。施工现场出口应设置洗车槽。

施工现场非作业区达到目测无扬尘的要求。对现场易飞扬物质采取有效措施，如洒水、地面硬化、围挡、密网覆盖、封闭等，防止扬尘产生。土方作业阶段，采取洒水、覆盖等措施，达到作业区目测扬尘高度小于 1.5m，不扩散到场区外。在场界四周隔挡高度位置测得的大气总悬浮颗粒物（TSP）月平均浓度与城市背景值的差值不大于 $0.08mg/m^3$。

结构施工、安装装饰装修阶段，作业区目测扬尘高度小于 0.5m。对易产生扬尘的堆放材料应采取覆盖措施；对粉末状材料应封闭存放；场区内可能引起扬尘的材料及建筑垃圾搬运应有降尘措施，如覆盖、洒水等；浇筑混凝土前清理灰尘和垃圾时尽量使用吸尘器，避免使用吹风器等易产生扬尘的设备；机械剔凿作业时可采用局部遮挡、掩盖、水淋等防护措施；高层或多层建筑清理垃圾应搭设封闭性临时专用道或采用容器吊运。

构筑物拆除前，做好扬尘控制计划。构筑物机械拆除可采取清理积尘、拆除体洒水、设置隔挡等措施；构筑物爆破拆除可采用清理积尘、淋湿地面、预湿墙体、屋面敷水袋、楼面蓄水、建筑外设高压喷雾状水系统、搭设防尘排栅和直升机投水弹等综合降尘。选择风小的天气进行爆破作业。

施工现场使用的热水锅炉等宜使用清洁燃料。不得在施工现场融化沥青或焚烧油毡、油漆及产生有毒、有害烟尘和恶臭气体的其他物质。

2）噪声与振动控制。现场噪声排放不得超过国家标准《建筑施工场界环境噪声排放标准》（GB 12523—2011）的规定，昼间场界环境噪声不得超过 70dB（A），夜间场界环境噪声不得超过 55dB（A）。同时，夜间噪声最大声级超过限值的幅度不得高于 15dB（A）。

在施工场界需对噪声进行实时监测。监测方法应执行国家标准《建筑施工场界环境噪声排放标准》（GB 12523—2011）噪声测量应根据施工场地周围噪声敏感建筑物位置和声源位置的布局，测点应设在对噪声敏感建筑物影响较大、距离较近的位置。测点通常应设在建筑施工场界外 1m、高度 1.2m 以上的位置。测量应在无雨雪、无雷电天气，风速为 5m/s 以下时进行。施工期间，测量连续 20min 的等效声级，夜间同时测量最大声级。施工现场应使用低噪声、低振动的机具，采取隔声与隔振措施，避免或减少施工噪声和振动。施工车辆进出现场，不宜鸣笛。

3）光污染控制。尽量避免或减少施工过程中的光污染，应根据现场和周边环境采取限时施工、遮光和全封闭等措施。夜间室外照明灯加设灯罩,透光方向集中在施工范围。

在光线作用敏感区域施工时,电焊作业和大型照明灯具应采取防光外泄措施。

4)水污染控制。施工现场污水排放应达到国家标准《污水综合排放标准》(GB 8978—1996)的要求。

施工现场应针对不同的污水设置相应处理设施,如食堂、盥洗室、淋浴间的下水管线应设置过滤网,食堂应另设隔油池;施工现场宜采用移动式厕所,并应定期清理,固定厕所应设化粪池;隔油池和化粪池应做防渗处理,并应进行定期清运和消毒。施工机械设备使用和检修时,应控制油料污染;清洗机具的废水和废油不得直接排放。

污水排放应委托有资质的单位进行废水水质检测,提供相应的污水检测报告。使用非传统水源和现场循环水时,宜根据实际情况对水质进行检测。

保护地下水环境,采用隔水性能好的边坡支护技术。在缺水地区或地下水位持续下降的地区,基坑降水尽可能少地抽取地下水;当基坑开挖抽水量大于50万 m^3 时,应进行地下水回灌,并避免地下水被污染。

施工现场存放的油料和化学溶剂等物品应设专门库房,地面应做防渗漏处理。易挥发、易污染的液态材料,应使用密闭容器存放。废弃、渗漏的油料和化学溶剂应集中处理,不得随意倾倒。

5)土壤保护。保护地表环境,防止土壤侵蚀、流失。因施工造成的裸土,及时覆盖砂石或种植速生草种,以减少土壤侵蚀;因施工造成容易发生地表径流土壤流失的情况,应采取设置地表排水系统、稳定斜坡、植被覆盖等措施,减少土壤流失。

对于电池、墨盒、油漆、涂料等有毒有害废弃物,应回收后交有资质的单位处理,不能作为建筑垃圾外运,避免污染土壤和地下水。

施工后应恢复施工活动破坏的植被(一般指临时占地内)。与当地园林、环保部门或当地植物研究机构进行合作,在先前开发地区种植当地或其他合适的植物,以恢复剩余空地地貌或科学绿化,补救施工活动中人为破坏植被和地貌造成的土壤侵蚀。

6)垃圾回收利用和处置。应通过施工图纸深化、施工方案优化、永临结合、临时设施和周转材料重复利用、施工过程管控等措施,减少建筑垃圾的产生。

加强建筑垃圾的回收再利用,力争使建筑垃圾的再利用和回收率达到30%,建筑物拆除产生的废弃物再利用和回收率大于40%。对于碎石类、土石方类建筑垃圾,可采用地基填埋、铺路等方式提高再利用率,力争再利用率大于50%。

施工现场建筑垃圾的就地处置,应遵循因地制宜、分类利用原则,提高建筑垃圾处置利用水平。建筑垃圾的回收利用应符合《工程施工废弃物再生利用技术规范》(GB/T 50743—2012)的规定。工程渣土、工程泥浆采取土质改良措施,符合回填土质要求的,可用于土方回填;工程垃圾中的金属类垃圾,宜通过简单加工,作为施工材料或工具,直接回用于工程;工程垃圾和拆除垃圾中的无机非金属建筑垃圾,宜根据场地条件,设置场内处置设备,进行资源化再利用;施工现场难以就地利用的建筑垃圾,应制定合理的消防、防腐及环保措施,并按相关要求及时转运到建筑垃圾处置场所进行资源化处置和再利用。

施工现场生活区设置封闭式垃圾容器,施工场地生活垃圾实行袋装化,及时清远。对建筑垃圾进行分类,并收集到现场封闭式垃圾站,集中运出。现场清理时,不得将施工垃圾从窗口、洞口、阳台等处抛撒。

严禁将生活垃圾和危险废物混入建筑垃圾排放。生活垃圾和危险废物应按有关规定进行处置。有毒有害废弃物的分类率应达到100%；对有可能造成二次污染的废弃物应单独储存，并设置醒目标识。

7）地下设施、文物和资源保护。施工前应调查清楚地下各种设施，做好保护计划，保证施工场地周边的各类管道、管线、建筑物、构筑物的安全运行。施工过程中一旦发现文物，立即停止施工，保护现场并通报文物管理部门，同时协助做好相关工作。要避让、保护施工场区及周边的古树名木。逐步开展施工项目的二氧化碳（CO_2）排放量及各种不同植被和树种的二氧化碳（CO_2）固定量的统计分析工作。

（7）发展绿色施工"四新"技术　国家鼓励各地区开展绿色施工的政策与技术研究，发展绿色施工的新技术、新设备、新材料与新工艺，推行应用示范工程。

施工方案应建立推广、限制、淘汰公布制度和管理办法。发展适合绿色施工的资源利用与环境保护技术，对落后的施工方案进行限制或淘汰，鼓励绿色施工技术的发展，推动绿色施工技术的创新。

大力发展现场监测技术、低噪声的施工技术、现场环境参数检测技术、自密实混凝土施工技术、清水混凝土施工技术、建筑固体废弃物再生产品在墙体材料中的应用技术、新型模板及脚手架技术的研究与应用。

加强信息技术应用，如绿色施工的虚拟现实技术、三维建筑模型的工程量自动统计、绿色施工组织设计数据库建立与应用系统、数字化工地、基于电子商务的建筑工程材料、设备与物流管理系统等。通过应用信息技术，进行精密规划、设计、精心建造和优化集成，实现与提高绿色施工的各项指标。

参 考 文 献

［1］全国一级建造师执业资格考试用书编写委员会. 建设工程项目管理［M］. 北京：中国建筑工业出版社，2024.
［2］中国建设监理协会. 建设工程监理案例分析［M］. 北京：中国建筑工业出版社，2024.
［3］高峰，张求书. 公路工程施工组织［M］. 北京：化学工业出版社，2024.
［4］黄春蕾，李书艳. 市政工程施工组织与管理［M］. 重庆：重庆大学出版社，2021.
［5］中华人民共和国住房和城乡建设部. 市政工程施工组织设计规范：GB/T 50903—2013［S］. 北京：中国计划出版社，2013.
［6］中华人民共和国住房和城乡建设部. 工程网络计划技术规程：JGJ/T 121—2015［S］. 北京：中国建筑工业出版社，2015.